民航特色专业系列教材

机场管理信息系统

刘君强 编著

科学出版社

北京

内 容 简 介

民航机场信息管理系统可以提高机场的运行效率、保障飞行安全、实现航空高效运输的有序运行、提高我国机场在国际上的竞争力，是统一管理和协调机场运营过程中与生产、服务和经营相关的各计算机系统运行的关键。本书共 11 章，从多个角度介绍了机场信息系统的基本概念，信息系统的开发方法学、机场重要系统的分析和管理，内容包括机场信息管理介绍、信息系统的基础理论、基础数据管理系统、航班管理系统、运行分配管理系统、安全运行管理系统、关联系统、集成系统、应急救援系统、ACDM 系统等。最后从新技术和民航未来发展的角度给出了未来的机场管理信息系统的描述。

本书适用于交通信息工程领域、交通运输与规划、安全科学与技术领域的本科生、研究生；也可作为民航在职管理人员、工程技术人员的培训教材和自学参考书。

图书在版编目（CIP）数据

机场管理信息系统/刘君强编著. —北京：科学出版社，2018.6

民航特色专业系列教材

ISBN 978-7-03-057930-0

Ⅰ. ①机⋯ Ⅱ. ①刘⋯ Ⅲ. ①机场管理–管理信息系统–高等学校–教材 Ⅳ. ①V35

中国版本图书馆 CIP 数据核字（2018）第 127961 号

责任编辑：余 江/责任校对：郭瑞芝
责任印制：张 伟/封面设计：迷底书装

科学出版社 出版

北京东黄城根北街 16 号
邮政编码：100717
http://www.sciencep.com

北京凌奇印刷有限责任公司印刷
科学出版社发行 各地新华书店经销

*

2018 年 6 月第 一 版 开本：787×1092 1/16
2024 年 7 月第五次印刷 印张：14 3/4
字数：338 000

定价：69.00 元

（如有印装质量问题，我社负责调换）

前　言

随着科技的发展，飞机的信息化程度大幅度提高，民航交通流量不断增长，使机场上空交通流量出现了不同程度的超载和饱和。为此，国际民航组织提出了新的机场信息系统管理运行的规范，新的通信、导航、监视和空中交通管理系统管理的概念及基本实施方案，要求成员国建设成统一的大系统。机场管理信息系统采用现代信息技术、网络技术和自动化技术，构成了空地一体化的通信、管理和应急救援系统，为民航飞机的安全运营提供服务。

民航机场管理信息系统是目前运行的综合集成系统，它可显著提高机场的运行效率，保障飞行安全、实现航空高效运输的有序运行，提高我国机场在国际上的竞争力。同时，机场管理信息系统承受着越来越大的压力，迫切需要更先进、更有效的管理信息系统。

作者本着由浅入深、循序渐进、学以致用、学用结合的原则编写本书。本书以系统分析、民航应用为主线，以机场运行的岗位为前提，以计算机系统管理的应用为基础，从多个角度介绍了机场信息系统的基本概念、信息系统的开发方法学、机场重要系统的分析和管理（包括基础数据管理系统、航班管理系统、运行分配管理系统、安全运行管理系统、关联系统、集成系统、应急救援系统、A-CDM 系统）等。最后从新技术和民航未来发展的角度给出了未来机场管理信息系统的描述。

感谢南京航空航天大学夏洪山教授、蒋作舟教授、曾小舟副教授、姜雨老师和王树盛老师，他们在本书的提纲讨论中提出了宝贵的意见。感谢机场运行与管理专业的学生，在教学实践过程中他们首次使用本书，并提出了一些想法和建议。感谢我的硕士研究生参与了资料的收集、部分内容的编写和图表制作。南京航空航天大学夏洪山对本书进行了审定。编写本书时，作者还参考了很多行业专家、学者的文章、书籍，在此一并表示感谢。感谢国家自然科学基金与民航联合研究基金（课题号：U1533128）的支持。感谢南京航空航天大学研究生教学改革基金（项目编号：2016YJXGG05）的支持。鉴于编者的水平有限，书中难免有不足之处，诚恳地希望读者批评指正。

编　者

2018 年 3 月

目　　录

第1章 机场管理信息系统概论

1.1 概 念

1.1.1 管理信息系统定义

《中国企业管理百科全书》将管理信息系统（Management Information System, MIS）定义为：一个由人、计算机等组成的能进行信息的收集、传递、储存、加工、维护和使用的系统。管理信息系统能支持企业的业务处理；实测企业的各种运行情况；利用过去的数据预测未来；从企业的全局出发辅助企业进行决策；利用信息控制企业的行为；帮助企业实现其规划目标。

管理信息系统是一个一体化系统或集成系统，这就是说管理信息系统进行企业的信息管理要从总体出发，全面考虑，保证各种职能部门共享数据，减少数据的冗余度，保证数据的兼容性和一致性。严格地说，只有信息集中统一，信息才能成为企业的资源。数据的一体化并不限制个别功能子系统保存自己的专用数据，为保证一体化，首先，要有一个全局的系统计划，每一个小系统的实现均要在这个总体计划的指导下进行；其次，通过标准、大纲和手续达到系统的一体化。这样数据和程序就可以满足多个用户的要求，系统的设备也应当兼容，即使在分布式系统的情况下，保证数据的一致性也十分重要。

总体来说，管理信息系统的主要功能可以概括如下：

（1）监测企业运行情况，实时掌握企业运行动态；

（2）辅助企业管理，维护企业正常运行，进行财务监控；

（3）支持企业决策，减少经营管理中的失误；

（4）预测企业未来，及时调整企业经营方向；

（5）控制企业行为，帮助企业实现预定目标；

（6）转变企业传统经营方式，实现网上增值服务。

创造性应用信息系统能给企业或组织带来竞争优势。竞争优势可以通过使用客户更加看重的一种方式为其提供某种产品或服务来获得。网络时代的信息技术比上一代的信息技术更有利于帮助各大公司建立具有特色的企业战略规划。

管理信息系统为实现组织的目标，对整个组织的信息资源进行综合管理、合理配置与有效利用。其组成包括以下七大部分。

1）计算机硬件系统

计算机硬件系统包括主机（如中央处理器和存储器）、外存储器（如磁盘系统、数据磁带系统、光盘系统）、输入设备、输出设备等。

2）计算机软件系统

计算机软件系统包括系统软件和应用软件两大部分。系统软件有计算机操作系统、各种计算机语言编译和解释软件、数据库管理系统等。应用软件可分为通用应用软件和管理专用软件两类。通用应用软件如图形处理、图像处理、微分方程求解、代数方程求解、统计分析、通用优化软件等。管理专用软件如数据库分析软件、管理模型库软件、各种问题处理软件和人机界面软件等。

3）数据及其存储介质

有组织的数据是系统的重要资源。数据及其存储介质是系统的主要组成部分。有的存储介质已包含在计算机硬件系统的外存储设备中。另外，还有录音、录像磁带、缩微胶片以及各种纸质文件。这些存储介质不仅可存储直接反映企业外部资源和产、供、销活动，以及人、财、物状况的数据，而且可存储支持管理决策的各种知识、经验以及模型与方法，以供决策者使用。

4）通信系统

通信系统用于通信的信息发送、接收、转换和传输的设备，如无线、有线、光纤、卫星数据通信设备，以及电话、电报、传真、电视等设备；有关计算机网络与数据通信的软件。

5）非计算机系统的信息收集、处理设备

非计算机系统的信息收集、处理设备包括各种电子和机械的管理信息采集装置，摄影、录音等记录装置。

6）规章制度

规章制度包括关于各类人员的权利、责任、工作规范、工作程序、相互关系及奖惩办法的各种规定、规则、命令和说明文件；有关信息采集、存储、加工、传输的各种计数标准和工作规范；各种设备的操作、维护规程等有关文件。

7）工作人员

工作人员包括计算机和非计算机设备的操作和维护人员、程序设计员、数据库管理员、网络管理员、系统分析员、信息系统的管理员以及人工收集、加工、传输信息的有关人员。

1.1.2　管理信息系统的指标

1）技术复杂度

技术复杂度是指管理信息系统所使用的技术的复杂程度。从复杂程度看，包括同步或异步集成、统一数据平台集成、云集成、大数据集成等各种技术。

2）难易度

难易度是指描述完成一个工程项目的难易程度，通常利用难度系数来衡量难易度，难度系数的大小决定难易程度。

3）成熟度

系统软件成熟度是一种用于评价软件承包能力并帮助其改善软件质量的方法，侧重于软件开发过程的管理及工程能力的提高与评估。

4）灵活性

软件的灵活性就是软件的应变能力。灵活的软件架构在将来因为客户需求而变化时，能够做尽可能少的修改。如果客户改变主意，或者提出功能修改要求，软件开发者需要花很大力气、很长时间才能完成，而且一改动就涉及整个软件，甚至引起其他功能的不正常，那么这个软件就不是灵活的。

5）所需条件

所需条件是指系统正常运行所要具备的环境，一般需要设定系统的版本、内存、处理速度等。

6）覆盖面

覆盖面是指系统的覆盖和影响程度，若系统的影响程度大、涉及的面广，则可以认为该系统覆盖面比较广泛。

7）限制条件

限制条件是指系统要完成特定的功能所需要的额外附加条件，包括功能性限制条件和非功能性限制条件。

8）流行程度

流行程度是指在特定时间段内兴起的事物，以及该系统被客户采纳的量，若客户采纳该系统的量多，则可以认为该软件系统是流行的。

9）可靠性

软件可靠性是软件产品在规定的条件下和规定的时间区间内完成规定功能的能力。

1.2　管理信息系统的目标

1.2.1　民航管理信息系统目标

民航管理信息系统的总目标为：利用现代先进的信息技术、科学管理原理和数学方法，建立对民航系统的航行、适航、安全、机场、计划、财务、人事、客货运等技术、经济及管理信息进行收集、处理、存储、分析和交换的人机系统。逐步使民航各业务部门的业务处理实现计算机信息化，进而发展为综合办公自动化系统，以便加强信息管理，提供信息服务，进行辅助决策，从而提高办公效率、经济效益、服务质量、管理水平并提高支持决策的能力，使民航在国际上具有足够的竞争能力，为我国在交通运输上的现代化经济建设提供有力的支持。目标功能树如图 1-1 所示。

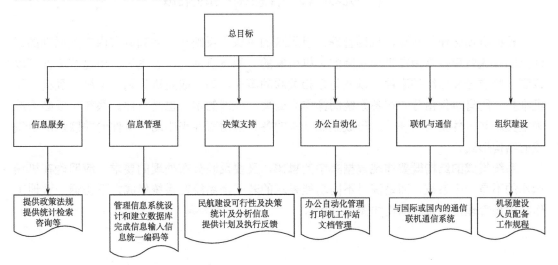

图 1-1　民航管理信息系统目标功能树

民航管理信息系统是一个知识密集、技术密集、人员密集的复杂大系统，民航局作为系统的工作中心决定了其既是政府机关又与管理局及具体企事业单位密不可分的特点。民航管理信息系统不论是从组织结构、领导关系，还是从业务范围及信息联系上都是很复杂的，大系统理论中很重要的一点是系统分解法，其基本思想是先分解后协调，即将一个复杂的系统按一定的方法、标志和功能等分解成一些子系统，使其担负一个方面的具体目标、功能和任务，具有一定的独立性，在此基础上再分成若干级别的模块，以便于编程。子系统和模块是整个系统的有机组成部分，它们之间是互相联系、互相作用的，具有统一的目标从而形成一个统一的整体。

1.2.2 机场管理信息系统目标

机场管理信息系统的目标是指机场为了满足一个或若干个特点的目标，把必需的计算机软、硬件有目的地选择和连接起来的过程。特别地，对于机场的计算机信息系统进行系统集成的工作，是统一管理和协调机场运营过程中与生产、服务和经营相关的各计算机系统的运行，并共享所形成的数据信息，从而高效有序地管理组织机场的生产与服务，有效提高机场的运营效率及服务质量，提高机场的赢利与竞争水平，以保证机场为旅客、航空公司以及机场自身的业务管理提供一致、及时、准确、系统、完整的信息服务。

机场管理信息系统提供一年 365 天，每天 24 小时连续可靠的运行系统；提供可扩展的功能；使用最优的、经验证的集成方法。机场管理信息系统能提供一个信息共享的运营环境；能支持机场作为国际枢纽机场的运营；能够为未来资源外包做准备；能支持机场运作指挥中心、外场指挥中心以及其他部门的日常运作；能保证新机场如期开航；能满足机场、航空公司和地面服务公司对各种资源的分配与使用进行优化的要求，其中包括值机柜台、登机门、停机位和行李转盘；能满足机场管理部门对各个服务单位进行管理和服务质量评估的需求；能帮助机场建立、维护、使用甚至根据需要发布航班计划及信息；能为机场管理部门和服务员工提供报表以及决策支持功能。

1.3　机场管理信息系统的集成

根据机场运作的特点，机场管理信息系统的集成是反映在一系列具有内在关联性的事件上的。这些事件是由在机场起降的飞机引发的，如飞机降落、起飞等。由这些事件可以找到一些前导和后续的事件，以及与之相关联的事件，如生成航班计划、值机、登机、飞机维护。所有事件由分布在各系统的操作来处理，处理的本身也是事件。系统集成必须准确定义这些事件及其关联性。形成集成结构的各系统由事件来驱动，事件的关联性决定集成的结构形式。

系统集成的结构既要体现数据集中的思想，又要反映分布处理的要求。应明确在机场运作的不是一个系统，而是满足不同功能要求的若干个系统在系统集成之下协调一致地工作。机场管理信息系统结构如图 1-2 所示。

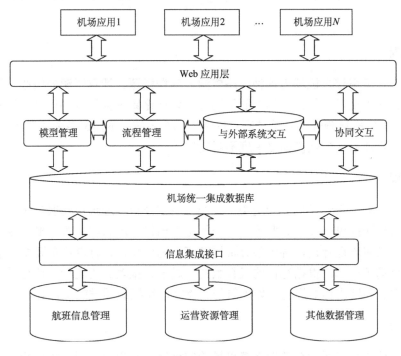

图 1-2　机场管理信息系统结构

　　统一集成数据库是机场计算机信息系统集成的服务器数据库，即数据存储中心，又称机场运营数据库（Airprot Operational DataBase，AODB）。它主要存储各系统都需要的数据（航班信息等），并通过中央信息集成管理系统使得这些信息对所有机场用户开放。它与网络系统高速连接，以保证多个用户能同时访问。它用以避免数据的重复采集和加工；简化数据备份过程；保持数据的一致性；保护数据的安全。

　　航班信息获取的信息源，主要来自航空公司和空中交通管理部门。系统既要解决如何耗费尽可能少的资源从源头及时获得信息，又要解决多信息源和多系统传递导致的信息不一致的问题。支持这些服务的系统是航班管理系统。

　　支持机场应用的系统有综合信息查询系统、航班信息显示系统、广播系统；飞机保障服务及其管理，包括飞机清洁、维修、配餐等。模型管理是机场使用各种模型进行的分配操作，包括停机位、值机柜台、转盘的分配等。流程管理是指机场系统支持的进港航班流程管理和离港航班流程管理。

　　与外部系统的交互管理包括与空中交通管制（简称空管）系统、航空公司系统、合约商系统的数据交互管理。

1.4　机场管理信息系统的观念

　　机场的管理和运营机构要认识到机场良好的商业生存能力。所以，摆在管理者面前的问题是如何将信息技术和机场的经营计划结合起来，并通过结构化的设计来实施这个计划以达到自动化管理的目标。因此，建设一个集成化的计算机生产运营管理系统对机场来说非常重要。

1.4.1　网络观

　　机场管理信息系统是机场内各种网络资源、数据资源、计算资源的核心，是机场各种数据、信息、知识交换的基础。早期的机场办公自动化系统强调软件自身的结构、功能和实现。而网络化的机场管理信息系统则不仅考虑单个系统，还强调多个管理系统间的交互，从而导致机场管理系统的规模和复杂度不断增加。

1.4.2　服务观

　　机场的服务对象大致可以分为两类：一类是航空公司，通过提高服务水平吸引更多的航空公司使用机场提供的设施和服务；另一类是进出机场的旅客，机场要为旅客提供周到方便的服务。在航班运行日，各个部分根据航班动态信息，按标准服务要求对航班提供需要的服务。机场统计部门根据每日的运行数据生成统计报表。机场管理信息系统的服务要按照一定的国际和国内标准进行，如民航局和国际民航组织颁发的文件等。

1.4.3　价值观

　　机场管理信息系统要能有效地支持机场的安全运行和价值实现。机场管理信息系统的实施关键要达到四化。第一是虚拟化。要能收集和控制机场与用户之间，以及机场与机场之间的各种信息，提高网络环境下的企业管理组织的技巧。第二是增值化。网络的互动性可使机场能更准确、更快速地掌握顾客的反馈，并根据顾客的需求提供多元化的服务，以获得更高的顾客满意度。第三是个性化。机场也应该有自己的"个性"，通过创造自己的战略价值流、核心竞争力来增加自己的"个性"，为用户提供个性化服务。第四是共赢化。机场管理信息系统和航空公司管理信息系统、空管管理信息系统是密切相关的，通过协同管理系统更好地支持运行管理，从而使机场、航空公司和空管协同共赢。

1.4.4　协同观

　　机场管理信息系统需要支持协同决策。协同决策的概念最早出现在美国联邦航空管理局的一次实验中，1993 年 9 月，美国联邦航空管理局通过航空数据交换（FAA/Airline Data Exchange，FADE）实验，考证航空公司给空中交通流量管理（Air Taffic Flow Management，ATFM）部门提供的航班时刻表信息是否能提高空中流量管理效率。实验表明，协同决策的应用能够大幅度减少航班总体延误。在空中交通运输系统中，空管、机场、航空公司等组织之间，以及各组织内部，在进行相应的工作过程中，往往需要多个组织同时参与一个工作流程，实现同一目标。

　　协同决策是一种政府与行业之间的联合行动，首先由管制部门定出约束条件，然后航空公司在这些约束条件下优化自己的运作，最后在决策问题上达成一致。协同决策将空管、航空公司和机场联系起来，通过信息交流、数据共享和改善决策支持工具，努力提高控制交通管理效率，确保空管、航空公司和机场获得用于计划运作的实时、准确的信息，帮助决策过程，利用协作技术和程序改进空中交通流量管理，为各方提供最大利益。

1.4.5　安全观

　　机场管理信息系统要防止把管理信息系统内的机密文件泄露给无关的用户，必须采取某种安全保密措施，这些措施的有效程序就称为管理信息系统的安全性或保密性。除了管理信息系统的安全观外，还有使用机场管理信息系统的运行安全观。因此，机场员工需要按照民航局和国际民航组织颁发的文件，进行安全运行管理，从而在满足安全运行的情况下，机场能够正常运行，并获得良好的经济效益。

1.5　机场管理信息系统的应用

1.5.1　机场主要系统

　　机场系统可分为两大部分：空域系统和陆域系统。空域系统包括受机场塔台控制指挥的控制空间，包括等候空区、净空区等。陆域系统又可分为两个活动区，包括飞行区系统和航站区（航站楼）系统。飞行区系统是指供飞机活动（如起飞、降落、地勤服务、维修、装载等）的陆域系统，包括跑道、滑行道、停机坪、待飞小场地及有关服务设施等。航站区系统是为旅客、货物、邮件运输服务及为飞行技术服务的设施，包括候机楼、停机坪、停车场以及指挥塔台、通信台站等。获取航班信息的信息源，主要来自航空公司和空管系统。

　　服务是指机场对航空公司、旅客及其他与机场有关的业务单位的服务。这些服务划分为：第一，信息输出（提供）服务。支持这些服务的系统有综合信息查询系统、航班信息显示系统、广播系统。第二，飞机保障服务及其管理，包括飞机清洁、维修、配餐等。支持这些服务的系统有外场保障系统。第三，机场营运设备资源的提供，包括登机门或机位、柜台、转盘的分配等。支持这些服务的系统有机场运营资源管理系统。机场管理信息系统的模块划分如图 1-3 所示。

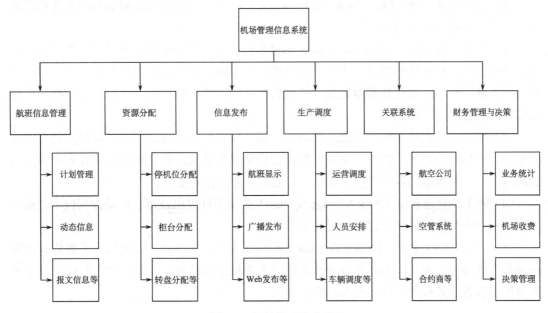

图 1-3　机场管理信息系统

航班信息管理系统是机场管理信息系统的子系统，是整个机场信息集成系统的重要组成部分。它是整个机场信息系统的航班信息源头，所有航班信息须经过它确定才能向外发布。

资源分配系统根据航班信息（计划及动态）及分配规则和限制条件，完成机场运营资源（停机位、登机门、值机柜台、行李提取传送带等）的分配与调度；制定资源分配的长期计划、次日计划；依据当日动态航班信息对资源的分配进行调整及资源冲突报警；将资源分配信息发布给相应用户（航班信息显示、公共广播、外场保障管理系统等）。在计划执行后报告资源的使用情况。

信息发布系统主要用于为旅客和工作人员提供进出港航班动态信息；办理乘机手续引导和指示信息，候机引导和指示信息，登机引导信息，行李提取引导和指示信息及其他相关信息如旅客须知、气象、时间和通知等。

生产调度系统包括各种资源的运营调度及车辆调度等信息，是整个机场管理信息系统的重要组成部分。使生产管理机构（现场指挥中心）能掌握外场生产情况和动态；使各级生产管理机构能向指定的单位发布指令；向航空收费系统（财务系统）提供收费依据。保障项目至少包括机上清洁、装卸、摆渡车、梯车、登机桥、电源、机务。

关联系统是指和机场关联的系统，主要包括航空公司的系统、机场的系统和合约商的系统。

财务管理与决策系统包括业务统计、机场收费和决策管理等。系统能支持多种类别的收费，包括按重量收费（如起降费）、按时间收费、按起降收费（地面服务代理商的收费）、按旅客数量收费（如候机楼使用费）等。

1.5.2　机场其他系统

（1）闭路电视系统（Closed-Circuit Televison System）通过闭路电视系统向旅客和机场工作人员发布航班动态信息。

（2）楼宇自控系统（Building Autocontrol System）采用先进的计算机控制技术，以丰富灵活的控制、管理软件和节能程序，使建筑物机电或建筑群内的设备有条不紊、综合协调、科学地运行，从而达到有效地保证建筑物内有舒适的工作环境、节能、节省维护管理工作量和运行费用的目的。

（3）呼叫中心系统（Call Center System）是一种充分利用通信网和计算机网的多项功能集成，并与企业连为一体的一个完整的综合信息服务系统，该系统利用现有的各种先进的通信手段，有效地为客户提供高质量、高效率、全方位的服务。

（4）停车场管理系统（Park Manage System）是采用计算机技术、自动控制技术、磁卡识别技术对停车场进行综合管理的智能系统。

（5）办公自动化系统（Office Automation System）应用计算机、通信、多媒体和行为科学等先进技术，使人们的部分办公业务借助于各种办公设备，并由这些办公设备与办公人员构成服务于某种办公目标的人机信息系统。

（6）保安监控系统是为了满足航站楼多个部门对现场监控的需要的系统。该系统由摄像监控系统和报警系统组成。

习　题

1. 管理信息系统的主要内容是什么？
2. 民航管理信息系统的主要目标是什么？
3. 机场管理信息系统包括哪些系统？
4. 机场管理信息系统包括哪些新观念？

第2章　机场管理信息系统的基础理论

2.1　管理科学基础理论

2.1.1　管理的定义

管理是指组织为了达到个人无法实现的目标，通过各项职能活动，合理分配、协调相关资源的过程。

（1）管理的载体是组织。

（2）管理的本质是合理分配和协调各种资源的过程。

（3）管理的对象是包括人力资源在内的相关资源。

（4）管理的职能活动包括信息、决策、计划、组织、领导、控制和创新。

（5）管理的目的是实现既定的目标。

各种管理职能的关系如下。

（1）信息获取是其他管理职能有效发挥的基础。

（2）决策既与其他管理职能有所交叉，又是计划、组织、领导和控制的依据。

（3）计划、组织、领导和控制旨在保证决策的顺利实施。

（4）创新贯穿于各种管理职能和各个组织层次。

（5）管理就是这些职能的不断循环。

2.1.2　管理理论及观点

现代管理理论从19世纪末开始形成，在100多年的发展过程中出现了很多管理理论及观点。

1）经典学派

19世纪美国的泰勒通过研究美国钢铁工人用铁锹铲煤的作业方式发现：如果对不同类型的煤用不同尺寸的铁锹去铲，就可以把工人的生产率从每天生产10吨提高到59吨。泰勒认为提高生产率是使公司获得利润和提高工人收入的关键。管理中必须设定各种标准和定额来控制工人完成每一基本任务所用的方法与所需要的时间。他的主要贡献是对绩效标准的重视。现代企业中的管理信息系统用程序自动对工作绩效与标准进行比较，并且在实际绩效与标准的差超过一定限度时，按照例外管理的原则向有关管理人员提出报告。

经典学派的法约尔认识到管理和作业之间的差别，并致力于改进管理工作的有效性。他的贡献是对管理职能的定义。法约尔认为：管理人员无论职务是什么，都必须做五件事情，即制定计划、组织机构、用人、指导及控制，简称为计划、组织、用人、指导和控制，被称为管理职能的普遍性原理。

美国管理学家安东尼在法约尔的基础上进一步发展，提出把管理划分为高层、中层及基层三个层次，称为安东尼模型。管理的层次不同，他们的信息来源及对信息的要求也不相同。高层所需要的信息主要来自系统的外部环境，部分来自系统内部。一般需要表征事物主要特征的综述性、概括性、预测性较高的信息。中层所需要的信息来自系统的内外两方面，重点来自系统内部。基层所需要信息来自系统内部。一般需要具体的方案和数据，如生产调度等。

经典学派还有一个重要代表人物是甘特，他设计一系列图表格式来帮助管理人员进行科学管理。其中包括广泛应用的表示项目进度的甘特图。

2）行为学派

美国哈佛大学研究人员梅奥和罗特利斯伯格等在伊利诺伊州的霍桑工厂研究车间照明对生产率的影响时意外发现，无论他们在设计的环境中如何改变照明的条件，随着试验的进行，参加试验的工人的生产率总是不断地提高。他们最后得出结论，这种生产率的提高与照明条件的变化没有关系，完全是由工人感到自己受到重视而提高工作积极性的结果。这种现象称为霍桑效应。

行为学派包括两组。一组称为"人际关系运动"，另一组称为"社会系统"。

人际关系运动的研究表明：工作人员的需要和企业的目的之间存在一条激励关系链。只要有针对性地给予激励，工作人员就会在激励下努力工作，从而使企业实现自己的目的。

社会系统的研究表明：当管理人员为企业设置一个新的目标时，应当对其员工进行教育，使他们认识到新目标与个人的目标是协调一致的。只有这样，才能调动员工的工作积极性。

3）定量学派

第二次世界大战后，很多运筹学定量化方法推广到企业管理中。这些方法包括线性规划、多元回归和蒙特卡罗模拟等。对问题进行定量化描述和处理易于发挥计算机的长处。因此，为了使管理信息系统能够支持企业的决策活动，必须尽可能采用各种定量方法。定量学派认为，从根本上讲，整个管理过程就是一系列的决策过程。

4）权变学派

权变学派的理论认为：不同的理论适应不同的情况。应该根据管理的具体环境采用某种理论来指导实践。环境包括企业或系统的外部环境与内部环境。外部环境包括企业经营的经济、政治和社会因素。内部环境包括企业能够掌握的资源和企业的目的与组织结构等。

5）系统理论学派

系统理论学派认为：企业是一个追求经济目的的社会技术系统，它由各种人员、技术设备和其他物质要素构成，是一个与其环境处于经常相互作用下的开放系统。企业不断地将来自环境的输入资源（包括人员、时间、空间、物质或设备、能量及信息）转变为各种输出（包括产品、人员、资金、信息等）并将它们送回环境。企业的管理信息系统可以看成企业系统中的一个子系统。它搜集数据和向管理人员提供信息，与管理人员一起在整个企业系统中起着反馈控制机制的作用。因此系统理论学派通过将系统理论和系统方法应用到企业管理中，并进行企业和组织的有效管理。

2.1.3　管理模型及方法

2.1.3.1　规划模型

与运行管理相关的最大、最小等有关问题都是优化问题。解决这类问题的主要方法包括线性规划模型、动态规划、博弈论等。

1. 线性规划模型

由线性规划模型的一般形式的讨论可知,线性规划模型有多种不同情况:目标函数可以最大或最小、约束条件可以有大于等于、小于等于或等于三种情况。为便于线性规划模型的求解,可将线性规划模型的一般形式统一转化为标准形式,这里规定线性规划标准模型的条件:目标函数最小化、约束条件为等式、决策变量均非负、右端项非负。

线性规划标准模型的一般表达式为

$$\min f = c_1 x_1 + c_2 x_2 + \cdots + c_n x_n$$

$$\text{s.t.} \begin{cases} a_{11} x_1 + a_{12} x_2 + \cdots + a_{1n} x_n = b_1 \\ a_{21} x_1 + a_{22} x_2 + \cdots + a_{2n} x_n = b_2 \\ \qquad\qquad\qquad \vdots \\ a_{m1} x_1 + a_{m2} x_2 + \cdots + a_{mn} x_n = b_m \\ \qquad x_1, x_2, \cdots, x_n \geqslant 0 \end{cases} \tag{2-1}$$

化一般型为标准型:

(1) $\max f \to \min(-f) = -cx$;

(2) $\leqslant \to$ 左边+松弛变量;$\geqslant \to$ 左边−剩余变量;

(3) 变量 $x_j \leqslant 0 \to -x_j \geqslant 0$;变量 x_j 无限制 $\to$ 令 $x_j = x_j' - x_j''$;

(4) $b_i < 0 \to$ 等式两边同乘以−1。

考虑线性规划模型一般形式为

$$\max(\min) f = cx$$

$$\text{s.t.} \begin{cases} Ax \leqslant (=, \geqslant) \, b \\ x \geqslant 0 \end{cases} \tag{2-2}$$

可行解:凡满足约束条件和非负条件的决策变量的取值 $x = (x_1, x_2, \cdots, x_n)^{\mathrm{T}}$ 称为线性规划可行解。

可行域:所有可行解的集合称为线性规划的可行域。

最优解:使目标函数达到最优值的可行解称为线性规划的最优解 $X^* = (x_1^*, x_2^*, \cdots, x_n^*)^{\mathrm{T}}$。

2. 动态规划

在求解多阶段决策过程最优方案时,需要把多阶段决策问题转变为一系列相互联系的单阶段决策问题,然后逐个加以解决。在多阶段决策问题中,各个阶段所采取的决策,一般来说与时间或者空间是有关系的,决策依赖于当前状态,又引起状态的转移,一个决策序列就是在变化的状态中产生的,故有动态的含义。动态规划可以解决以下问题。

(1) 最短路径问题。

(2) 装载问题:例如,有一部货车沿着公路给四个零售店卸下一定数量货物,现有每个零售店出售货物的利润,问应如何分配,才能使总利润最大?

(3) 生产与存储问题:例如,有每一期的需求量,现应如何安排生产和库存?

（4）资源分配问题。

1）阶段

把所给问题的过程，恰当地分为若干个相互联系的阶段，以便能按一定的次序去求解。描述阶段的变量称为阶段变量，常用 k 表示。阶段，一般是根据时间和空间的自然特征来划分的，但要便于把问题的过程转化为多阶段决策的过程，例如，引例装载问题中，可将问题分为 4 个阶段来求解，即 $k=1,2,3,4$。

2）状态

状态表示每个阶段开始所处的自然状况或客观条件，它描述了研究问题过程的状况。在引例装载问题中，状态就是某阶段的出发位置。它既是该阶段某支路的起点，又是下一阶段某支路的终点。通常一个阶段有若干个状态，第一阶段状态为 $\{D_1,D_2\}$，第二阶段状态为 $\{C_1,C_2,C_3,C_4\}$，一般第 k 阶段的状态就是第 k 阶段所有起点的集合。

描述过程状态的变量称为状态变量。它可用一个数、一个向量来表示，常用 s_k 表示第 k 阶段的状态变量。例如，在第三阶段有两个状态，记 $s_3=\{B_1,B_2\}$。

动态规划的状态应具有的性质是：如果某阶段状态给定后，则在这阶段以后过程的发展不受这阶段以前各阶段状态的影响。换句话说，过程的过去历史只能通过当前的状态去影响它未来的发展，当前的状态是以往历史的一个总结，这个性质称为无后效性。

3）决策

当过程处于某一阶段的某个状态时，可以做出不同的选择，从而确定下一阶段的状态，这种选择称为决策。描述决策的变量称为决策变量，可用一个数或向量来描述。常用 $x_k(s_k)$ 表示第 k 阶段当状态处于 s_k 时的决策变量。它是状态变量的函数。例如，在引例装载问题第二阶段中，若选择的点为 D_1，则 D_1 是状态 C_1 在决策 $x_2(C_1)$ 作用下的一个新状态，记 $x_2(C_1)=D_1$。

4）策略

策略是一个按顺序排列的决策组成的集合，由过程的第 k 阶段开始到终止状态的过程，称为问题的后部子过程（或 k 子过程）。由每段的决策按顺序排列组成的决策函数序列 $\{x_1(s_1),\cdots,x_k(s_k)\}$ 称为 k 子过程策略，简称子策略，记为 $p_{k,n}(s_k)$，即 $p_{k,n}(s_k)=\{x_1(s_1),\cdots,x_k(s_k)\}$。

当 $k=n$ 时，此决策函数序列称为全过程的一个策略，简称策略，记为 $p_{n,n}(s_n)$，即 $p_{n,n}(s_n)=\{x_1(s_1),x_2(s_2),\cdots,x_n(s_n)\}$。

5）状态转移方程

状态转移方程是确定过程由一个状态到另一个状态的演变过程。若给定第 $k+1$ 阶段状态变量 s_{k+1} 的值，如果该段的决策变量 x_{k+1} 确定后，第 k 阶段的状态变量 s_k 的值就完全确定。这种确定的对应关系记为 $s_k=T_{k+1}(s_{k+1},x_{k+1})$。

上式描述了由 $k+1$ 阶段到 k 阶段的状态转移规律，称为状态转移方程。T_{k+1} 称为状态转移函数。

6）指标函数和最优值函数

用来衡量所实现过程优劣的一种数量指标称为指标函数。指标函数的最优值称为最优值函数，记为 $f_k(s_k)$，它表示从第 k 阶段的状态 s_k 开始到第 n 阶段的终止状态的过程，是采取最优策略所得到的指标函数值。在不同问题中，指标函数的含义是不同的，它可能是距离、利润、成本等。

动态规划的基本思想总结如下。

（1）动态规划方法的关键在于正确写出基本的递推关系式和恰当的边界条件。

（2）在多阶段决策过程中，动态规划方法是既把当前一个阶段和未来各阶段分开，又把当前效益和未来效益结合起来考虑的一种最优化方法。

（3）在求整个问题的最优策略时，由于初始状态是已知的，而每个阶段的决策都是该阶段状态的函数，所以最优策略所经过的各阶段状态便可逐次变换得到，从而确定最优路线。

动态规划方法是基于贝尔曼等提出的最优化原理的，这个最优化原理指出："作为整个过程的最优策略具有这样的性质，即无论过去的状态和决策如何，对前面的决策所形成的状态而言，余下的诸决策必须构成最优策略。"简而言之，一个最优策略的子策略总是最优的。

3. 博弈论

构建一个博弈，需要以下基本要素。

（1）局中人（参与者）（Players）：每局博弈至少有两个参与者。有时，要引入一个特殊的参与者，自然（Nature）。例如，一个人猜硬币，可以看成你在和自然或上帝博弈。

（2）行动集（Action Set）：规定每个参与者可以采取的行动的集合。例如，猜硬币博弈，一个人有两个行动可供选择：正面，反面。如果是两个硬币，则行动集中的行动增加一倍：（正面，正面）、（正面，反面）、（反面，正面）、（反面，反面）。

（3）时序（Playing Sequence）：游戏规则中规定的每个参与者决策的先后次序。一般来说，在静态博弈中，局中人同时行动；在动态博弈中，局中人有行动的次序。

（4）策略（Strategies）：局中人在一局博弈中的一套完整的行动计划。策略与行动不同，策略包括信息。例如，囚徒困境，每个局中人的行动只有两种：坦白，抵赖。尽管最后的均衡是（坦白，坦白），但策略包括（坦白，抵赖）、（抵赖，抵赖）、（抵赖，坦白）、（坦白，坦白）四种。

策略告诉局中人，在每一种可预见的情况下选择什么行动。

（5）报酬（支付、收益）（Payoffs）：局中人在不同情况下所得到的效用。

（6）信息（Information）：局中人决策所依据的信息。信息分为完全信息和不完全信息。

在完全信息中，局中人在决策时知道在此之前的全部信息，并且局中人 A 知道局中人 B 知道全部信息，并且局中人 A 知道局中人 B 知道局中人 A 知道全部信息，如此以至无穷，如下棋。

在不完全信息中，局中人不知道与博弈有关的全部信息，如猜"石头-剪刀-布"的游戏。

（7）结果（Outcome）：博弈分析者所感兴趣的所有东西，或者说，博弈分析者（建模者）从行动、支付和其他变量中所挑选出来的他感兴趣的要素的组合，如均衡战略组合、均衡行动组合、均衡支付组合等。

（8）均衡（Equilibria）：所有局中人选取的最佳策略所组成的策略组合。

在上述要素中，局中人、行动集、时序、策略、报酬和信息规定了一局博弈的游戏规则。

博弈论为经济学家讨论经济问题提供了可行的工具，从两人的讨价还价问题，到多人的、重复的、长期的交易问题，再到垄断和完全竞争的经济学模型的理论基础，经济学的大多数领域和经济理论本身都受到这些思想的巨大影响。

博弈论中最重要的概念就是策略型博弈模型的纳什均衡。20 世纪 40 年代，兰德公司的数学家乔治布朗提出了一种可行的行为运算方法，求解两人零和博弈。相对于策略型博弈缺乏动态结构，扩展型博弈则允许动态分析。汤普森建立了转换集，将策略型的等价扩展型博弈和扩展型的等价策略型博弈联系起来，分析了具有或不具有完全信息的博弈，介绍了子博弈和完美回忆的概念。在完美回忆的情况下，博弈以行动模型求解和以混合策略求解是等价的。

1965 年，泽尔滕首先规定了子博弈完美的概念，研究了纳什均衡在扩展型博弈中是否是可置信威胁策略。子博弈完美有一些限制，所以随后他重新定义了子博弈完美，给出了应用于所有具有完美回忆的扩展型博弈的完美的概念。

在实际应用中，讨价还价可能发生，博弈论建立了说明公平或者合理的公理。与讨价还价解一样，夏普利值是博弈论关于公平的首要公理化指标，该理论大量应用于从成本配置到最近的关于公司金融的研究。

2.1.3.2　统计

统计分析是指用有效的统计分析方法对所收集的数据进行分析，将它们进行汇总、理解并消化，从而提取有用的信息并形成结论，为决策提供依据。在数理统计中，把研究对象的全体称为总体，而把组成总体的每个单元称为个体。要想了解总体的分布规律，在统计分析工作中，需要从总体中抽取一部分个体进行观测，这个过程称为抽样。在统计中，常用的指标是样本均值、样本方差等。统计分析的目的是把隐藏在海量数据背后的信息进行集中和提炼，总结出所研究对象的内在规律。

统计分组是根据现象总体的特点和统计研究的目的，按照一个或几个重要标志，将总体各单位划分为若干不同的组成部分的一种统计方法。

统计分组的目的是把总体中具有不同性质的单位区分开，把性质相同的单位合并在一起，保持各组内统计资料的一致性和组与组之间资料的差异性，以便于进一步运用各种统计方法研究对象的数量表现和数量关系。

（1）对比分析法也称比较分析法，是把客观事物加以比较，以认识事物的本质和规律并做出正确的评价。对比分析法通常是把两个或两个以上相互联系的指标数据进行比较，分析它们的差异，从数量上展示和说明研究对象规模、水平、速度，以及各种关系是否协调。

（2）结构分析法是在对总体分组的基础上，将总体某部分数值与总体总量对比而得到的比例，用以反映总体内部组成状况。

（3）平均分析法是运用计算平均数的方法来反映同质总体在具体条件下的一般水平的方法。

（4）综合评价法是对多个评价指标的信息综合，评价结果是否客观、准确首先依赖于被综合的对象，即各评价指标的信息是否准确、是否全面。因而，科学地设立评价指标体系是综合评价的基础。

2.1.3.3 预测

预测是指对事物的演化预先做出的科学推测。广义的预测，既包括在同一时期根据已知事物推测未知事物的静态预测，也包括根据某一事物的历史和现状推测其未来的动态预测。狭义的预测，仅指动态预测，也就是指对事物的未来演化预先做出的科学推测。预测理论作为通用的方法论，既可以应用于研究自然现象，又可以应用于研究社会现象，如社会预测、人口预测、经济预测、政治预测、科技预测、军事预测、气象预测等。

正确的预测是进行科学决策的依据。政府部门或企事业单位制定发展战略、编制计划以及日常管理决策，都需要以科学的预测工作为基础。

按预测的方位或层次分类包括宏观预测和微观预测。按预测的时间长短分类包括长期预测、中期预测、短期预测和近期预测。按照预测方法的性质分类包括定性预测和定量预测。定性预测方法包括头脑风暴法和德尔菲（Delphi）法等。定量预测方法包括回归预测方法、时间序列预测方法等。按预测是否考虑时间因素来分类包括静态预测和动态预测。预测的程序包括六部分。

（1）明确预测任务，制定预测计划。预测计划是根据预测任务制定的预测方案，包括预测的内容和项目、预测所需的资料、准备选用的预测方法、预测的进行和完成时间、编制预测的预算、调配力量、组织实施等。

（2）搜集、审核和整理资料。筛选资料的标准有三个：①直接有关性；②可靠性；③最新性。

（3）选择预测方法和建立数学模型。数学模型也称为预测模型，是指反映经济现象过去和未来之间、原因和结果之间相互联系与发展变化规律性的数学方程式。

（4）检验模型，进行预测。模型建立之后必须经过检验才能用于预测。一般地，评价模型优劣的基本原则有：①理论上是否合理；②统计可靠性高低；③预测能力强弱；④是否简单适用。

（5）分析预测误差，评价预测结果。分析预测误差，评价预测结果即分析预测值偏离实际值的程度及其产生的原因。

（6）向决策者提交预测报告。

2.1.3.4 决策与决策方法

决策是管理者识别并解决问题的过程，或者是管理者利用机会的过程。决策包括确定型决策方法和非确定型决策方法。

1）确定型决策方法

确定型决策是指决策过程的结果完全由决策者所采取的行动决定的一类问题。确定型决策要求同时满足四个条件：一是存在决策人希望达到的一个明确目标，二是存在可供决策人选择的两个或两个以上的可行方案，三是只存在一种确定的自然状态，四是不同的可行方案在确定自然状态下的损益值可以计算出来。确定型决策方法有很多，包括盈亏平衡点法、决策树法等。

盈亏平衡点法是指全部销售收入等于全部成本时（销售收入线与总成本线的交点）的产量。以盈亏平衡点为界限，当销售收入高于盈亏平衡点时企业盈利，反之，企业就亏损。盈亏平衡点可以用销售量来表示，即盈亏平衡点的销售量；也可以用销售额来表示，即盈亏平衡点的销售额。

　　决策树（Decision Tree）是在已知各种情况发生概率的基础上，通过构成决策树来求取净现值的期望值大于等于零的概率，评价项目风险、判断其可行性的决策分析方法，是直观运用概率分析的一种图解法。由于这种决策分支画成图形很像一棵树的枝干，所以称决策树。一个决策树包含三种类型的节点。决策节点通常用矩形框来表示。机会节点通常用圆圈来表示。终结点通常用三角形来表示。

　　2）非确定型决策方法

　　非确定型决策又称不确定型决策，要求同时具备五个条件：一是存在决策人希望达到的一个明确目标；二是存在可供决策人选择的两个或两个以上的可行方案；三是存在两种或两种以上的不以决策者的主观意志为转移的自然状态；四是不同的可行方案在不同自然状态下相应的损益值可以计算出来；五是今后不论出现哪一种自然状态，决策者不但不能事先肯定，而且也无法估算出每一种自然状态出现的概率。

　　从定义看，确定型决策与非确定型决策的主要区别在于自然状态的个数上，确定型决策只存在一种确定的自然状态，而非确定型决策存在两种或两种以上的不以决策者的主观意志为转移的自然状态。对于非确定型决策问题，目前主要研究方法有悲观法、乐观法、乐观系数法、后悔值法和等可能法五种。

2.1.3.5　集成管理

　　最早提出集成管理思想的学者是美国切斯特·巴纳德（Chester Barnard），他在《经理人员的职能》一书中最早提出了系统的协调思想。之后，创新经济学者约瑟夫·熊彼特（Joseph A Schumper）在其创新理论（1990）中指出：创新过程不仅包括技术创新，还包括制度创新，进而提出在技术创新过程中技术和管理整合的思想。1998 年，查尔斯·萨维奇（Charles Savage）在《第五代管理》一书中提到：集成不仅是一种技术手段，集成正在影响着组织的结构，集成的过程是保持企业内部和外部联系的关键模式。1990 年初，钱学森等首次把处理开放的复杂巨系统的方法定名为从定性到定量的综合集成法。综合集成法是从整体上考虑并解决问题的方法论。钱学森指出，这个方法不同于近代科学一直沿用的培根式的还原论方法，是现代科学条件下认识方法论上的一次飞跃。

　　综合集成法作为一门工程可称为综合集成工程，它是在对社会系统、人体系统、地理系统和军事系统这四个开放的复杂巨系统研究实践基础上提炼、概括和抽象出来的。在这些研究中通常是科学理论、经验知识和专家判断相结合，形成和提出经验性假设（判断或猜想），但这些经验性假设不能用严谨的科学方式加以证明，需借助现代计算机技术，基于各种统计数据和信息资料，建立起包括大量参数的模型，而这些模型应建立在经验和对系统的理解上并经过真实性检验。这里包括感情的、理性的、经验的、科学的、定性的和定量的知识综合集成，通过人机交互，反复对比逐次逼近，最后形成结论。其实质是将专家群体（与主题有关的专家）、统计数据和信息资料（与主题有关）三者有机结合起来，构成一个高度智能化的人机交互系统，它具有综合集成的各种知识，从感性上升到理性，实现从定性到定量的功能。

　　"定性定量综合集成（Meta Synthesis）"的思想，即"将专家、群体、数据和各种信息与计算机仿真有机地结合，把各种学科的理论和人的经验与知识结合起来，发挥整体优势"。随后又具体为建立支持定性与定量相结合的综合集成研讨厅的设想，是试图解决对复杂系统的研究及研究方法论问题的一个很好的解决方案。这实际上是将现代的计算机信息技术、多媒体技术、人工智能技术、现代模拟仿真技术、虚拟现实技术引入系统工程的领域，以解决许多用传统方法难以解决的问题。把定量的模型计算与主要由专家掌握的定性知识有机地结合起来，实现定性知识与定量数据之间的相互转化。由专家介入模拟过程之中解决计算机不好解决的非结构化问题，即人在回路中，发挥了"人机一体，各取所长"的作用。在这里，人或组织利用研讨厅进行研讨、辩论和"对抗"，从情况的认识、情况的判断、系统问题识别、问题解产生到论证评价、决策方案实施以及反馈，都可以由此得到知识、认识和理论。这是科学实验，最终是为实践服务。而在系统中提供的模拟仿真和虚拟现实表现出来的"身临其境"，也是一种实验，但它提供的是未来的"实践"。这种把分析、判断和决策与决策后的"实践"闭合起来的方法，明显扩展了系统方法论的范围，很好地调和了系统方法论中的矛盾，可以解决许多原先难以解决的问题。在未来的知识经济发展中，综合集成技术将越来越显示出其强大的生命力，它将成为知识经济社会最重要的技术支柱之一。

2.1.3.6　企业管理成熟度

　　所谓的企业管理成熟度，简单地说就是企业在运营管理中达到成熟与卓越的效果。其梯级模型见图 2-1。

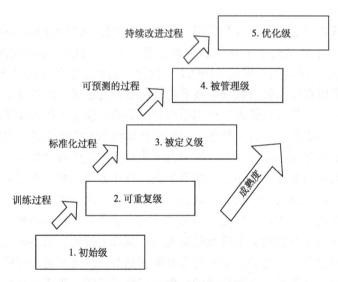

图 2-1　企业管理成熟度五级模型

　　第一级：初始级。企业运作的特征是特定的和偶然的，有时甚至是混乱的。几乎没有过程定义，成功完全取决于个人的能力。

　　第二级：可重复级。建立了基本的项目管理（程序化管理）过程，能够跟踪费用、进度和功能。有适当的必要的过程规范，使得可以重复与以前类似的企业运作的成功。

　　第三级：被定义级。用于管理和企业运作活动的过程已经文档化、标准化并与整个组织的经营过程相集成（制度化）。所有项目（作业）都使用统一的、文档化的、组织过程认可的版本来进行控制监督与工作。本级包含第二级的所有特征。

　　第四级：被管理级。企业运作和所生产的产品质量的详细度量数据被收集，通过这些度量数据，企业运作和产品能够被定量地理解和控制。本级包含第三级的所有特征。

第五级：优化级。通过定量反馈进行不断的过程改进，这些反馈来自于过程或通过试验新的想法和技术而得到。本级包含第四级的所有特征。

第一级管理水平的企业，是机会市场下的机会运作企业。他们很少收集运营过程中的数据。企业的运作完全依靠个人能力，对于管理过程和运营过程很少有可重复的模式，也很难去专业地总结管理过失，评估运营过程。这样的企业在中国非常普遍，因为中国一直以来就是一个很大的机会市场，所以，充满了机会主义者。很多已经做得比较大的企业，虽然已经建立了一些制度与控制手段，但依然在第一级与第二级之间徘徊。其认定级别的里程碑是企业运作的工作计划表的诞生，根据企业运作的需要建立了相应的责任人，同时，对相应的工作进行了 WBS 计划（Work Breaking Structure 工作树型的细分，每一个工作者在还没有开始工作的时候，就知道了应该如何工作，工作到什么程度，对于一般的工作者，没有临时安排的其他工作是工作表的最基本特征），并且严格按照工作计划实施，这就进入了第二级管理水平。

第二级管理水平的企业，基本建立了对工作过程的描述，对工作任务进行了细分，并且对于每一个细分的工作任务都有比较详细的描述，针对每一个细分后的子工作都有相应的工作责任人和考核标准。其企业的运营过程，可以看成可控制的，企业类似性的工作任务可以反复利用已经定义好的制度规范进行操作和控制。第二级管理水平的企业，已经开始建立工作质量的保证方法。利用企业的每一套体系准则来保证工作目的的正确实现。对于基础工作者工作的细分，将尽量杜绝所谓的临时安排的工作任务。工作计划可以是粗犷的线条，也可以根据经验进行细分，但在运营中，工作计划不能随意由实施者增减，所有改变必须进行变更计划与配置管理，这时，企业就可以进入第三级管理水平了。

第三级管理水平的企业，已经站在企业的最高层，为企业运营过程框架进行指导性的工作，并且已建立一些标准化的过程和识别系统。对于企业项目和战略内容已经建立投资分析构架。企业内部已经建立对工作业务过程进行评审和指导以及相关的培训系统。对于一件工作、项目已经有比较完善的费用控制计划，并且基本上已经能够保证一个工作业务的过程按照设计好的进度计划、费用控制计划、质量控制计划来完成。一个基础工作者的工作，在完成确定的工作任务后，任何一个非计划工作中的内容，都将重新确定为新的具有价值的内容，也就是说，按 WBS 计划过程的工作已经用企业标准费用重新确定，按增加费用处理。

第四级管理水平的企业，已经能够对运营过程进行定性的评测分析，每一个项目的实施，可以按照企业标准的过程模型进行。项目的实施，首先要选择其控制模型，然后根据控制模型启动相应的控制流程。运营过程中的偏差也被控制在可量化的范围内。企业职员已经能够采用数学模型，运用数据库的方式对工作中的过程进行控制与分析。企业的运营过程已经可预见化、可控制化并能高质量地开展。

第五级管理水平的企业，已经建立比较完善的后评估系统，对于模型有不断优化的解决方案。长期以来的管理数据的积累，已经可以清晰地看到企业运营轨迹，并且通过这种轨迹判断企业的发展方向。对于企业的各种资源已经能够充分地保护和发展，对于人力资源的保护已经达到人性化标准。企业已经完全扁平化以及充分的授权，企业主要管理精力已经只放在战略管理和过程的持续优化上，大部分的企业运营已经模块化，在可控制的情况下，比较独立地运营与发展。

　　从管理成熟度的描述，可以很清晰地看到，企业管理成熟度的建立是一个循序渐进的过程。例如，对于企业信息化来说，对于第一级、第二级的管理成熟度的企业是没有必要花费大量资源进行企业信息化的，信息化的结果，不但不会给企业带来大的变革，而且很容易产生大量的垃圾信息，在耗费大量精力后，企业不但不能用有限的资源快速地发展，而且，信息化的结果有可能干扰企业的正常运营。信息化的大量投入期，是在企业管理成熟度第三级到第四级之间的时期，也几乎是必需的。没有信息化，企业将不可能进入第五级。信息化永远都是企业管理的工具，也必然是一个循序渐进的投入过程，企业管理成熟度和信息化的紧密程度也是企业管理平台的发展趋势之一。

2.2　信息系统基础理论

2.2.1　机场管理信息系统开发步骤

　　软件生命周期（Systems Development Life Cycle，SDLC）是软件的产生直到报废的生命周期，周期内有问题定义、可行性分析、总体描述、系统设计、编码、调试和测试、验收与运行、维护升级、废弃等阶段，这种按时间分程的思想方法是软件工程中的一种思想原则，即按部就班、逐步推进，每个阶段都要有定义、工作、审查、形成文档以供交流或备查，以提高软件的质量。同其他事物一样，一个软件产品或软件系统要经历孕育、诞生、成长、成熟、衰亡等阶段，一般称为软件生存周期（软件生命周期）。把整个软件生存周期划分为若干阶段，使得每个阶段有明确的任务，使规模大、结构复杂、管理复杂的软件开发变得容易控制和管理。通常，软件生存周期包括可行性分析、项目启动、需求分析、软件设计（概要设计和详细设计）、程序编码、测试、软件维护等活动，可以将这些活动以适当的方式分配到不同的阶段去完成。

　　1. 可行性分析

　　此阶段是软件开发方与需求方共同讨论，主要确定软件的开发目标及其可行性，主要交付物有《项目规划书》《立项报告》《可行性研究报告》。

　　可行性分析和调查是系统建模的基础，是管理信息系统建模中的一个关键的环节。该阶段主要考虑的问题有：是否有必要建立这个信息系统；为了建立这个信息系统需要花多大的代价；建立这个信息系统需要多长的时间；是采用自己开发还是外包的方式来实现等。

　　2. 需求分析

　　一旦项目通过了可行性分析和调查，下一步要考虑的是需求分析。需求分析阶段的主要目标是开发一个"系统将要做什么"的模型，这是一个迭代的过程，需要反复对系统的功能进行确定和细化。

　　制定需求分析计划，要包括时间节点、参与人员、调研内容。根据调研结果形成《需求分析规格说明书》后召开需求评审会，最终形成参与方都认可的《需求分析规格说明书》。《需求分析规格说明书》明确规定了项目的边界和软件的功能。

　　以航班机位分配系统为例来说明需求分析的用例图。

　　需求分析阶段的第一项工作是建立用例图。先确认执行者有三种：指挥（机位）执行者、数据库执行者、进出港监控系统执行者。

（1）指挥（机位）执行者负责维护机位基本信息，如机位号、机位大小、类别和机位属性，并且识别机位停用标志、航班机位最小安全时隔等机位分配参数。

（2）数据库 DB 执行者存储有关机位基础信息，存储航班值机位分配信息。

（3）进出港监控系统执行者负责提供航班动态数据。

在确认角色的基础上确认系统用例有以下几种：

（1）获取航班信息（配对信息）；

（2）机位分配推理；

（3）手工机位分配修改；

（4）航班安全监测（动态监控）；

（5）机位状态判断推理；

（6）机位基本信息维护；

（7）航班停机位分配；

（8）获取航班动态信息。

图 2-2 是航班机位分配系统用例图，各用例在细化阶段还可以进行用例分解细化。

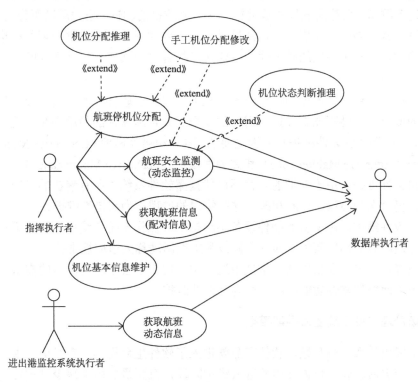

图 2-2 航班机位分配系统用例图

3. 软件设计

此阶段主要根据需求分析的结果，对整个软件系统进行设计，如系统框架设计、数据库设计等。在此阶段可根据《需求分析规格说明书》和《设计文档》做详细的工作分解，根据分解的任务制定详细的开发计划。这也是一个逐步精化的过程，主要涉及类与对象的不断精化、子系统划分，以及分布措施、数据存储措施和开发环境等。阶段性成果包括系统结构文档、数据库设计文档等。

4. 程序编码

此阶段是将软件设计的结果转换成计算机可运行的程序代码。程序编码阶段要对源代码进行充实和完善，以实现系统的全部功能。同时，要对系统进行编译和调试。在生成源代码的过程中，必须在各个级别上进行单元测试。阶段性成果包括源代码、数据库模式以及执行程序等。在程序编码中必须要制定统一的、符合标准的编写规范，以保证程序的可读性、易维护性，提高程序的运行效率。

5. 测试

在软件设计完成后要经过严密的测试，以发现软件在整个设计过程中存在的问题并加以纠正。整个测试过程分单元测试、组装测试以及系统测试三个阶段进行。测试的方法主要有白盒测试和黑盒测试两种。网站的性能测试对于网站的运行异常重要，但是目前对于网站的性能测试做得不够，在进行系统设计时也没有一个很好的基准可以参考，因而建立网站的性能测试的一整套的测试方案将是至关重要的。网站的性能测试主要从三个方面进行：连接速度测试、负荷（Load）测试和压力（Stress）测试。连接速度测试指的是打开网页的响应速度测试。负荷测试指的是进行一些边界数据的测试。压力测试更像是恶意测试，压力测试倾向致使整个系统崩溃。在测试过程中需要建立详细的测试计划并严格按照测试计划进行测试，以减少测试的随意性。主要交付物有《测试计划》《测试报告》。

6. 软件维护

软件维护是软件生命周期中持续时间最长的阶段。在软件开发完成并投入使用后，由于多方面的原因，软件不能继续适应用户的要求。要延续软件的使用寿命，就必须对软件进行维护。一些学者将软件维护划分为主要的三类：纠错性维护（Corrective Maintenance）、适应性维护（Adaptive Maintenance）和完善性维护（Perfective Maintenance）。

（1）纠错性维护。由于前期的测试不可能揭露软件系统中所有潜在的错误，用户在使用软件时将仍会遇到错误，诊断和改正这些错误的过程称为纠错性维护。

（2）适应性维护。由于新的硬件设备不断推出，操作系统和编译系统也不断地升级，为了使软件适应新的环境而引起的程序修改和扩充活动称为适应性维护。

（3）完善性维护。在软件的正常使用过程中，用户还会不断提出新的需求。为了满足用户的新需求而增加软件功能的活动称为完善性维护。

2.2.2　机场管理信息系统生命周期模型

从概念提出的那一刻开始，软件产品就进入了软件生命周期。在经历需求、分析、设计、实现、部署后，软件将被使用并进入维护阶段，直到最后由于缺少维护费用而逐渐消亡。这样的一个过程，称为"生命周期模型（Life Cycle Model）"。典型的几种生命周期模型包括瀑布模型、迭代式模型、快速原型模型。

1. 瀑布模型

瀑布模型（Waterfall Model）首先由 Royce 提出。该模型由于酷似瀑布闻名。在该模型中，首先确定需求，并接受客户和 SQA 小组的验证。然后拟定规格说明，同样通过验证后，进入计划阶段…可以看出，瀑布模型中至关重要的一点是只有当一个阶段的文档已经编制好并获得 SQA 小组的认可才可以进入下一个阶段。这样，瀑布模型通过强制性的要求提供规约文档来确保每个阶段都能很好地完成任务。但是实际上往往难以办到，因为整个模型几乎都是以文档驱动的，这对于非专业的用户来说是难以阅读和理解的。想象一下，你去买衣服时，售货员给你出示的是一本厚厚的服装规格说明，你会有什么样的感触。虽然瀑布模型有很多很好的思想可以借鉴，但是在过程能力上有天生的缺陷。

2. 迭代式模型

迭代式模型是统一软件开发过程（Rational Unified Process，RUP）推荐的周期模型。在统一软件开发过程中，迭代包括产生产品发布（稳定、可执行的产品版本）的全部开发活动和要使用该发布必需的所有其他外围元素（图 2-3）。

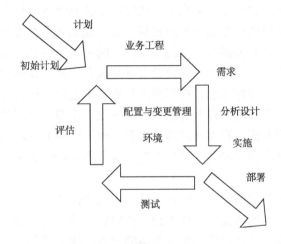

图 2-3　迭代式模型

开发迭代是一次完整地经过所有工作流程的过程：（至少包括）需求工作流程、分析设计工作流程、实施工作流程和测试工作流程。实质上，它类似小型的瀑布式项目。统一软件开发过程认为，所有的阶段（需求及其他）都可以细分为迭代。每一次的迭代都会产生一个可以发布的产品，这个产品是最终产品的一个子集。迭代的思想如图 2-4 所示。

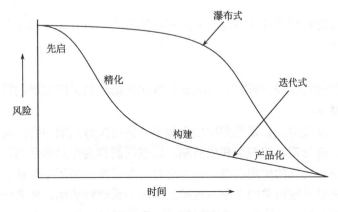

图 2-4　迭代的思想

迭代和瀑布的最大差别就在于风险的暴露时间上。任何项目都会涉及一定的风险。如果能在生命周期中尽早保证避免风险，那么计划自然会更趋精确。有许多风险直到已准备集成系统时才被发现。不管开发团队经验如何，都绝不可能预知所有的风险。

瀑布模型的特点（文档是主体），使很多的问题在最后才会暴露出来，解决这些问题的风险是巨大的。在迭代式生命周期中，需要根据主要风险列表选择要在迭代中开发的新的增量内容。每次迭代完成时都会生成一个经过测试的可执行文件，这样就可以核实是否已经降低了目标风险。

3. 快速原型模型

快速原型（Rapid Prototype）模型在功能上等价于产品的一个子集。注意，这里说的是功能上。瀑布模型的缺点就在于不够直观，快速原型法就解决了这个问题。一般来说，根据客户的需要在很短的时间内解决用户最迫切需要，完成一个可以演示的产品，这个产品只能实现部分的功能（最重要的）。它最重要的目的是确定用户的真正需求。在作者的经验中，这种方法非常有效，原先对计算机没有丝毫概念的用户在你的原型面前往往口若悬河，有些观点让你都觉得非常吃惊。在得到用户的需求之后，原型将被抛弃。因为原型开发的速度很快，设计方面是几乎没有考虑的，如果保留原型，随后的开发会为此付出极大的代价。至于保留原型方面，存在一种增量模型，但这种模型并不为大家接受，不在讨论之内。上述的模型中都有自己独特的思想，其实现在的软件组织中很少说标准地采用哪一种模型。模型和实用还是有很大的区别的。

软件生命周期模型的发展实际上体现了软件工程理论的发展。在最早的时候，软件的生命周期处于无序、混乱的情况。一些人为了控制软件的开发过程，就把软件开发严格地区分为多个不同的阶段，并在阶段间加上严格的审查。这就是瀑布模型产生的原因。瀑布模型体现了人们对软件过程的一个希望：严格控制、确保质量。可惜的是，现实往往是残酷的。瀑布模型根本达不到这个过高的要求，因为软件的过程往往难以预测，这反而导致了其他的负面影响，如大量的文档、烦琐的审批。因此人们就开始尝试用其他的方法来改进或替代瀑布方法，如通过细分过程来增加过程的可预测性。

2.2.3　机场管理信息系统阶段论模型

信息系统阶段论模型是描述信息化发展程度的有力工具，主要有诺兰模型、西诺特模型和米切模型三种。

1. 诺兰模型

1973 年美国哈佛大学教授诺兰（Nolan）首次提出信息系统发展的四阶段模型，1980年调整为六阶段模型。

（1）诺兰四阶段模型。在诺兰四阶段模型中，诺兰按时间顺序将时间横轴划分成四个区间，即开发期、普及期、控制期和成熟期，这些区间称为信息系统的发展阶段。用纵轴来表示与信息系统相关联的费用支出。由于当时信息系统主要用于促进组织的业务合理化和省力化，所以信息系统相关的支出与效果之间的关系比较明确。随着信息系统应用领域的不断扩大，信息化投资与效果之间的关系开始变得模糊。诺兰四阶段模型如图 2-5 所示。

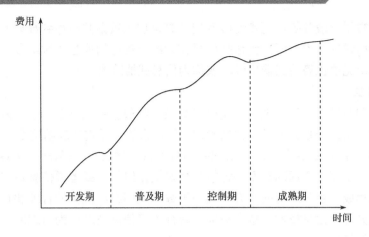

图 2-5　诺兰四阶段模型

（2）诺兰六阶段模型。在诺兰六阶段模型中，诺兰将横轴分为初始期、普及期、控制期、整合期、数据管理期和成熟期六个发展阶段，如图 2-6 所示。前三个阶段具有计算机数据处理时代的特征，后三个阶段则显示出信息技术时代的特点，前后的转折区间是整合期。办公自动化的普及、终端用户计算环境进展而导致了发展的非连续性，这种非连续性又称为技术性断点。

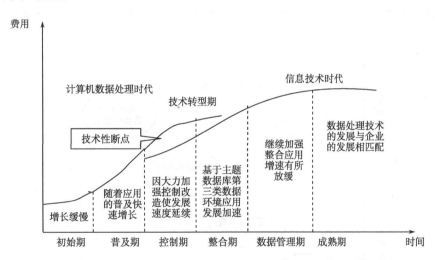

图 2-6　诺兰六阶段模型

（3）诺兰模型的应用。诺兰模型是在总结发达国家，尤其是美国近 20 年信息系统发展的经验和教训的基础上而浓缩出的研究成果，具有划时代的重要意义。诺兰模型是世界上第一个描述信息系统发展阶段的抽象化模型，一般认为模型中的各个阶段都是不能跨越的。因此，无论是制定信息系统规划，还是确定信息系统开发策略，都应首先明确组织当前所处的发展阶段，进而根据该阶段的特征来指导信息系统的建设。

2. 西诺特模型

1988 年西诺特（Synnott）参照诺兰模型提出一种新的信息系统发展模型，主要考虑信息随时代变迁的变量。西诺特用四个阶段的推移来描述计算机所处理的信息，从计算机处理原始数据的数据阶段开始，逐步过渡到用计算机加工数据并储存到数据库的信息阶段，接着经过诺兰所说的技术性断点到达把信息作为经营资源的信息资源阶段，最后到达将信息作为带来组织竞争优势的武器阶段，或称为信息武器阶段。

3. 米切模型

诺兰模型和西诺特模型均把系统整合（集成）和数据管理分割为前后两个阶段，似乎可以先实现信息系统的整合再进行数据管理，但后来的大量实践表明这是行不通的。20世纪90年代初美国的信息专家米切（Mische）对此进行了修正，揭示出信息系统整合与数据管理密不可分，系统整合期的重要特征就是做好数据组织，或者说信息系统整合的实质就是数据整合或集成。由于此前的研究仅集中于数据处理组织机构的管理和行为的层面，而没有更多地研究各种信息技术的整合集成，忽视了将信息技术作为组织的发展要素而与经营管理相融合的策略。

米切模型可概括为四个阶段、五个特征，如图2-7所示。四个阶段为：①起步阶段（20世纪60~70年代）；②增长阶段（20世纪80年代）；③成熟阶段（20世纪80~90年代）；④更新阶段（20世纪90年代中期至21世纪初期）。决定以上阶段的五个特征是：①技术状况；②代表性应用和集成程度；③数据库和存取能力；④信息技术融入组织文化；⑤全员素质、态度和信息技术视野。每个阶段还有很多具体的属性，总共有100多个不同属性。这些特征和属性可用来帮助一个单位确定自己在综合信息技术应用的连续发展中所处的位置，帮助组织把握自身的发展水平并找到改进的方向，从而做到在不同阶段采取不同的措施。

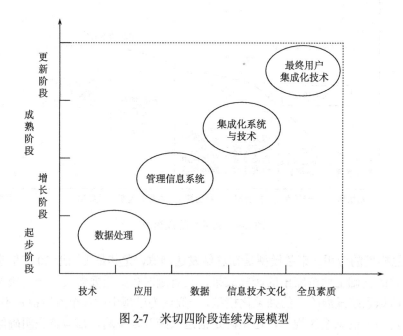

图2-7　米切四阶段连续发展模型

2.2.4　机场管理信息系统可靠性模型

系统的可靠性指系统在规定的条件下和规定的时间内完成规定功能的能力。从整体上看系统能否完成预期的功能，有多个衡量指标。一般对于可修系统、机器设备常用可靠度、平均故障间隔时间、平均修复时间、可用度、有效寿命、经济性等指标表示。对于不可修系统或产品常用可靠度、可靠寿命、故障率、平均寿命等指标表示。

系统可靠性是指从它可以运行（$t=0$）到某时刻 t 这段时间内能正常运行的概率，用 $R（t）$ 表示。所谓失效率，是指单位时间内失效的元件数与元件总数的比例，用 λ 表示，当 λ 为常数时，可靠性与失效率的关系为：$R（t）=e^{-\lambda t}$。

1. 串联系统

假设一个系统由 n 个子系统组成，当且仅当所有的子系统都能正常工作时，系统才能正常工作，这种系统称为串联系统。设系统的各个子系统的可靠性分别用 $R_1, R_2, \cdots, R_n$ 表示，则系统的可靠性为

$$R = R_1 \times R_2 \times \cdots \times R_n \tag{2-3}$$

如果系统的各个子系统的失效率分别用 $\lambda_1, \lambda_2, \cdots, \lambda_n$ 来表示，则系统的失效率为

$$\lambda = \lambda_1 + \lambda_2 + \cdots + \lambda_n \tag{2-4}$$

因此，系统越多可靠性越差，失效率越大。

2. 并联系统

假如一个系统由 n 个子系统组成，只要有一个子系统能够正常工作，系统就能正常工作。设系统各个子系统的可靠性分别用 $R_1, R_2, \cdots, R_n$ 表示，则系统的可靠性为

$$R = 1 - (1-R_1) \times (1-R_2) \times \cdots \times (1-R_n)$$

假如所有子系统的失效率均为 λ，则系统的失效率为

$$\mu = \frac{1}{\frac{1}{\lambda} \sum_{j=1}^{n} \frac{1}{j}} \tag{2-5}$$

在并联系统中只有一个子系统是真正需要的，其余 $n-1$ 个子系统都称为冗余子系统。该系统随着冗余子系统数量的增加，其平均无故障时间也会增加。串联系统只要一个子系统有问题系统就会瘫痪，并联系统只要有一个子系统能用系统就没有问题。

3. 人机系统可靠性

根据系统理论，提高系统可靠性不仅要提高单元、部件、机器的可靠性，还要提高人的可靠性及人机系统的可靠性。

人机系统是指人与其所控制的机器相互配合、相互制约，并以人为主导而完成规定功能的工作系统。人的可靠性定义是在系统工作的任何阶段，工作者在规定时间里成功地完成规定作业的概率。人员差错是指工作者在给定条件和时间内能完成规定功能的概率。人机系统的可靠性一般指整体可靠性，既与产品的可靠性、维护性有关，又与人的可靠性有关。

在人机系统中，人机结合方式有串联、并联及串并联混合等方式。人机系统的可靠性是由该系统人的可靠性和机械的可靠性决定的。设人的可靠性为 R_h，机械的可靠性为 R_m，人机串联系统的可靠性为 R_s，则 $R_s = R_h \times R_m$。

2.3　信息系统规划

2.3.1　概述

信息系统规划（Information System Planning，ISP）是一个组织战略规划的重要组成部分，是关于信息系统的长远发展计划，是一个组织未来信息化管理的蓝图。由于信息系统的建设是一项耗资大、历时长、技术复杂的系统工程，所以制定一个好的信息系统规划就成为信息系统建设成功的关键。

1. 信息系统规划的作用

信息系统规划具有以下作用：①指导信息系统建设，避免"脚踩西瓜皮，溜到哪儿算哪"，有利于系统的集成，防止出现信息孤岛问题；②统一组织内部的认识，避免各自为政，有利于合理配置和有效使用信息资源；③节省信息系统的投资，提高信息系统实施的效率，真正体现信息化的投资价值；④通过制定规划发现存在的问题，能更正确地识别出为实现组织目标信息系统必须完成的任务，促进信息系统的应用和发展；⑤规划可作为考核信息系统开发工作的标准。

2. 信息系统规划的内容

信息系统规划一般由三个要素组成：方向和目标、约束和政策、计划与指标。战略规划的制定必须回答以下四个问题。

我们要求做什么？What do we want to do？

我们可以做什么？What might we do？

我们能做什么？What can we do？

我们应当做什么？What should we do？

信息系统规划一般是三年或更长期的计划，也可以是一年的短期计划。

信息系统规划的主要内容包括：①信息系统目标、约束及总体结构。信息系统的目标确定了信息系统应实现的功能。约束包括环境和条件，如管理制度、人力、物力情况等。总体结构说明了信息的主要类型和主要子系统。②组织现状的分析，包括计算机软、硬件情况，人员的配备情况，开发费用的投入情况等。③业务流程的优化和再造。利用业务流程分析和仿真工具分析业务流程的现状，找出存在的问题，提出在新技术条件下优化和再造的业务流程。④信息系统的可行性分析研究。⑤信息技术或信息系统能力评估和管理体系设计。⑥信息系统的建设方案和实施进度计划。

3. 信息系统规划的步骤

信息系统规划的具体步骤如下。

（1）确定规划的基本问题，主要包括规划的年限、规划采用的方法等。

（2）收集相关信息。

（3）进行战略分析。对信息系统的目标、开发方法、功能结构、计划活动、信息部门人员情况、财务情况、风险度和政策等进行分析。

（4）定义约束条件。根据组织的人、财、物等方面的限制，定义信息系统的约束条件和有关政策。

（5）明确战略目标。根据战略分析和约束条件的结果，确定信息系统的开发目标，明确信息系统的功能、服务范围和质量等。

（6）提出信息系统的初步框架，确定各子系统的划分。

（7）选择开发方案。选定优先开发的项目，确定总体开发顺序、开发策略和开发方法。

（8）编制实施进度计划。估算系统项目成本、人员需求，并列出开发进度表。

（9）规划审批。规划只有报批并获准后才能生效，并宣告规划任务的完成。如果未获通过，只能重新进行规划。

2.3.2　信息系统规划的主要方法

信息系统规划的方法主要有关键成功因素法、战略目标集转化法、企业系统规划法、CSB 方法。

1. 关键成功因素法

关键成功因素（Critical Success Factors，CSF）是指对一个组织成功起关键作用的因素。1970 年哈佛大学教授 William Zani 在信息系统模型中首次使用了关键成功变量，这些变量是确定信息系统成败的关键因素。1980 年麻省理工学院教授 John Rockart 将关键成功因素法提升为信息系统的战略。关键成功因素法通过分析找出使得组织成功的关键因素，然后围绕这些关键因素来确定系统的需求，并进行规划。

关键成功因素法主要包括以下步骤。

（1）了解企业或信息系统的战略目标。

（2）识别所有的成功因素。主要是分析影响战略目标的各种因素和影响这些因素的子因素。

（3）确定关键成功因素。识别关键成功因素所用的工具是树枝因果图。例如，某医院的目标是提高医疗服务竞争力，可以用树枝因果图画出影响它的各种因素，以及影响这些因素的子因素。

（4）明确各关键成功因素的性能指标和评估标准。至于评价影响因素中哪些因素是关键成功因素，一般可采用德尔菲法获得。

2. 战略目标集转化法

战略目标集转化（Strategy Set Transformation，SST）法由 William King 于 1978 年提出，他把整个战略目标看成信息集合，由使命、目标、战略和其他战略变量组成。他认为信息系统的战略规划过程就是把组织的战略目标转变为信息系统战略目标的过程。

战略目标集转化法主要包括两大步骤。

（1）识别组织的战略目标集。通过识别组织中各类人员的结构与目标、各类人员的使命及战略的方法，来识别或构造组织的战略目标集。

（2）将组织战略集转化成信息系统战略。信息系统战略应包括系统目标、约束以及设计原则等。组织战略集中的每个元素将对应转化为信息系统的战略约束，最终提出整个信息系统的结构。

3. 企业系统规划法

企业系统规划（Business System Planning，BSP）法是 20 世纪 70 年代初 IBM 公司用

于内部系统开发而推出的一种方法，其总体思路是自上而下地识别系统目标，识别企业过程，识别数据，然后自下而上地设计系统，以支持目标，如图 2-8 所示。

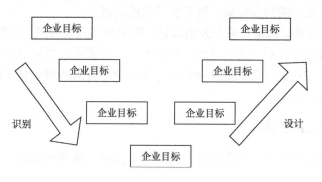

图 2-8　BSP 方法步骤

企业系统规划法能够帮助规划人员根据组织目标制定出信息系统战略规划，使用它可以确定信息系统的总体结构，明确系统的子系统组成和子系统开发的先后顺序，能够对数据进行统一规划、管理和控制，明确各子系统之间的数据交换关系，保证信息的一致性。企业系统规划法的工作步骤如下。

（1）准备工作。准备工作主要包括接受任务和成立委员会。委员会由组织的最高领导牵头，下设一个系统规划组，并提出工作计划。

（2）调研工作。规划组成员通过查阅资料，深入各级管理层，了解组织有关决策过程、组织职能、部门的主要活动，以及存在的主要问题。

（3）定义业务过程。定义业务过程是企业系统规划法的核心。业务过程指的是逻辑上相关的一组决策和活动的集合，这些决策和活动是管理组织资源所必需的。一个组织的管理活动一般由许多业务过程组成，如医院营销、院前急救、门诊流程、急诊流程、住院流程、临床诊断、临床检验、临床检查、麻醉与手术、临床护理、药品管理、跟踪服务等。识别业务过程可以更深刻地了解组织是如何完成其使命的。同时，识别业务过程可以作为信息识别和信息系统构建的基础。按照业务过程设计开发的信息系统，在组织结构发生变化时可以不必改变，或者说信息系统相对独立于组织，这也正是企业系统规划法的优点所在。

（4）业务过程的优化和再造。

（5）定义数据类。数据类是指支持业务过程所必需的逻辑上相关的数据。对数据进行分类是按业务过程进行的，即分别从各项业务过程的角度将与该业务过程有关的输入数据和输出数据按逻辑相关性整理出来归纳成数据类。

（6）定义信息系统总体结构。定义信息系统总体结构的目的是刻画未来信息系统的框架和相应的数据类，其主要工作是划分子系统。企业系统规划法将业务过程和数据类作为定义信息系统总体结构的基础，根据信息的产生和使用来划分子系统，尽量把信息产生的业务过程和使用的业务过程划分在一个子系统中，从而减少子系统之间的信息交换。

（7）确定总体结构中的优先顺序，即对信息系统总体结构中的子系统按先后顺序排出开发计划。

（8）完成企业系统规划法研究报告，提出建议书和开发计划。

4. CSB 方法

CSB 方法是将上述三种信息系统规划方法（CSF、SST 和 BSP）配合使用得到的一种复合方法。其原理如图 2-9 所示。

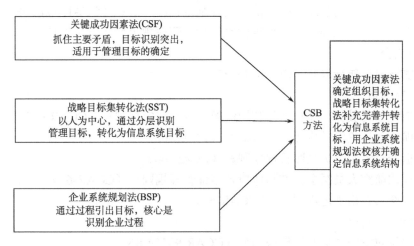

图 2-9　CSB 方法

CSB 方法首先用关键成功因素法确定组织目标，然后用战略目标集转化法补充完善目标，并将这些目标转化为信息系统目标，最后用企业系统规划法校核两个目标，并确定信息系统结构。CSB 方法克服了使用单个方法的不足，但整个方法过于复杂。由于规划本身的非结构性，所以目前信息系统规划还没有十分完美的方法，在进行信息系统规划时，应视具体情况灵活运用以上方法。

2.4　法　规　基　础

中华人民共和国成立以来，民航法规体系逐步完善，特别是改革开放以来，民航法规体系建设得到了长足的发展，我国已初步形成了由 1 部法律（《中华人民共和国民用航空法》）、27 部行政法规和行政法规性文件以及 115 部现行有效规章组成的多层次的民航法规体系框架。

第一层次：全国人大常委会通过《中华人民共和国民用航空法》，并由国家主席签署主席令发布。

第二层次：行政法规。国务院通过由总理以国务院令发布或授权中国民航局发布的民用航空行政法规，如《中华人民共和国民用航空器适航管理条例》《民用机场管理条例》《中华人民共和国民用航空安全保卫条例》《中华人民共和国飞行基本规则》等。

第三层次：中国民航规章（China Civil Aviation Regulations，CCAR），也指中国民航规章体系。

目前，中国民航管理的航空公司和其他航空企业全部按照中国民航规章的要求来建立和健全各自的管理体系。中国民航规章共有上百部，根据不同的工作性质，各公司选用不同的内容进行规范和管理。民航局局长以民航局令发布各类民用航空规章，如 CCAR121 部、CCAR145 部等。

现行规章及规章性文件分类目录如下。

（1）行政规则。

《中国民用航空总局职能部门规范性文件制定程序规定》（CCAR-12LR-R1）

《民用航空飞行标准委任代表和委任单位代表管理规定》（CCAR-183）

（2）航空器。

《运输类飞机适航标准》（CCAR-25-R3）

（3）航空人员。

《民用航空器驾驶员、飞行教员和地面教员合格审定规则》（CCAR-61）

《民用航空飞行签派员执照管理规则》（CCAR-65）

《民用航空器维修人员执照管理规则》（CCAR-66）

《中国民用航空人员医学标准和体检合格证管理规则》（CCAR-67）

《航空安全员合格审定规则 》（CCAR-69）

（4）空中交通管理。

《中国民用航空空中交通管理规则》（CCAR-93TM-R3）

（5）一般运行规则。

《一般运行和飞行规则》（CCAR-91）

《中国民用航空仪表着陆系统Ⅱ类运行规定》（CCAR-91FS-Ⅱ）

未来，民航局将坚持科学发展观，不断完善民航法规体系。欧美民航发展水平较高，有必要吸收借鉴其法律法规的有益成分，为我所用。民用航空市场国际性强，国际民航组织颁布的大量公约、协定、标准，要逐步与之接轨，使我国航空公司在国际竞争中，能够与外国同行站在同等的平台上竞技较量；我国民航产业正处于成长期，发展速度较快，改革持续深入，安全管理理念、手段不断创新。法规体系建设必须做到与时俱进，紧跟行业发展的特点，做好立改废，及时推陈出新，不断丰富完善；在民航法规体系中与安全相关的技术法规占了较大比例，因此，民航法规体系体现出专业性和技术性强的特点。在飞标、适航管理等领域，就存在大量技术标准性质的规章。

《航空器机场运行最低标准的制定与实施规定》（CCAR-97FS）

（6）运行合格审定。

《大型飞机公共航空运输承运人运行合格审定规则》（CCAR-121）

《小型航空器商业运输运营人运行合格审定规则》（CCAR-135）

《中国民用航空危险品运输管理规定》（CCAR-276）

（7）学校及经审定合格的其他部门。

《民用航空器维修培训机构合格审定规定》（CCAR-147）

（8）机场。

《民用机场运行安全管理规定》（CCAR-140）

（9）经济与市场管理。

《中国民用航空国内航线经营许可规定》（CCAR-289TR-R1）

（10）航空安全信息与事故调查。

《民用航空安全信息管理规定》（ CCAR-396 ）

《民用航空器事故和飞行事故征候调查规定》（CCAR-395-R1 ）

（11）航空安全保卫。

《公共航空旅客运输飞行中安全保卫规则》（CCAR-332）

其他规章介绍如下。

（1）《中国民用航空总局规章制定程序规定》（CCAR-11LR-R2）

（2）《中国民用航空总局职能部门规范性文件制定程序规定》（CCAR-12LR-R1）

（3）《中国民用航空监察员规定》（CCAR-18R2）

规范性文件不属于法律范畴，CCAR-12 中有描述。

规范性文件包括咨询通告、管理程序、管理文件、工作手册、信息通告。

2.5　机场管理服务质量

2.5.1　服务质量理论

1.破窗理论

美国斯坦福大学心理学家菲利普·辛巴杜（Philip Zimbardo）于 1969 年进行了一项实验，他找来两辆一模一样的汽车，把其中的一辆停在加利福尼亚州帕洛阿尔托的中产阶级社区，而另一辆停在相对杂乱的纽约布朗克斯区。辛巴杜把停在布朗克斯区的那辆车车牌摘掉，把顶棚打开，结果当天就被偷走了。而放在帕洛阿尔托的那一辆车，一个星期也无人理睬。后来，辛巴杜用锤子把那辆车的玻璃敲了个大洞。结果，仅过了几小时，车就不见了。以这项实验为基础，政治学家威尔逊和犯罪学家凯琳提出了一个"破窗效应"理论，认为：如果有人打坏了一幢建筑物的窗户玻璃，而这扇窗户玻璃又得不到及时的维修，别人就可能受某些示范性的活动去打烂更多的窗户。久而久之，这些破窗户就给人造成一种无序的感觉，结果是在这种公众麻木不仁的氛围中，犯罪就会滋生、猖獗。

2. 需求层次理论

亚伯拉罕·马斯洛（Abraham Harold Mas low）是美国著名社会学家、人格理论家和比较心理学家，是心理学第三势力的领导人。他提出人有一系列复杂的需要，按其先后次序可以排成梯式的五个层次，分别是生理需求、安全需求、社交需求（爱与归属的需求）、尊重需求和自我实现需求，依次由较低层次到较高层次。

3. 卡诺模型

卡诺（Kano）模型定义了三个层次的顾客需求：基本型需求、期望型需求和兴奋型需求。这三个层次的需求根据绩效指标分类就是基本因素、绩效因素和激励因素。

（1）基本型需求是顾客认为产品"必须有"的属性或功能。当其特性不充足（不满足顾客需求）时，顾客很不满意；当其特性充足（满足顾客需求）时，无所谓满意不满意，顾客充其量是满意。

（2）期望型需求要求提供的产品或服务比较优秀，但并不是"必须有"的产品属性或服务行为，有些期望型需求连顾客都不太清楚，但却是他们希望得到的。在市场调查中，顾客谈论的通常是期望型需求，期望型需求在产品中实现得越多，顾客就越满意；当没有满足这些需求时，顾客就不满意。

（3）兴奋型需求要求提供给顾客一些完全出乎意料的产品属性或服务行为，使顾客产生惊喜。当其特性不充足时，并且是无关紧要的特性时，顾客无所谓，当产品提供了这类需求中的服务时，顾客就会对产品非常满意，从而提高顾客的忠诚度。

2.5.2 服务质量指标

机场服务质量管理在机场运作管理中占有重要地位。机场服务质量管理在确保机场运作满足机场当局向机场的顾客承诺的所有过程中都有所体现。国际标准化组织（International Organization for Standardization）ISO 组织在《ISO9000:2000 质量管理体系基础和术语》标准中明确了质量特性的定义：质量特性是产品、过程或体系与要求有关的固有特性。服务质量特性是服务产品所具有的内在的特性，如服务等待时间的长短、服务设施的完好程度、航班的正误点、服务用语的文明程度、服务的方便性等。不同的服务对各种特性要求的侧重点会有所不同。2000 版 ISO9000 中提出的八项质量管理原则是世界各国质量管理成功经验的科学总结。只有认真坚持这些质量管理原则，并充分考虑机场运作的特点，因地制宜、量体裁衣，才能确保机场服务质量充分满足顾客的需求。八项质量管理原则是质量管理的经验总结，是 ISO9000 标准的基础，对于机场服务质量管理同样具有极大的指导作用。八项质量管理原则包括：①以顾客为关注焦点；②领导作用；③全员参与；④过程方法；⑤管理的系统方法；⑥持续改进；⑦基于事实的决策；⑧与供方互利的关系。

将八项质量管理原则用于机场服务质量管理是使机场获得高效益的关键，也是赢得竞争、取得成功的重要保证。

五项标准元素。根据各服务指标的具体情况，可从服务提供者、服务设施设备、服务规范与要求、时间/空间/效率、信息传递五个方面进行规范。服务设施设备、时间/空间/效率较多体现了客观或硬性服务质量的要求，应尽量淡化服务设计角度，而从满足服务功能、强调设备设施完好率、安全性、便捷性与适用性等角度出发。服务提供者、服务规范与要求、信息传递较多体现了主观或软性管理的要求，强调工作人员基本服务规范、岗位规范、服务态度、服务礼仪、服务资质和准入等。

两大标准类别。所有标准可分为两大类，即主观标准和客观标准，两类标准并举。主观标准主要取决于顾客对机场服务表现的主观体验和判断，是定性的和不可量化的，如员工服务态度。客观标准是对服务流程关键表现指标（Key Performance Indicator，KPI）的量化，是可具体测量的，如时间、空间要求（图 2-10）。

目前机场服务质量标准主要包括通用服务质量标准、旅客服务质量标准、航空器服务质量标准、货邮服务质量标准、行李服务质量标准。

（1）通用服务质量标准主要涉及两方面：① 与机场全程的服务都有关的标准；② 旅客、航空公司、特许服务商、接机/送客/参观者等顾客在不同程度上共用的服务项目以及与其服务感受有关的标准。通用服务质量标准包括 15 项二级指标：进出机场的地面交通服务、航站楼公共信息标志系统、航班信息显示系统、问询服务、公众广播、公众告示、航站楼空间、航站楼舒适度、航站楼清洁度、航站楼旅客运输系统、洗手间、航站楼动力能源系统、航站楼其他弱电系统、办公环境和设施、工作人员。

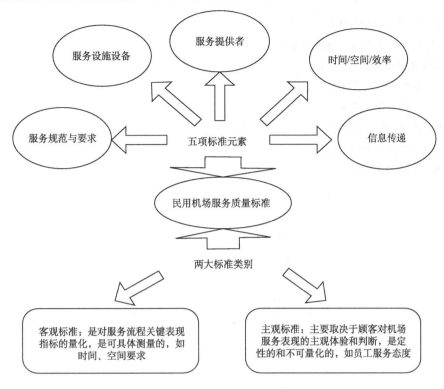

图 2-10　民用机场服务质量标准

（2）旅客服务质量标准对旅客出发、到达、中转和经停等服务流程的主要环节提出要求，包括 15 项二级指标：行李手推车、售票服务、联检服务、办理乘机手续、安全检查、旅客登机、旅客到达、旅客中转、旅客经停、零售餐饮服务、头等/公务休息室服务、特殊旅客服务、其他服务、航班不正常服务、旅客意见/投诉。

（3）航空器服务质量标准针对航空器到达、离站服务流程直接或间接保障的主要环节提出要求，包括 9 项二级指标：飞行区保障服务、地面运行指挥协调、地面运作秩序监管、航空器活动区工作人员、航空器活动区车辆设备、航空器地面保障、应急救援、专机/VVIP（Very Very Important Person）航班保障、航空公司意见/投诉。

（4）货邮服务质量标准对货运站服务设施设备、货邮进出港服务流程的主要环节提出要求，包括 11 项二级指标：货运区环境、进出货运站的地面交通服务、货运站流程与容量、货运站服务设施设备、货邮出港、货邮仓储、货邮进港、其他货邮操作、货邮应急救援、货邮查询、服务绩效。

（5）行李服务质量标准对行李处理系统、旅客交运、提取行李及行李进出港的主要环节提出要求，包括 6 项二级指标：行李处理系统、行李出港、行李进港、行李中转、行李查询、服务绩效。

习　　题

1. 管理科学包括哪些理论？
2. 简述博弈论的主要分类。

3. 什么是企业管理成熟度?

4. 管理信息系统开发的步骤是什么?

5. 对机场的建设案例进行分析。

方案1:多楼/多集成系统方案。

方案2:多楼/一集成系统方案。

分析两种方法的优点和缺点,给出机场扩建的方案。

6. 信息系统规划有哪些方法?

7. 系统工程有哪些方法?

第3章 基础数据管理系统

3.1 数 据 库

3.1.1 数据与数据库

数据（Data）是数据库的基本组成内容，是对客观世界所存在的事物的一种表征，人们总是尽可能地收集各种各样的数据，然后对其进行加工处理，从中抽取并推导出有价值的信息，作为指导日常工作和辅助决策的依据。

所谓信息，是以数据为载体的对客观世界实际存在的事物、事件和概念的抽象反映。

数据和信息是两个互相联系、互相依赖但又互相区别的概念。数据是用来记录信息的可识别的符号，是信息的具体表现形式。数据是信息的符号表示或载体，信息则是数据的内涵，是对数据的语义解释。只有经过提炼和抽象之后，具有使用价值的数据才能成为信息。

数据要经过处理才能变为信息。数据处理是将数据转换成信息的过程，是指对信息进行收集、整理、存储、加工及传播等一系列活动的总和。数据处理的目的是从大量的、杂乱无章的甚至是难以理解的原始数据中，提炼、抽取人们所需要的有价值、有意义的数据（信息），作为科学决策的依据。

数据的组织、存储、检查和维护等工作是数据处理的基本环节，这些工作一般统称为数据管理。数据库是一个企业、组织或机构中各种应用所需要保存和处理的数据集合，各部门应根据工作需要建立符合密级要求、门类齐全、内容准确、更新及时的数据库。

为了方便数据库的建立、运用和维护，人们研制了一种数据管理软件，即数据库管理系统（Database Management System，DBMS）。

数据库管理系统是位于用户与操作系统之间的一层数据管理软件，在数据库建立、运用和维护时对数据库进行统一控制、统一管理，使用户能方便地定义数据和操纵数据，并能够保证数据的安全性、完整性、多用户对数据的并发使用及发生故障后的系统恢复。数据库管理系统是整个数据库系统的核心。

数据库管理系统是对数据进行管理的系统软件，用户在数据库系统中做的一切操作，包括数据定义、查询、更新及各种控制，都是通过数据库管理系统进行的，常见的 DB2、Oracle、Sybase、Informix、SQL Server、MySQL、FoxPro、Access 等软件都属于数据库管理系统的范畴。

3.1.2 民航对数据库的要求

民航数据库平台应满足以下要求：

（1）关系型数据库；

（2）支持 ANSI/ISO SQL-92 标准；

（3）支持三层或多层体系结构，具有较强的多用户并发控制能力；

（4）支持开放的分布式系统；

（5）支持主流硬件及操作系统平台；

（6）支持主流网络协议；

（7）支持异种数据库互联；

（8）提供其他编程语言的接口；

（9）支持多种标准语言来开发存储过程，以保证开发程序的开放性；

（10）具有高度的可靠性、安全性和可用性，以及强大的容错及错误的恢复、记录、预警等能力；

（11）C2级安全标准和多级安全控制；

（12）提供丰富的应用开发工具与环境，适合各种客户的应用，支持联机、脱机备份；

（13）具有自动备份、日志管理等功能；

（14）支持多种索引机制；

（15）具有数据仓库和多维数据分析能力；

（16）支持异构数据的访问，提供对多媒体数据的存储、访问功能和编程接口；

（17）能同时访问多种不同的数据库；

（18）提供管理文件系统数据的功能；

（19）提供对象类型的支持能力；

（20）提供图形化的数据库管理工具。

3.2　订票系统

1. 订票系统

旅客订座系统包括航空公司系统（Inventory Control System, ICS）和代理人分销系统（Computer Reservation System，CRS）。目前，国内航空公司系统有20多家国内航空公司使用，代理人分销系统有5000家代理人约25000台终端在使用。

销售代理通过代理人分销系统进行航班座位及其他旅行产品的销售。代理人分销系统主要有以下功能：一是为航空代理商提供全球航空航班的分销功能；二是为代理商提供非航空旅游产品的分销功能；三是为代理商提供准确的销售数据与相关辅助决策分析结果。

基于这个目的，从代理人分销系统的组成上来说，它是一个覆盖广大地域范围的计算机网络。该网络主要有以下特征。

（1）实时性：网络上的终端从提交命令到得到结果应答，这段响应时间一般不超过三秒。

（2）不间断性：由于代理人分销系统覆盖的地域十分广泛，一天24小时内，任何时间网络上都有终端在工作，因此，在任何时间系统运行都不能中断。

（3）高可靠性：任何意外情况下系统中的数据都不能被破坏，为此，系统采取了多套主机、随时备份等措施。

通过代理人分销系统，分布于世界各地的销售代理都可以使用网络的终端来出售机票及旅行产品，同时航空公司通过将自己的营运数据投入代理人分销系统中销售，可以在最大范围的区域中销售自己的航班座位，通过有效的航班座位控制，提高航班座位利用率和商业利益。

代理人分销系统发展到今天，已经具备了非常完备的功能，包括中国民航航班座位分销服务、国外民航航班座位分销服务、自动出票系统服务、运价系统服务、常旅客系统服务、机上座位预订服务、各类等级的外航航班分销服务、旅馆订房等非航空旅游产品分销服务、旅游信息查询系统服务、订座数据统计与辅助决策分析服务等。

未来，代理人分销系统将发展成为服务于整个航空及旅游业的通用系统。除了原有的航空运输业外，旅馆、旅游公司等的产品分销功能也将加入代理人分销系统中来，使其能够提供更完整的旅游服务。

2. 订票系统功能

航空订票系统是一款集成电话客户管理、订票管理、会员管理、积分管理、短信发送、员工管理等强大功能的订票系统，广泛应用于各个航空售票点，帮助工作人员迅速了解客户的需求，极大提高业务成交量，提升客户满意度，协助工作人员在激烈的市场竞争中脱颖而出，功能详细介绍如下。

（1）来电号码自动识别：根据号码自动识别客户资料，屏幕上弹出客户名、会员号、送票地址、证件号码、最近订票和常用联系人等信息，避免重复询问和重复记录客户名称与地址，明显减少错误率，提高客户满意度；根据客户以往的订票记录，针对不同的客户进行准确而有效的报价，明显提高订票率。

（2）快速强大的订票功能：订票时，直接输入航班号就可获取具体行程，减少其他多余输入。

（3）客户资料管理功能，可以保存客户的多个电话号码；客户资料可批量导入与导出（Excel 格式）。

（4）可查询详细的航空公司代码、机场代码、航班信息。

（5）报表统计功能：销售情况统计；话务统计报表。

（6）订票结算功能：用于与送票员结算应收款。

（7）强大的打印功能。

（8）会员积分管理，积分兑换管理，为客户累积积分，能更好地抓住老客户，加大客户的回头率。

（9）通话自动录音功能：对通话过程无任何影响，录音文件自动压缩成 MP3 格式，20G 硬盘约可存储 2500 小时的通话，可随时听取，从而避免遗忘通话内容，也可作为解决纠纷的依据。

（10）来电防火墙功能：自动拒接骚扰电话并保留记录。

（11）语音信箱功能：电话无人值守时可让客户自动留言，有新留言计算机会自动拨号通知工作人员，将留言播放给工作人员听取，工作人员也可以在方便的时候拨回来听取和管理留言。

（12）自动语音导航，如"按 1 进入产品介绍，按 2 进入人工订票，按 3 转语音留言系统"等，简单明了的图形化流程设计界面，可快速进行自动电话业务咨询。

（13）短信群发功能：如向客户群发生日祝福、节日祝福、订票确认、飞机起飞前提醒等短信通知。

3. 旅客订票记录

旅客订票记录（Passenger Name Record，PNR），反映了旅客的航程、航班座位占用的数量及旅客信息。旅客订票记录中包括姓名组、航段组、联系组、出票号组、备注组、特殊服务组、其他服务信息等。

3.3　离港系统

计算机离港系统是应对现代化航空运输业问题的技术，是使航空企业在生产竞争中取得主动地位的有力武器。本章将以中国民航信息集团公司开发的离港系统为例介绍离港系统的概况、离港系统配载平衡的操作及控制的重要指令、离港系统配载平衡的实例以及模拟操作。

计算机离港控制系统（Departure Control System，DCS），是中国民航引进美国 UNISYS 公司的航空公司旅客服务大型系统，分为旅客值机控制（Check-In，CKI）、配载平衡（Load Planning，LDP）两大部分。旅客值机控制与配载平衡可以单独使用，也可以同时使用。它们在使用过程中由航班数据控制（Flight Data Control，FDC）系统进行控制。

CKI 是一套自动控制和记录旅客登机活动过程的系统。USAS CKI 记录旅客所乘坐的航班、航程、座位证实情况，记录附加旅客数据（如行李重量、中转航站等），记录接收旅客情况或将旅客列为候补情况。USAS CKI 可以顺序接收旅客、候补旅客，也可以选择接收；旅客也可以一次办理多个航班的登机手续。

LDP 主要完成航班配载平衡、打印舱单功能。

FDC 完成航班数据控制。

3.3.1　功能简介

计算机离港系统为航空公司和机场在旅客服务质量、登机准确性、平衡配载精确程度以及各项工作效率等方面提供保障，利用系统网络的优势来提高企业竞争力。计算机离港系统作为一种国际航空运输业中广泛应用的先进计算机自动化生产管理系统，是中国民航首先在国内引进美国 UNISYS 公司的航空公司旅客服务大型网络事务处理系统。它包括旅客值机控制、配载平衡、航班数据控制三大部分，是通过卫星、光纤等网络技术连接起来的先进系统。

计算机离港系统的功能可以从三个角度来理解。

1. 离港系统为航空公司提供的管理和功能

（1）多舱位功能；

（2）代码共享；

（3）客票的验证和假票的识别；

（4）联程和异地值机；

（5）对电子客票和 INTERNET 值机功能的支持；

（6）常旅客系统的数据来源；

（7）为收益管理等运营分析系统提供必备的数据源；

（8）通过与货运系统的连接可以有效利用载量。

2. 离港系统是现代化机场不可缺少的组成部分

（1）有利于候机楼值机柜台、登机口等资源的合理分配利用；

（2）有助于建立经营管理信息数据共享机制；

（3）是实现行李自动分拣的前提；

（4）与机场其他管理系统相连，提高机场管理和服务水平。

3. 离港系统给旅客提供的服务

（1）订票时即订座；

（2）提供更多的常旅客优惠；

（3）通过代码共享使旅客便捷地转机；

（4）联程值机、行李中转，免除旅客转机过程中再值机的麻烦。

3.3.2　离港控制要求

1. 离港前准备

（1）检查离港系统、订座系统是否正常运转。

（2）在两个系统中输入工作号及密码。

（3）遇特殊情况应及时与机场机电中心及中国民航信息网络股份有限公司联系。

2. 航班准备

（1）查阅值班记录本，了解交班信息。

（2）了解重要保障航班、加班、调机及包机信息。

（3）将航班号/日期以及重要旅客等信息，按质量记录的相关要求填写在《航班准备表》中。

（4）航班若采用降舱/混舱销售，由生产调度室根据总控提供的信息通知相关部门（国内/国际值机室、配载室和离港控制室）；如生产调度室未收到相关信息，由离港控制室查阅订座记录后通知值机室、配载室。

3. 初始工作

（1）根据航班计划表准确建立航班计划。如有飞机更换情况，应及时在系统中更换数据，以便配载室更新相应数据。

（2）检查 PNL（Passenger Name List），ADL（Addition-Delete List）报文接收情况（遇到异常情况及时与机场机电中心及中航信联系，并向值机部门通报特殊情况，配合现场生产）。

（3）与配载室联系，询问各航班的座位发放区域，并记录在《航班准备表》中。如询问人数后，航班旅客增减过大（10 人以上）应及时与配载室联系。

（4）在不影响平衡要求的前提下锁定座位，给旅客以方便和舒适。

（5）根据公司飞行及乘务部门加机组计划通知，在符合配载平衡要求的情况下，为其锁定座位（如在 30 人以上，配载室应予以协助）。

（6）为特殊旅客（重要旅客、担架旅客、无成人陪伴旅客、团队旅客等）预留座位；如要客对座位有个性化需求，要客服务员应提前与控制员联系。

（7）设定各航班限额。如航班客座率高，则暂不设立限额。

4. 检查工作

（1）在航班开办前 10 分钟，检查各航班航段、起飞时间、座位布局及机型、机号、登机口，并开放航班。

（2）检查各航班的舱位等级、子舱位设置、GS 限额及电报种类。

（3）遇特殊情况及时通报相关部门（配载室、值机室）。

5. 航班监控

（1）航班开办前 10 分钟开放航班，如遇旅客要求可提前开放（在确定登机口的前提下）。同时密切注意航班订座旅客人数的变化，如变化过大应与配载室联系，根据载重平衡要求调整座位。

（2）协助国内客运部/国际客运部值班主任，处理涉及离港系统的业务疑难问题。

（3）检查国内客运部/国际客运部值机室是否按时初始关闭航班（起飞前 30 分钟）；在航班起飞前 25 分钟中间关闭航班（如无值机主任提前说明）；在起飞后 10 分钟内最终关闭航班。若航班延误，则根据延误后的预计起飞时间作相应的延迟。

（4）打印各航班头等舱及特殊餐食旅客信息，交配载室。

6. 不正常航班操作程序

1）航班合并

（1）生产调度室通知离港控制人员航班合并情况及航班的预计起飞时间。

（2）如营业部航线室未在订座系统中合并航班旅客订座记录，离港控制室应将需要调换座位的旅客信息通知国内客运部/国际客运部值班主任，由国内客运部/国际客运部值班主任负责座位调换的相关事宜（在旅客登机口完成）。

（3）控制人员从订座系统中提取合并后航班各舱位登机旅客人数，并与新机型座位数进行比较。

2）航班延误

（1）生产调度室通知离港控制员航班预计起飞时间，离港控制员及时在系统中修改。

（2）根据航班延误时间长短，与国内客运部/国际客运部值班主任联系，决定是否接收候补旅客。

（3）航班延误登机前，控制人员向国内客运部/国际客运部值班主任了解是否有旅客退票。

3）航班取消

（1）生产调度室通知控制室航班新的起飞时间，离港控制员对航班作延误修正，否则应通知值机、配载、服务改手动操作。

（2）配合国内客运部/国际客运部值班主任解决旅客退票及航班签转事宜。

4）航班超售

（1）在航班开放前，控制人员需要了解订座系统中本次航班实际订座人数。

（2）如经济舱超售但是旅客总人数不超，控制人员操作如下：如本次航班只有两级舱位，提前将重要旅客、常旅客及持有 NORMAL FARE 客票的旅客接收到上一级舱位。

（3）如头等舱超售但经济舱不满，控制人员操作如下：将经济舱前排座位锁定，以便在头等舱座位用尽后，为部分头等舱旅客非自愿降低等级到经济舱预留座位。

（4）如头等舱经济舱全部超售，控制人员操作如下：①将有关超售信息输入系统备注中，注意监控航班的办理情况；②如本次航班有内部工作人员，应先暂缓接收此类旅客；③如有自愿改变航班或航程的旅客，应配合值班主任安排。

（5）如需要拉下部分旅客，控制人员应按以下顺序依次执行：①免费旅客（重要旅客、常旅客除外）；②内部折扣票旅客；③经动员愿意接受转乘其他航班的旅客；④乘机航程最短的旅客；⑤子舱位中低舱位的旅客。

5）机型更换

（1）航班办理前更换机型：①关闭航班状态，检查并确认无已经办理乘机手续的旅客；②向配载室询问新机型平衡要求；③更换机型，并重新设置航班参数；④重新开放航班。

（2）在航班办理中途更换：①在系统中保护航班；②更换飞机布局；③重新分配座位，将航班座位图及需要重新更换座位的旅客信息通知国内客运部/国际客运部值班主任处理；④重新开放航班。

（3）结束后更换机型：①通知旅客服务部暂停登机扫描；②将航班座位图及需要重新更换座位的旅客信息通知国内客运部/国际客运部值班主任处理。

6）登机口更换

（1）如在航班开办前更换登机口，系统未接收旅客，则在系统中修改登机口，在航班备注栏里注明。

（2）如在航班开办后更换登机口，系统已经接收旅客，则不在系统中修改登机口，通知旅客服务部按原登机口组织旅客登机（不同指廊的采用远机位保障的方法）。

7）飞机返航、备降

（1）若航班未取消，按航班延误处理；若航班取消，改为手工操作。

（2）若航班备降，改为手工操作。

3.3.3　旅客值机

旅客值机是旅客购买机票后上飞机前必须经过的程序，包括核对旅客姓名、确认机上座位、发送登机牌、交运行李等一系列操作。旅客值机系统是一套自动控制和记录旅客登机活动过程的系统，能详细记录旅客所乘坐的航班、航程、座位证实情况，记录附加旅客数据（如行李重量、中转航站等），记录接收旅客情况或将旅客列为候补情况。旅客值机系统可以顺序接收旅客、候补旅客，也可以选择接收。旅客也可以一次办理多个航班的登机手续。

1）旅客值机系统办理值机的方式

旅客值机系统在为旅客办理值机的时候可以有四种方式，且每种方式都可以选择座位。

（1）姓名方式。这种方式是值机员通过旅客姓名的方式来确认旅客，是最常用的方式。旅客值机系统具有搜索旅客姓名全称能力。

（2）序号方式。以序号方式接收未订座旅客。根据订座旅客数和飞机的实际载客量来接收未订座旅客。旅客订座情况可从票面识别，将其姓名输入订座及离港系统中。对于未订票或持折扣票旅客，其姓名随后显示。

（3）部门与姓名方式。这种方式办理值机基本与序号办理值机方式相似，不同之处为旅客姓名必须与系统上的旅客姓名完全吻合。

（4）手工方式。非自动旅客值机系统，旅客值机系统允许自动和非自动办理客班。

2）旅客值机系统的特点

（1）可以在任何有定义的航空公司的终端上使用，每个终端可以同时办理多个航班。反过来，每个航班可以在任何一台终端办理。当一个航班开始办理旅客值机手续时，该航班所有航段的起始航站可同时办理旅客值机手续，起始站进行座位分配，其余的航站都留有可利用的座位。

（2）设计简洁的工作人员、旅客与系统之间的对话方式。当旅客值机系统存有旅客数据时，值机员可提取旅客记录为其办理乘机手续。旅客被接收后，系统自动分配座位号和登机号。当旅客在离港系统中没有记录，或旅客记录未被证实而被接收时，被列为候补旅客，系统不会接收，而是产生候补号。当飞机仍有剩余座位时，再将其正式接收。在接收这类旅客时，系统同时为旅客建立订票记录编号及其他数据记录。当旅客需要换乘其他航班时，系统设计了相应的换乘航班指令。

3）旅客值机系统的功能

旅客值机系统作为计算机离港控制系统中的子系统并不是一个简单的座位分配系统，它是与订座系统和配载平衡系统相连接的。一般情况下，旅客值机的航班由航班数据控制系统自动生成。在这一过程中，旅客值机系统将从航班数据控制系统中获得航班的静态数据，从订座系统中获得旅客订座记录，从而建立起整个航班的数据记录。当旅客值机系统与航班数据控制或订座系统中断联络时，旅客值机系统也提供了相应的后备指令，可以手工建立航班的数据记录即旅客订座记录。

旅客值机系统操作流程图如图 3-1 所示。

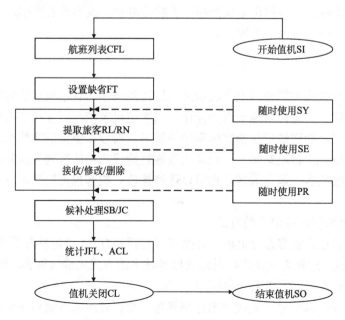

图 3-1　旅客值机系统操作流程图

　　旅客值机系统的主要功能是为旅客在始发地一次性办妥全程乘机手续（包括办理外航的联程航班），自动打印登机牌和行李牌，通过登机口阅读器及时提取未登机旅客姓名及其行李牌号码，以便及时找出未登机旅客的行李，确保飞机安全和航班正点。在为旅客办理乘机手续时，根据系统内存储器的订座系统发来的旅客名单，准确无误地接收旅客，对未订座旅客的接收，可通过设定限额进行控制。另外，订座系统在规定时间内预先向旅客值机系统提供有关信息锁定有关旅客特殊服务的信息，如担架、轮椅，旅客值机系统会根据这些信息锁订座位或预留座位。航空控制人员也可以通过一系列指令对航班载量、起飞时间、机型布局、座位图、候补旅客等实施控制，当完成旅客的登机手续后，将实施航班关闭。

　　旅客值机系统可以处理机场税和超行李税。旅客值机系统需要来自航班操作数据和订座系统的信息。一般情况下，所有的数据都自动存放在航班数据控制系统中，订座系统自动向离港系统传送数据。当有意外情况发生，系统不能自动提供所需信息时，离港系统设置了手动备份指令，以保证系统的正常使用。

　　利用旅客值机系统可以实现以下具体功能。

　　（1）联程值机。利用旅客值机系统完成联程航班操作的主要形式有两种：一种是与其他系统的联程值机电子数据交换技术，另一种是与本系统的联程值机。离港系统可支持多种形式的联程值机，既可采用国际航空运输协会（International Air Transport Association，IATA）标准的 EDIFACT 与外国航空公司离港系统相连，实现一票到底的功能，也可实现本系统内部的联程值机。对于两日内返回的航空旅客，系统还提供了回程值机功能，旅客可在出发时就将回来的乘机手续办好。

　　（2）异地值机。异地值机是指在航班始发机场以外的其他场所，如酒店、航空公司办事处和其他城市为旅客办理乘机手续。异地值机的主要形式是市内值机，旅客可在售票处及宾馆等地办理值机手续，这样可以减轻机场值机柜台的压力。目前，开展异地值机的城市有北京、广州、深圳等。

　　（3）代码共享。代码共享是指两个或两个以上的航空公司在某一特定的航班上，采用不同的航班号，共同使用一架飞机来完成对旅客的服务，航空公司之间可按相关协议来实现对此航班座位的销售。

　　通过旅客值机系统，对有代码共享的航班办理值机手续的好处可以从两个角度来理解。首先，对于航空公司而言，可以飞到更多的目的地，共享伙伴公司的设施而节省相关费用。同时，通过在代码共享的航班上提供机上座位预订和联程值机服务而吸引更多的旅客，还可以使一些小的航空公司学习先进的航空公司管理经验。其次，对于旅客而言，由于他面对的只是一个公司，因此，可以安心享用从始发地开始的连贯服务，受用便捷的转机和缩短旅行时间，享受更多的常旅客计划。

　　通常航空公司的值机部门可分为国际值机、国内值机和值机控制三块细分的业务，有些大型基地航空公司或有能力代理外航值机业务的航空公司还专门设有外航值机业务。每一块具体的业务下均设置不同级别的服务岗位，即值机室主任、值机主任和值机员。此外，航空公司还可根据具体情况设置行李辅助员和票证检查员。

　　国际国内值机室主任的岗位职责包括：负责值机室的各项日常工作；积极完成上级下达的生产任务，计划、布置、实施、检查本室的各项工作；协助分管经理制定值机室各项规章制度、规范化条例；检查员工仪容仪表，督促员工按照本公司及代理航空公司要求为旅客提供优质服务；负责考核下属值班主任及员工的业绩；协调值机室内外的各种关系，处理不正常事务，对现场服务质量和安全生产负责；了解航班生产过程中出现的问题，及时反馈并提出合理化建议；负责传达上级对于安全生产、业务操作、航班正点、服务质量的各项要求，并监督落实情况。

国际国内值机员的岗位职责包括：为旅客办理乘机手续；清点机票，核实航班相关数据归档并拍发各类业务电报、填制航班相关报表；负责晚到旅客的召集工作及对候补旅客的处理；将航班生产中出现的特殊情况及时报告值班主任；负责航班关闭后拍发业务电报；航班不正常时协助值班主任做好航班保障工作。

3.3.4　航班数据控制

航班数据控制是为旅客值机、飞机载重平衡等系统提供后台数据支持的系统。它具有航班信息的建立、生效以及航班数据的维护等功能，同时具有离港信息数据库的完整性校验功能。

航班数据可按周期一次性装载，如将春、夏、秋、冬等航班时刻表一次性输入数据库中，也可以装载短期的临时加班航班的数据。工作人员可以对航班数据进行修改和删除。每天晚上，航班数据控制系统会自动生成第二天的动态航班记录。该系统一般由机场的离港控制人员进行操作管理。

航班数据控制系统在离港系统整个运行过程中起着总控的作用，与离港系统各个子系统之间都有接口，航班数据控制系统主要向旅客值机系统和飞机载重平衡系统提供航班的数据信息，对航班数据进行集中控制。

（1）航班数据控制系统与旅客值机系统的关系。当离港控制员在航班数据控制系统中建立起周期性航班数据，并且航班数据被系统确认生效后，航班数据控制系统将把包含航班起始/到达站、起飞/到达时间、机型、座位布局等航班的相关数据在内的信息发送给旅客值机系统，旅客值机系统接收航班信息后方可向订座系统索取旅客名单，并接着完成航班的座位控制和旅客值机手续的办理。同时，航班数据控制系统还提供实时修改功能，离港控制员可根据实际的飞机安排，随时对航班数据进行修改，如航班的起飞/到达时间、航班的登机口位置、航班机型变化、座位布局调整等。航班相关数据修改后，航班数据控制系统同样会将信息及时发送给旅客值机系统，实现前台、后台信息一致。

（2）航班数据控制系统与飞机载重平衡系统的关系。为了保证离港系统的两个前台子系统，即旅客值机系统与飞机载重平衡系统内的航班数据的一致性，航班数据控制系统在给旅客值机系统发送航班信息的同时，也向飞机载重平衡系统发送航班的信息，以支持配载员根据准确的航班信息进行航班的配载平衡操作。通常旅客值机航班由航班数据控制系统编辑，将季节航班表生成在系统中，为旅客值机做准备工作。

3.3.5　配载平衡

计算机配载与重量平衡是离港系统的一个子系统，它可以完全独立地应用，也可以与标准的 USAS 环境中其他的子系统（客运值机系统、航班数据控制系统）联合使用。例如，该配载平衡系统通过与客运值机系统的连接，可随时获取航班旅客人数、行李件数和重量，自动计算飞机客运载量，合理分配舱位，计算飞机中心及配平数据，使飞机载重平衡每次都处于最佳状态，以利于飞行安全和节省油料。

该系统协助配载工作人员进行业载分布工作，并能够始终监控在特殊条件下，飞机增加业载时的状态，确保飞机处于制造商要求的重量与平衡条件。任何非法的或超过允许范围的状况都会被检查出来并显示给工作人员。同时，当航班关闭后，这套系统能打印 IATA 标准格式的装载表（Load Sheet），包括提供给机长的平衡数据。

计算机配载与重量平衡系统的使用将极大地减轻载重平衡人员的工作强度，缩短制表时间。该系统还具有自动向目的站、经停站拍发载重电报和箱板分布电报的功能，从而省去了人工发报，加快了电报的传递速度，使航班各站联为一体。

3.4　航空报文数据管理

3.4.1　通信系统概述

1. 飞机通信寻址与报告系统

飞机通信寻址与报告系统（Aircraft Communication Addressing and Reporting System，ACARS）是一种在航空器和地面站之间通过无线电或卫星传输短消息（报文）的数字数据链系统。该协议于 20 世纪 70 年代提出，其格式当时称为 Telex。

在数据链系统出现之前，地面人员和飞行人员之间的所有交流只能通过语音进行。这种通信以其高频或高频语音无线电通信方式实现。20 世纪 90 年代早期卫星通信技术的引入，使这种通信模式得到了进一步加强。

航空公司为了减少机组人员的工作负荷，提高数据的完整性，在 20 世纪 80 年代末引入了 ACARS。有少数 ACARS 在此之前就已经出现，但未在大型航空公司得到广泛的应用。虽然 ACARS 通常出现在关于数据链设备（航空电子系统中的一种现场可更换单元）的叙述中，但这个术语实际上是指完整的空中及地面系统。在飞机上，ACARS 由一个称为 ACARS 管理单元（Management Unit，MU）的航电计算机和一个控制显示器单元（Control Display Unit，CDU）组成。MU 用以发送和接收来自地面的甚高频无线电数字报文。在地面，ACARS 由一个有多个无线电收发机构成的网络组成，它可以接收（或发送）数据链消息，并将其分发到网络上的不同航空公司。

起初，ACRAS 根据 ARINC597 标准设计。该系统在 20 世纪 80 年代末期升级以满足 ARINC724 标准。ARINC724 定义了航空电子设备数字数据总线接口。该标准后来又修订为 ARINC724B。20 世纪 90 年代所有的数字化飞机都采用了 ARINC724B 标准。这样，用于 ACARS 管理单元的 ARINC724B 规范、用于飞行管理系统的 ARINC739 规范，以及用于打印机的 ARINC740 规范就构成了一个协同工作的工业标准协议族。现在，工业领域又出现了新的 ARINC 规范，称为 ARINC758,它是为下一代 ACARS 管理单元，即 CMU（Clock Management Unit）系统设计的。

2. OOOI 事件

ACARS 的第一个应用是自动检测和报告飞机在主要飞行阶段（推出登机门——Out of the Gate；离地——Off the Ground；着陆——On the Ground；停靠登机门——Into the Gate，

简称为 OOOI）的变化。这些 OOOI 事件是由 ACARS 管理单元通过飞机上各种传感器（如舱门、停留刹车和起落架上的开关传感器）的输出信号来确认的。在每一飞行阶段的开始时刻，ACARS 将一个数字报文发送到地面，其中包括飞行阶段名称、发生时刻，以及其他如燃油量、始发地和目的地的信息。

3. 飞行管理系统接口

除了上述功能，ACARS 还增加了支持其他机载航电设备的新接口。在 20 世纪 80 年代末 90 年代初，在 ACARS 和飞行管理系统（Flight Management System，FMS）之间的数据链接口出现了。这个接口可以将地面发送到机载 ACARS 管理单元上的飞行计划和气象信息，转发到 FMS。这样，在飞行过程中航空公司就可以更新 FMS 中的数据，使得机组人员可以评估新的气象条件，或者变更飞行计划。

4. 下载维护数据

20 世纪 90 年代早期，ACARS 同飞行数据采集与管理系统（Flight Data Acquisition and Management System，FDAMS）或飞机状态监控系统（Aircraft Condition Monitoring System，ACMS）之间的接口出现，这使得数据链系统在更多的航空公司得到应用。通过使用 ACAS（Airborne Collision Avoidance System）网络，航空公司就可以在地面上得到 FDAMS/ACMS（用以分析航空器、引擎和操作性能）上的实时性能数据。这样，维护人员就不用非得等到飞机回到地面后才上到飞机上去获取这些数据了。这些系统能够识别出不正常的飞行，并自动向航空公司发送实时报文。详细的引擎状态报告也能经 ACARS 发送到地面。航空公司据此来监控发动机性能并规划维修活动。

除了与 FMS 和 FDAMS 的接口，从 20 世纪 90 年代开始，又开始升级机载维护计算机，使它可以通过 ACARS 实时传送飞机的维护信息。航空公司维修人员通过这些信息和 FDAMS 数据，甚至在飞行过程中就可以规划有关航空器的维修活动。

5. 人机交互

上述处理过程都是由 ACARS 及相关系统自动执行的。随着 ACARS 的发展，ACARS 控制单元现在同驾驶舱内的 CDU 之间有了直接连接。CDU 通常也称 MCDU（多功能 CDU）或 MIDU，让机组可以像今天收发电子邮件一样收发消息。这项功能使飞行人员能够处理更多类型的信息，包括从地面获取各种类型信息以及向地面发送各种类型报告。例如，飞行员想获得某一地点的气象信息，可以在 MCDU 屏幕上输入地点及气象信息类型，通过 ACARS 将此请求发送到地面站，之后地面计算机处理该请求，并将应答信息发回飞机上的 ACARS 管理单元显示或打印出来。为了支持更多的应用，如气象、放行、中转航班等，ACARS 的消息类型越来越多。航空公司为了某些特定的应用和特定的地面计算机应用开始定制 ACARS。这导致了每家航空公司都在自己的班机上安装了自己的 ACARS 应用。有些航空公司为机组安装了多达 75 个 MCDU，而少的则只有十来个。除此之外，每家航空公司的地面站以及机载 ACARS 管理单元发送和接收的消息内容及格式也各不相同。

6. ACARS 数据链现状

（1）VHF（Very High Frequency）数据链：是一种应用广泛的基于甚高频波段的空-地数据链。通过甚高频收发信机使用国际规范加载数据通信。

（2）卫星数据链：以卫星为基础，利用卫星收发信机进行数据通信，通信距离远，不受地理环境的影响，广泛应用于海洋通信、极地通信和边远地区通信。

（3）HF（High Frequency）数据链：正在建设阶段。利用高频收发信机进行数据通信，通信距离远。现在使用的公司很少。

（4）民航数据链服务提供商：ADCC、ARINC、SITA。

美国航空无线电组织（ARINC）：网控中心在旧金山，合作伙伴包括 CHINA ADCC 、AERO TAI 等。覆盖主要区域包括北美、中国、泰国、蒙古、欧洲北部、欧洲中部、欧洲东部。

国际航空电信协会（SITA）：网控中心在伦敦、亚特兰大，合作伙伴包括 AIR CANADA、JAPAN AIVCOM、MALAYSIA 、韩国、巴西（DEPV）等。相对而言，SITA 覆盖范围更大。

7.　Stockholm Radio

Stockholm Radio（以下简称 STO RADIO）是瑞典 TELIA MOBILE AB 电信公司的分属机构，它成立于 1914 年，主要为航海提供通信服务，同时也是海上搜寻和救援协调中心，到 20 世纪 60 年代后期，其业务扩展到航空通信领域。现在它的航空客户共有 300 余个，其中有 50 家航空公司是常客户。

（1）覆盖范围：从阿拉木图向西覆盖欧洲、大西洋和北美中部，从北非向北覆盖北极圈。

（2）联系飞机：当地面人员要与飞机通话时，需要给 STO RADIO 发电报或打电话（电话：0046-8-6017910）告知航空公司/单位、航班号、SELCAL 编码、飞机大致的经纬度坐标、要求的服务种类、回电号码或回报地址，然后等待 5～30 分钟，即可接通，若不能接通，则 STO RADIO 会发报或打电话通知。不可以同时收发，每次发话的第一个字可能收不到，要保持中等、清晰的语速，发话时尽量一次多说一些，减少收发转换次数和频率，不可以使用电话免提功能。

8. ARINC（Aeronautical Radio Inc）

1）服务种类

PHONE PATCH、MESSAGE RELAY、MET INFO（只在特殊情况下提供）

2）联系方法

（1）ARINC San Francisco

SITA：SFOXGXA　电话：001-800-6210140 或 001-925-2948297

（2）ARINC New York

SITA：NYCXGXA　电话：001-631-5897224 或 001-631-5892483

（3）ARINC Air/Ground Operations（ARINC 总部语音通信服务业务部门）

SITA：HDQXGXA　电话：001-410-2664430 或 001-410-2664264

传真：001-410-2664010　　E-mail：agops@arinc.com

3）覆盖范围

AOC（Airplane Operating Control）服务：从中国台湾向东到美国西海岸，再从美国东海岸到欧洲西部，从赤道向北越过阿拉斯加覆盖北极区域，包括加勒比和南美洲地区。另外，ARINC 在西雅图—安克雷齐海岸线区域还提供甚高频语音通信服务作为其高频语音通信服务的补充，频率为 129.4 MHz。

9. 民航局高频联网电台

由空管局牵头，民航数据通信有限责任公司（ADCC）协同各个航空公司建设的高频话音通信系统。

3.4.2 AFTN 报文

AFTN（Aeronautical Fixed Transportation Network）电报自动处理系统是空管自动化系统重要的组成部分，负责完成飞行计划和动态的传递，保障飞行安全。

（1）飞行预报。飞行计划实施前一天的 08：00 前（世界协调时），根据规定要求由相关的空中交通服务单位拍发的非重复性飞行计划电报。

（2）修订飞行预报。用于修订飞行预报有关内容的电报。

（3）取消重复与非重复性飞行预报（Abolish Message，ABS）用于取消某日飞行计划的电报。

（4）领航计划报。由空中交通服务单位在航空器预计撤轮档时间前 45 分钟（不应早于预计撤轮档时间前 6 小时），根据航空器运营人或其代理人提交的飞行计划数据，拍发给沿航路有关空中交通服务单位的电报。

（5）修订领航计划报。用于修订领航计划报中有关内容的电报。

（6）取消领航计划报。当航空器领航计划已发出后又取消时，用于取消该航空器领航计划的电报。

（7）起飞报。航空器起飞后，用于通报起飞时间的电报。

（8）落地报。航空器落地后，用于通报落地时间的电报。

（9）延误报。当航空器预计起飞时间比原领航计划中的预计撤轮档时间推迟超过 30 分钟时，用于向各有关单位通报其延误信息的电报。

（10）返航报。用于向有关单位通报航空器返航信息的电报。

（11）备降报。用于向有关单位通报航空器备降信息的电报。

（12）现行飞行变更报。当运行中的航空器的有关飞行数据（如目的地、航路等）发生变化时，或当一无领航计划的航空器在空中申报其飞行计划数据时，由有关空中交通服务单位拍发的用于通报相关管制单位的电报。

（13）预计飞越报。用于管制单位之间通报航空器位置、高度及航路信息的电报。

（14）管制协调报。在管制移交发生之前，由管制接收单位收到现行飞行变更报或预计飞越报后，认为需要修改其中的有关数据而发给管制移交单位的电报。移交双方在达成一致意见后通常以一方拍发管制协调接收报或用话音联系方式结束此次协调。

（15）管制协调接收报。当管制接收单位同意接收先前收到的一份现行飞行变更报、预计飞越报或管制协调报中所包含的数据时，向拍发 CPL、EST 或 CDN 的单位发出的认可电报。

（16）逻辑确认报。只限于在装备有飞行数据处理系统的单位使用。逻辑确认报指管制接收单位在收到一份 CPL、EST 或其他有关电报并加以处理后，飞行数据处理系统发出的用于通报对方，已对相应报文进行处理的电报。

（17）请求飞行计划报。用于申请得到的航空器飞行数据的电报。

（18）请求领航计划补充信息报。用于申请得到航空器领航计划中补充数据内容的电报。

（19）领航计划补充报。当收到 RQS 后，有关空中交通服务单位向申请单位发出的包含有航空器领航计划补充信息的电报。

（20）告警报。当空中交通服务单位认为某一航空器处于《国际民用航空公约》附件 11 第 5 章所规定的紧急情况时，发出的向有关单位告警的电报。

（21）无线电通信失效报。当空中交通服务单位获知其区域内有航空器遇有无线电通信失效时，向其他收到过该航空器飞行数据的单位通报情况而拍发的电报。

3.4.3 SITA 报文

SITA 电报由报头行、缓急标志、收电地址、发电地址、签发时间、电文、电报结束部分组成。根据《中国民航国际航空通信手册》规定 SITA 包括以下几种。

1. 电报种类

（1）动态电报（MVT）。

SITA 动态电报（MVT）可分：① 起飞报（AD）；② 起飞延误报；③ 降落报（AA）；④ 延误报（DL）（ED）（NI）；⑤ 取消报（CNL）。

（2）飞行预报（PLN）。

（3）飞行放行电报（CLR）。

2. 电报的结构

（1）固定格式航务管理电报报文开始，应使用电报类别标志，如"MVT"表示动态电报，其他类别的电报使用规定的代码作为电报的标志，如"PLN"表示飞行预报。

（2）固定格式航务管理电报中所包含的信息数据由多行构成，每一行包含若干项目，每个项目间应使用一个空格符号分隔。

（3）其他各行应包括多项信息数据，每一项中，当包含两组字符时，应使用左斜线"/"分隔。

（4）每一行编发完成前，不得插入与此无关的项目。

（5）电报如需补充说明其他内容时，应在"SI"之后编写，可分若干行编写。

3. 数据规定

（1）日期：用两位数字与英文月份的三字代码连写表示。如 8 月 2 日应写为"02AUG"。

（2）时间：用 UTC 时间，前两位为小时，后两位为分钟，如北京时间 16：30 应写为"08：30"。

（3）航空器注册号：在国籍标志和注册号之间取消连接号"—"，如 B—2438 写为"B2438"。外国航空器按国家规定的注册号填写。

3.5 气 象 系 统

气象系统是指观测人员在地面用仪器或目力对大气状态进行系统、连续的观察和测定。由于气象要素在空间和时间上的多变性、观测技术的不足，以及某些气象要素定义的局限性，用户对报告中所给的任何要素的具体数值必须理解为观测时实际情况的最佳近似值。

目前，中国民航地面气象观测主要有例行观测（METAR）和特殊观测（SPECI）。

1. 例行观测

例行观测指按固定时间间隔在指定地点观测到的气象情况的报告。

2. 特殊观测

特殊观测指在两次例行天气报告之间，当一种或多种气象要素达到规定标准时发布的报告。

（1）当能见度（跑道视程）、云、风达到或通过本场特选报规定的数值，或达到、通过本场运行最低标准时。

（2）某些要素达到或通过经空中交通管制部门或其他部门和气象部门商定的数值时。

（3）当下列任何一种天气现象出现、终止（消失）或强度有变化时：冻降水、冻雾中或大的降水（包括阵性降水）、低吹尘（沙或雪）、高吹尘（沙或雪）、尘暴、沙暴、雷暴（伴有或不伴有降水）、飑、漏斗云。

3. METAR 或 SPECI 通常包括的资料

发出资料的机场名称、发出 METAR/SPECI 的时间、风向/风速/阵风、风向转变、能见度、跑道视程、观测时的天气、云层、气温/露点、QNH（Query Normal Height，在机场录得的气压，经调整以配合航空用途）、过去一小时（但非观测时）的天气、风切变资料、飞机降落用的趋势预测。

习　题

1. 民航使用的通信报文主要包括哪几类？

2. SITA 报文主要包括哪些报文？

3. 气象报文中的 METAR 和 SPECI 是什么意思？

4. ACARS 的主要内容是什么？

第4章 航班计划管理系统

4.1 概　　述

航线是航空公司满足社会需要和实现企业自我发展的手段，是航空公司的立命之本。航空公司通过科学、严格、及时地编排航班计划来组织本企业内部生产，它对于保证飞行安全，改善服务工作，争取飞行正常，提高航空器的利用率、载运率及提高经济效益，完成运输生产任务有着重要的意义。航空公司对外公布的班期时刻表是旅客行动的依据，也是各旅游部门安排接待计划的根本。

航班计划是航空公司长远发展的战略决策，是航空公司经营规划的核心，航班计划的合理安排和申请是航空企业的自主行为，航班计划安排直接影响航空企业的经济效益和持续发展。

航班计划的申请离不开航班时刻的使用，为规范民航航班时刻管理工作，加强对航班时刻使用的监督和管理，建立航班时刻公平、公开分配的管理程序与有效使用机制。为加强航班的管理，维护航班的严肃性，保障航班按计划飞行，提高运输服务质量，中国民航局颁发了《民航航班时刻管理暂行办法》和《中国民用航空国内航线和航班经营管理规定》从而使航空公司在制定航班计划、申请航班时刻和经营航班时有章可循。

4.2　航班计划制定

航线是由具有一定商业载量的航空器在两个以上地点间从事定期运输服务而形成的航空运输线。航线的要素包括起点、经停点、终点、航路、机型、班次、班期和时刻。

航班计划是航空运输市场研究的结果，是对计划内开辟和撤销某航线及在此航线上运力投入规模所做出的系统安排，是航空公司经营的准则。

航班计划由飞机所属航空公司编制，各航空公司在制定航班计划时应充分考虑到航空市场的需求，它包括下列因素：

（1）客货源流量流向；

（2）机组配套；

（3）航空器；

（4）机场条件及地面保证设施；

（5）空中交通管制；

（6）通信导航；

（7）气象条件；

（8）油料供应。

以上诸要素航空公司应对其进行科学的分析，使其在航班计划中发挥效应。

4.2.1　航班计划的内容

各航空公司在确定航班号、机型、班次、班期及各站起降时刻后，应于每次航班协调会前一个月将长期定期航班计划和季节定期航班计划报送民航局，其报送内容见表 4-1～表 4-5。

1. 航班计划表

表 4-1　航班计划表

航班号	（新报）航班计划			航线	（去年同期）航班实际		
	机型	班次	班期		机型	班次	班期

从表 4-1 中可以看出航班的增加、航线的调整、机型的改变。

2. 航班班次座位数表

表 4-2　航班班次座位数表

航线	（新报）航班计划		（去年同期）航班实际	
	每周班次	座位数	每周班次	座位数

从表 4-2 中可以分析每条航线、班次和座位数的增减情况。

3. 飞机使用情况表

表 4-3　飞机使用情况表

航班号	航线	机型	班　期							时　刻		备注
			一	二	三	四	五	六	七	起飞	降落	

将同一机型和衔接航班放在一起，从中就可以分析出每种机型每一天的使用情况，同时也可以分析出一天需使用飞机的数量，见表 4-3。

4. 主要航线航班班次、座位数表

表 4-4　主要航线航班班次、座位数表

航　　线	（新报）航班计划		（去年同期）航班实际	
	每周班次	座位数	每周班次	座位数

表 4-4 主要用来分析每条航线班次和座位数的增减情况。

5. 飞机日利用率情况表

表 4-5　飞机日利用率情况表

机型	飞机日利用率/小时		
	（新报）航班计划	（现行）航班计划	（去年同期）航班实际

表 4-5 可以看出每种机型每日利用的小时数。以上五种表格均需按统一格式报送民航局。

4.2.2　航班计划的管理

为了加强对民用航空国内航线、航班的管理，优化资源配置，推进集约化经营，保障民用航空运输安全、健康、有序地发展。中国民用航空局制定了《中国民用航空国内航线和航班经营管理规定》。这对规范航空公司从事国内航线、航班经营起到了积极的作用。

在中华人民共和国境内从事旅客、行李、货物和邮件的民用航空运输。由中国民用航空局统一负责对国内航线和航班经营的监督管理，颁发、暂停或收回空运企业航线经营许可。民航地区管理局依照中国民用航空局的授权负责对其管辖区域内的航线和航班经营的监督管理。

为了社会公共利益，中国民用航空局指定空运企业经营特定的国内航线和航班时，被指定的空运企业必须执行。为了确保飞行安全，在开航前空运企业必须符合中国民用航空局安全管理的有关规定，包括机组配置、航线维修、所使用机场、空中交通管理的有关规定。空运企业必须在开航前 60 天提出申请，提交有关资料，并获得相应许可证件或批准。

空运企业申请经营国内航线应当以其所在地区向外辐射的航线为主。区内航线主要由所在地区的空运企业经营；区际航线一般由航线两端所在地区的空运企业经营。

空运企业申请航班经营时，应当向中国民用航空局报送下列文件。

（1）航班经营申请书，内容包括航线、航班号、机型、班期以及航班计划安排表、航班计划对比表、使用军民合用机场申请表。

（2）服务保障协议，内容包括机场地面服务保障协议、不正常航班服务代理协议、飞行签派代理协议、机务维修协议、航油供应协议、其他必要的服务协议。

航班计划未经批准而执行的，由中国民用航空局给予没收违法所得、处以 10 万元以上 20 万元以下的罚款、暂停有关航线经营 6～12 个月直至收回有关航线经营许可的处罚。

4.2.3　航班计划的时间标准

航班计划中重要的一环是航班时刻的确定，它包括起飞站的起飞时刻、经停站的起飞时刻和过站时间及目的地机场的回程起飞时刻等。这些时刻制定得合理，将有利于提高航班飞行正常率，如果制定得不合理将造成大部分航班不正常，影响企业的服务质量，也招致不利的社会舆论。为了提高服务质量，树立企业的良好形象，特制定下述时间标准。

1）轮档时刻

轮档时刻是一个重要的时间标准，是航班计划中起飞时刻的依据，同时也是计算飞机本身使用寿命及飞机日利用率的一个重要标志。它是指上完客关舱门后，飞机启动发动机之前，移去轮档的瞬间。

2）滑行时间

滑行时间是指从撤轮档到进入起飞跑道，或从退出跑道到停机就位档轮档止的时间。由于机场繁忙的程度不同，飞机滑行时间也大不相同，为了有一个统一的标准，有必要将与自己公司运行有关的机场分为两类，即繁忙机场和非繁忙机场。

（1）繁忙机场或滑行非畅通机场，它的滑行时间一般为 10～15 分钟，如旧金山、纽约、洛杉矶、巴黎等机场。

（2）非繁忙机场或滑行畅通机场，它的滑行时间一般为 5～10 分钟，如国内的机场及东南亚机场等。

3）空中时间

空中时间是指从飞机进入跑道松刹车起飞到落地前轮接地的时间。在安排航班时刻表时，应当为飞机在经停站正常补给服务留出足够的时间，并应当考虑航路上的盛行风和所用型号飞机的巡航速度。这个巡航速度不得大于发动机的标称巡航输出功率所能获得的巡航速度。由于机型的不同和速度的差异，这一时间是根据航线实际距离和飞机平均速度而算出的。

4）飞行时间

飞行时间是指飞机从撤轮档起到档轮档止的时间，也称一次轮档时间，它是空中时间与滑行时间之和。

5）过站时间

过站时间是指飞机开舱门下客到上完客关舱门止的时间，这一段时间是衡量地面服务质量的重要标志之一，是保证航班飞行正常的重要组成部分，由于方式和机型的不同分为以下几种。

（1）经停过站：是飞机到达目的地之前，由于客货的需求而加降经停的航站，有载量的变化。各类飞机经停站时间在我国境内通常按下列规定掌握。

60 座以下的航空器不少于 35 分钟，如 EMB145、ATR72、CRJ200、DORNIER328 和 SAAB340 等；

61～150 座的航空器不少于 50 分钟，如 B737（700 型以下）、A319、MD82 和 BAE146 等；

151～250 座的航空器不少于 60 分钟，如 MD90、B767、A310、A320、B757-200 和 B737-800 等；

251 座以上的航空器不少于 75 分钟，如 A300、B747、A330、A340、MD11、B777 和 IL86 等。

北京、浦东、广州机场航班过站时间在相应机型过站时间基础上增加 15 分钟，虹桥、深圳、成都和昆明机场航班过站时间在相应机型过站时间基础上增加 10 分钟。

国际航班在国外繁忙机场的经停站，可以比上述时间稍长一些。

（2）终点过站：是飞机在目的地机场的过站，这一时间可以参考经停站时间并比经停站时间稍长，各公司可根据本身的需要而确定。

（3）技术经停：是指由于航线过长而且受飞机本身性能的限制而必须做中途加降的航站，这一过站没有客货变化只是加油，各公司可根据自己的机型而确定技术经停时间。

上述时间标准是航班协调会上航班时刻的谈判依据，是制定班期时刻表，各站起飞、降落时刻的根据。航空公司应根据本公司航线、机型、机场的繁忙程度来确定其自身的时间标准，国际航线飞行时还应根据国外机场移民局和海关工作时间的限制，及时调整国内的起飞时刻，这样不仅节省费用，还可提高航班飞行正常率。

4.3　航班计划编制

航班计划是航空公司长远发展的战略决策，是航空公司经营规划的核心，航班计划的合理安排和申请是航空企业的自主行为，航班计划安排直接影响航空企业的经济效益和持续发展。航班计划的申请离不开航班时刻的使用，为规范民航航班时刻管理工作，加强对航班时刻使用的监督和管理，建立航班时刻公平、公开分配的管理程序与有效使用机制，为加强航班的管理，维护航班的严肃性，保障航班按计划飞行，提高运输服务质量，中国民航局颁发了《民航航班时刻管理暂行办法》和《中国民用航空国内航线和航班经营管理规定》从而使航空公司在制定航班计划、申请航班时刻和经营航班时有章可循。

广义的航班计划按照计划进行的先后顺序一般地可分为以下五个步骤（层次）。

（1）市场分析和预测。通过市场分析，在给定航线的基础上，航空公司能够预测一段时期内每一条航线旅客需求分布，若有充分的数据支持，则还应该预测出一天不同时刻每个航班旅客人数的分布情况。

（2）航班频率和时刻的确定。在获取航线旅客需求以后，航空公司可以根据旅客需求状况和公司状况，确定每条航线的航班频率，进一步地，结合机场时刻资源、中国民用航空局政策等众多因素，编制出航班时刻表。

（3）机型指派。机型指派问题（Fleet Assignment Problem，FAP）是指根据不同机型具有不同的舱位数量、运行成本和潜在收益，指派不同的飞机类型给定期航班。机型指派也称为机队指派，是以航班时刻表为依据，满足航班衔接的约束，为每一个航班确定唯一的飞机机型（并未指定具体的某一架飞机），从而使得航班运营成本尽可能最小。

（4）飞机排班。飞机排班包括飞机路线问题和飞机排班问题，其实质就是在航空公司解决机型指派问题以后，必须为每一个航班（路线）指定一架具体执行的飞机，确立一条飞行路线，为每个航班分配唯一的一个机尾号。飞机排班主要是为了使每架飞机能够满足规定的维护维修需要，同时能够使得运营和维护成本尽可能小，并且保持机队的使用率在较高的水平。

（5）机组排班。机组排班是指航空公司根据每个航班的机型属性，为每个航班指派相应的飞行人员、乘务员等机组人员。

狭义的航班计划就是指前三个步骤，在国内大多数航空公司中，这三个步骤都是由市场部（或商务部）负责制定的。

一个正确的航班计划编排应该遵循以下几个原则。

（1）航班计划的表示方式必须规范。

（2）航班计划规划的飞行航线，按照"起飞—到达"这样的顺序，保证一个航班的飞行线路在空间上的连续（航班的飞行航段首尾相连），和在飞行时间上的连续（到达—起飞）。

（3）航班去程的起始点是回程的终点，形成闭环飞行路线，当然来回程不一定对称。

航班编排是实现飞机调度和机组调度的基础，只有完成航班计划编排之后才能进行后续的飞机排班、机组配对和机组轮班环节，其具体的流程如图 4-1 所示。

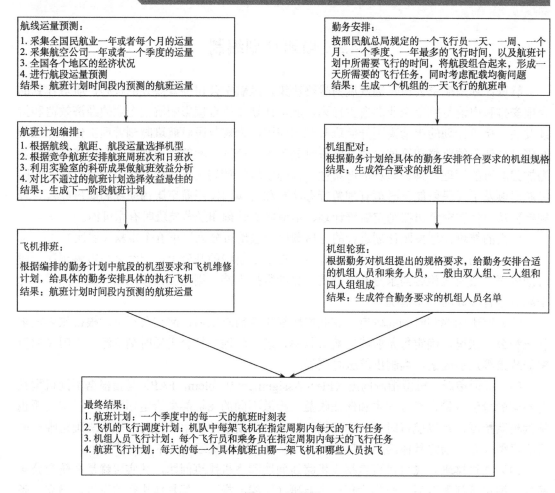

航线运量预测：
1. 采集全国民航业一年或者每个月的运量
2. 采集航空公司一年或者一个季度的运量
3. 全国各个地区的经济状况
4. 进行航段运量预测
结果：航班计划时间段内预测的航班运量

勤务安排：
按照民航总局规定的一个飞行员一天、一周、一个月、一个季度、一年最多的飞行时间，以及航班计划中所需要飞行的时间，将航段组合起来，形成一天所需要的飞行任务，同时考虑配载均衡问题
结果：生成一个机组的一天飞行的航班串

航班计划编排：
1. 根据航线、航距、航段运量选择机型
2. 根据竞争航班安排航班周班次和日班次
3. 利用实验室的科研成果做航班效益分析
4. 对比不通过的航班计划选择效益最佳的
结果：生成下一阶段航班计划

机组配对：
根据勤务计划给具体的勤务安排符合要求的机组规格
结果：生成符合要求的机组

飞机排班：
根据编排的勤务计划中航段的机型要求和飞机维修计划，给具体的勤务安排具体的执行飞机
结果：航班计划时间段内预测的航班运量

机组轮班：
根据勤务对机组提出的规格要求，给勤务安排合适的机组人员和乘务人员，一般由双人组、三人组和四人组组成
结果：生成符合勤务要求的机组人员名单

最终结果：
1. 航班计划：一个季度中的每一天的航班时刻表
2. 飞机的飞行调度计划：机队中每架飞机在指定周期内每天的飞行任务
3. 机组人员飞行计划：每个飞行员和乘务员在指定周期内每天的飞行任务
4. 航班飞行计划：每天的每一个具体航班由哪一架飞机和哪些人员执飞

图 4-1   流程图

4.4 航空公司航班管理系统

4.4.1 系统功能

1. 长期航班计划的创建

系统应能允许用户手工或通过文件来创建定期航班计划。系统必须支持以下方式。

（1）支持基于文件的航班计划表的接收、转换并存入数据库。

（2）在航班计划从创建到实际执行之间通常还会发生很多变化。此外，可能还有新的航班需要输入。因此在系统中应提供界面输入这些变化。航班变化可通过授权用户手工输入航班计划方式。系统应支持多用户同时修改和输入航班计划。

（3）在编辑、修改、维护长期航班计划时，应能支持多用户同时操作。

（4）在编辑、修改、维护长期航班计划时，应能按用户的要求按照不同的数据项（字段）进行简单和复合的动态排序。

（5）在选择航班信息编辑时，可以动态设置过滤条件 （如时间段、特定日期、进港航班号、离港航班号）。选择条件可以是多个。

2. 次日航班计划的生成与维护

（1）次日航班计划根据长期航班计划生成，如果因故不能从长期航班计划生成次日航班计划，系统应提供界面由授权用户手工完成这项工作。

（2）所编辑的次日航班计划和记载航空公司次日航班计划的源文件须保留在历史记录中，用于查询核对，直至按用户要求的期限删除或按用户指令来删除。

（3）所有对数据的修改都应记录下来，且可以查询。

3. 当日航班动态的生成、收集、维护与动态修改

在指定的时间（通常在 6：00，或由操作员确定），当日航班动态根据次日航班计划生成。如果因故不能从次日航班计划生成当日航班动态，系统应提供界面由授权用户手工完成这项工作。然后根据航空公司的当日航班计划进行补充和调整。航空公司的当日航班计划应可以通过文件传输或授权用户手工输入本系统的当日航班计划。此外，当日航班动态至少保留 7 日，当出现不能从次日航班计划生成当日航班动态时，系统能根据操作员的要求以及上周的航班动态生成当日航班动态。

4. 航班信息的管理包括进港航班管理、离港航班管理

1）进港航班管理

（1）录入或修正进港航班的前站起飞时间和预计到达时间，确认所分配的机位。如果该飞机做计划时没有录入机号，此时应补充完整。

（2）录入到达航班的实际进港时间，最后确定机位。

（3）设定进港航班状态：正常、延误或取消，若航班延误或取消还要设定原因。

（4）增加航班：在计划中没有的临时加班，要输入有关数据，包括航班号、机号、预计时间等，并备注说明。

2）离港航班管理

（1）修改航班的预计起飞时间，录入指定航班的实际起飞时间，并确认已取消该航班所占用的机位。设置出港航班的当前状态，正常、延误或取消，如果航班延误或取消则设定原因。

（2）离港航班返航，则需记录返航原因，预计进港时间。

（3）非正常航班的管理通过编辑、插入、删除功能来手工处理。对于航班的删除，必须加以严格的限制，因为正常的运作中，不可能删除航班，只有取消航班。

（4）对于通用航空飞行，应可以在航班信息管理系统中进行处理。

（5）应可通过接口系统从空管局获得当日天气信息，放入 AODB 供各单位查询。

（6）应可通过接口系统从其他系统获得跑道灯光开关的时间。也具有手工录入的界面，供录入跑道灯光开关的时间。应该有对跑道灯光时间记录进行维护的界面。

（7）所有对数据的修改都应记录下来，且可以查询。

5. 遗留航班的处理

在设定的时间（或由操作人员确定），当日航班动态已完成的航班进入历史记录并从当日航班动态中删除，次日航班计划与未完成的当日航班合成生成新的当日航班动态。短

期航班处理系统应能按用户要求把当日航班动态模式变成短期航班动态（如 D–2、D、D+1）模式。除非在一些特殊的情况下，航班历史表不再允许修改。历史的航班计划表应该可以提供给用户，也可以被系统用作查询和报表生成。

承包商要详细说明历史航班计划的数据结构、提供给用户的存取方式、联机存储的时间周期以及脱机后的备份方法。

6. 查询和统计

查询和统计以及评估可以与报表功能连用，结果可以存储在一个标准格式的文件中。

7. 创建报表和打印

可以打印多日航班计划或者部分航班的简要信息或全部信息（如特定航空公司，或者仅是包机）。报表中字段和格式可以动态配置。

8. 航班资源的维护

可以对与航班信息管理相关的资源进行维护。对于历史记录，可以按设定的时间进行删除，也可以根据有足够权限的操作员的指示进行删除。

季度航班计划的开始时间和结束时间可以自由配置。但是至少有一个夏季和冬季。

航班信息管理系统提供录入相关基础数据的功能，如关于航空公司和飞机类型的基本数据。

4.4.2　甘特图

甘特图（Gantt Chart）又叫横道图、条状图。它是在第一次世界大战时期发明的，以亨利·L·甘特先生的名字命名，他制定了一个完整的用条状图表示进度的标志系统。甘特图内在思想简单，即以图示的方式通过活动列表和时间刻度形象地表示出任何特定项目的活动顺序与持续时间。甘特图是一条线条图，横轴表示时间，纵轴表示活动（项目），线条表示在整个期间上计划和实际的活动完成情况。它直观地表明任务计划在什么时候进行，以及实际进展与计划要求的对比。管理者由此可便利地弄清一项任务（项目）还剩下哪些工作要做，并可评估工作进度。

甘特图在用于生产计划的显示时，一般以纵轴顺序列出主生产资源，横轴显示时间。主生产资源指主要的生产设备，如生产线、机器设备等，每个资源有一个唯一的编码，具体的生产任务在时间与资源的交界处以矩形画出。在矩形内可以显示任务的一般信息，如产品名、数量、工单编码、工序、需求时间、产品属性等。如果产品生产的时间很短，矩形框中显示不下很多信息，可以用时间表或信息框显示。图 4-2 为甘特图示例（本书图形取自 PlanMate 系统），甘特图的生产计划通常是 APS（Advanced Planning and Scheduling）系统自动优化得到的结果。甘特图的运行需要模型的支持，模型由用户维护，包括产品、资源、生产流程、标准产品/工序/资源工时等。APS 根据模型，对需求（订单、工单）进行自动排程，将需求分解成独立的工作任务排在主资源上。在图 4-1 中，每个矩形区域表示一个生产任务，在资源上沿时间顺序排列。用户定义产品在资源上的标准工时后，系统会根据标准工时和任务数量计算需要的实际工作时间。背景上白色的区域表示工作时间，灰色的区域表示休息时间，如果任务跨过休息时间，任务会自动拉长。

4.4.3　基于甘特图的操作

航班操作的甘特图如图 4-2 所示（可扫描图旁二维码查看彩图）。窗体布局分为四部分。

（1）窗体上方为操作面板：可以设置查询条件，搜索、设置甘特图。操作面板可隐藏。

（2）公司运行面板：以甘特图的形式显示指定公司的所有正常运行的、已分配飞机的航班。

（3）未分配机号航班面板：以甘特图的形式显示指定公司的所有未分配飞机的航班。

（4）取消航班面板：以甘特图的形式显示指定公司的所有已取消的航班。

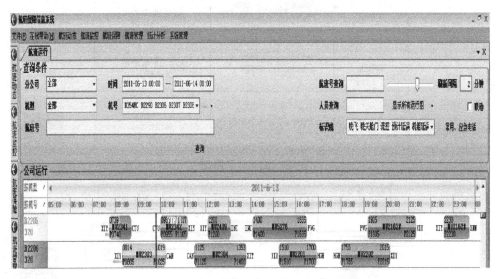

图 4-2　航班操作甘特图

每一个图元代表一个航班。在航班操作时，不同的颜色代表不同的航班状态。航班甘特图共有七种颜色（可扫描图旁二维码查看彩图），如图 4-3 所示。

甘特图的图元文字说明如图 4-4 所示。

甘特图中的航班共有五种，如图 4-5 所示。

状态	图示	说明
正常完成	2247　0029 BHY ▮▮U3150# WUH P2245　P0040	正常完成的航班用绿色标识
已完成，起飞延误	4 2359　0153 INC P2340 ▮▮U2790# NKG P0155	起飞延误的航班前半部分用淡红色标识
已完成，到达延误	0000　0044 JHG P2350 ▮▮U5808 KMG P0030	到达延误的航班后半部分用深红色标识
已完成，起飞到达均延误	S 2300　0010 CTU P2230 ▮▮U5848 KMG P2350	起飞到达均延误的航班前半部分用淡红色标识，后半部分用深红色标识
飞行中	0824　1010 PEK P0805 ▮▮5183 PVG P1020	飞行中的航班用深红色标识
未起飞	1100　1300 LXA P1100 ▮▮U5474 CTU P1300	未起飞的航班用蓝色标识
已取消	1330　1550 SHA P1330 ▮▮U5305 CAN P1550	已取消的航班用黄色标识

图 4-3　七种甘特图颜色

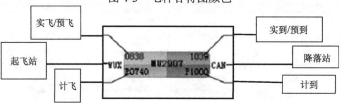

实飞/预飞　　　　实到/预到
起飞站　　　0838　1039　　降落站
WUX P0740 ▮▮U2907 P1000 CAN
计飞　　　　　　计到

图 4-4　甘特图的图元文字说明

标识	图示	说明
晚飞线	47 2▮ ▮5	实飞-计飞-机型滑出时间 数字即晚飞时间值
晚关舱门线	▮1 ▮1	计飞到关舱门
流控线	0▮ ▮1	关舱门到实飞
预计延误线	1900 ▮▮53 ▮2300	计飞到推算出的航班起飞时间
机组延误线	1415 ▮▮U5 ▮1415	计飞到推算出的所有机组人员到位时间

图 4-5　甘特图的航班示例

4.5　航班信息管理系统

航班信息管理系统是机场计算机信息系统的子系统，是整个机场信息集成系统的重要组成部分。它是整个机场信息系统的航班信息源头，所有航班信息须经过它确定才能向外发布。它的作用是为机场创建、维护、分发航班计划。系统应可维护以下多种航班计划：

（1）长期航班计划；

（2）次日航班计划；

（3）动态航班计划；

（4）历史航班表。

所有的航班信息应能按用户的要求进行编辑、增加、删除、排序、查询，其结果可以显示在屏幕上或打印，还可以按预定的格式输出到文件。系统应支持民航的各种业务，如代码共享、多航段航班等。系统提供扫描仪、自动识别以及配套的转换程序使用户可以把以纸为载体的航班数据输入系统。

4.5.1　长期航班计划

系统应能允许用户手工或通过文件来创建长期航班计划。系统必须支持以下方式。

（1）支持基于文件的航班计划表的接收、转换并存入数据库。文件的来源可以是多种，至少包括中国民用航空局和航空公司。系统应提供用于定制各种不同的文件转换方法的界面。所要求的最少信息为航班号、执行日期、计划的到达／离港时间、飞机类型等。

（2）记载航班计划表的源文件应保存起来，用于查询核对，直至按用户要求的期限删除或按用户指示来删除。

（3）支持授权用户手工生成航班信息。所要求的最少信息与基于文件的方式类似，但必须记录该用户资料，如身份标识号码（ID）。

在航班计划从创建到实际执行之间通常还会发生很多变化。此外，可能还有新的航班需要输入。因此在系统中应提供界面来输入这些变化。航班变化可能用以下方式通报和输入。

（1）授权用户手工输入航班计划方式。系统应支持多用户同时修改和输入航班计划。

（2）文件方式。来源至少包括中国民用航空局和航空公司，系统应提供界面用于定制各种不同的文件转换方法。

（3）在编辑、修改、维护长期航班计划时，应能支持多用户同时操作。

（4）在编辑、修改、维护长期航班计划时，应能根据用户的要求按照不同的数据项（字段）进行简单和复合的动态排序。

（5）在选择航班信息编辑时，可以动态设置过滤条件（如时间段、特定日期、进港航班号、离港航班号）。选择条件可以是多个。

（6）可以按用户要求的查询条件进行查询，并可打印其结果或输出到标准格式（如纯文本文件）的文件。

（7）所有对数据的修改都应记录下来，且可以查询。

（8）记载航班计划表变更的源文件应保存起来，用于查询核对，直至按用户要求的期限删除或按用户指定来删除。

4.5.2　次日航班计划

次日航班计划根据长期航班计划生成，如果因故不能从长期航班计划生成次日航班计划，系统应提供界面由授权用户手工完成这项工作。然后根据航空公司的次日航班计划进行补充和调整。航空公司的次日航班计划应可以通过文件传输或授权用户手工输入本系统的次日航班计划。

（1）授权用户手工输入次日航班计划方式。系统应支持多用户同时修改和输入航班计划。

（2）文件方式。来源至少包括空管局（ATC）和航空公司，系统应提供界面用于定制各种不同的文件转换方法，用以把空管局和航空公司的文件自动转换为本系统能处理的文件。以上两种方式输入的数据至少包括航班、航班号、日期、计划的到达／离港时间、飞机类型等。

（3）通过以上两种方式生成完整的次日航班计划后，系统提供界面供授权用户进行编辑、修改、确认。系统应支持多用户同时操作。

（4）在次日航班计划生成后，系统操作人员将在合适的（或指定的）时间发布次日航班计划，并保存到 AODB。其他各系统将从 AODB 取得计划。

（5）所编辑的次日航班计划和记载航空公司次日航班计划的源文件须保留在历史记录中，用于查询核对，直至按用户要求的期限删除或按用户指示来删除。

（6）可输入次日天气预报以供各单位使用。

（7）可以按用户要求的查询条件进行查询，并可打印其结果或输出到标准格式（如纯文本文件）的文件。

（8）所有对数据的修改都应记录下来，且可以查询。

4.5.3　当日航班动态

在指定的时间（通常在 6：00，或由操作员确定），当日航班动态根据次日航班计划生成。如果因故不能从次日航班计划生成当日航班动态，系统应提供界面由授权用户手工完成这项工作。然后根据航空公司的当日航班计划进行补充和调整。航空公司的当日航班计划应可以通过文件传输或授权用户手工输入本系统的当日航班计划。此外，当日航班动态至少保留 7 日，当出现不能从次日航班计划生成当日航班动态时，系统能根据操作员的要求以及上周的航班动态生成当日航班动态。

航班动态信息的信息源，分别来自空管局、相关的航空公司及其代理和雷达。途径是通过接口系统或通过电话及对讲机获得信息然后手工录入。

获得航班动态信息后，系统提供界面由机场运营中心的操作员对有关的信息进行确认，之后存储在 AODB 并向其他系统发布。系统应能由用户设置是否对所获得航班动态信息进行确认，以及对信息中的哪些数据项进行确认。

分别来自不同信息源的信息如果相差太大，超过由用户设定的值，系统应向操作员发出报警，由操作人员进行核实。

4.5.4　其他航班管理问题

1. 遗留航班的处理

在设定的时间或由操作人员确定，当日航班动态已完成的航班进入历史记录并从当日航班动态中删除，次日航班计划与未完成的当日航班合成生成新的当日航班动态。

2. 历史航班

对当日航班动态模式，在当日航班计划中完成的航班，转入历史数据。对于短期航班动态模式，是最后一天已完成的航班转入历史数据。

除非在一些特殊的情况下，航班历史表不再允许修改。历史的航班计划表应该可以提供给用户，也可以被系统用作查询和报表生成。

承包商要详细说明历史航班计划的数据结构、提供给用户的存取方式、联机存储的时间周期以及脱机后的备份方法。

3. 查询、统计和打印

查询、统计和评估可以和报表功能连用，结果可以存储在一个标准格式的文件中。

可以打印多日航班计划或者部分航班的简要信息或全部信息（如特定航空公司，或者仅是包机）。报表中字段和格式可以动态配置。

可以打印完整的工作计划。报表中字段和格式可以配置。

4. 数据校验

关键数据项必须有数据校验程序。数据校验程序必须能针对用户输入中可能产生的各种错误给出积极的回应，如警告用户所输入的某一航班的乘客数目超出了该型号的飞机理论上的容量。在数据自动输入的情况下，系统必须拒绝校验失败的消息，并提供一种机制把校验失败的消息送到适当的用户以便进行人工调整。

4.5.5　航班信息显示系统

航班信息显示系统（Flight Information Display System，FIDS）以多种主流显示设备为载体，显示面向公众发布的航班信息、公告信息、服务信息，为旅客、楼内工作人员和航空公司地面代理提供及时、准确、友好的信息服务。

航班信息显示系统显示设备分布于所有旅客活动的主要场所和工作人员工作需要的场所，及时为出港旅客和迎客者以及工作人员准确提供、显示进出港航班动态信息；办理乘机手续引导和指示信息、候机引导和指示信息、登机引导信息、行李提取引导和指示信息以及其他如旅客须知、时间与通知等信息；并能实时发布旅客须知、紧急通知等信息；帮助工作人员完成值机、登机、行李提取等步骤的工作；使出港旅客获得飞机起飞前的全部航班信息，引导旅客顺利办理乘机手续、安检、到达各候机厅候机、登机全过程；从而保障机场的正常生产经营秩序，提高机场服务质量和机场形象。

4.6 不正常航班管理

4.6.1 不正常航班

中国民用航空局对不同原因引起的航班延误规定了不同的赔偿标准，从航空公司的角度来讲，这些赔偿标准对运营成本有一定的影响，航空公司在航班调整过程中，会对不同原因引起的航班延误给予不同的调整策略。引起航班延误的原因很多，从航空公司角度，所有原因总体上可分为两大类，这里首先对这两大类原因给予说明。

非航空公司原因导致的不正常航班：恶劣天气、空中流量控制、禁航、联检以及旅客等所造成的航班延误或取消归结为非航空公司原因。根据中国民用航空局规定，非航空公司原因导致的航班不正常，航空公司无须对旅客赔偿，但第五个航班以后的延误或取消由航空公司负责。

航空公司原因导致的不正常航班：机务维护、航班调配、商务等所造成的航班不正常以及非航空公司原因引起的第五个航班以后的延误或取消。中国民用航空局规定，航空公司导致的航班延误或取消，航空公司有义务对旅客做出与延误时间相对应的赔偿和处理。

4.6.2 机场不正常航班运行指挥

当不正常航班出现时，通常会发生延误。大规模延误出现时，机场必须明确保障单位的职责和过程须遵循的原则，使各保障部门能够迅速、有效、协调统一地实施大面积航班延误保障工作，避免和减少旅客不必要的损失，保障航站楼正常的生产运营秩序。通常，各个机场的运行控制中心会将应急预案发布给各部门，并与空管部门以及各航空公司进行实时信息的沟通。

以下为机场不正常航班情况下的指挥预案。

（1）接运行指挥中心通知启动本预案，并通知部门值班领导、值班经理、现场督察。按《大面积航班延误信息通知检查表》内容通报相关保障单位，并了解每小时运行情况，协调解决各部门反映的问题。将收集的信息按照《大面积航班延误每小时信息通报》格式通知值班领导。

（2）使用现场监控轮巡，重点关注值机区、候机区、行李提取厅、进港大厅、安检现场等旅客区域。

（3）通知值班经理执行相关内容；通知现场督察执行督查任务。

（4）向运行指挥中心了解大面积航班延误的原因、持续时间，并在《航站楼值班日志》上做出详细记录。

（5）接地面服务公司通知，调整行李转盘用于航班取消旅客的行李提取。

（6）通知广告公司将楼内平面媒体电视播放内容调整为视频媒体应急保障内容；如需要播放航班延误信息、重要通知、机场宣传片等，由航站楼运行指挥中心提供视频文件或文字信息。

（7）通知餐饮公司启动或结束餐饮公司《大面积航班延误保障预案》。

（8）通知商贸公司启动或结束商贸公司《大面积航班延误保障预案》。

（9）启动预案 15 分钟后，将保障情况报告至机场运行指挥中心。

（10）协调现场保障问题，如遇有职权范围以外的问题及时通报值班经理，由值班经理就问题加以协调、处理解决。

可以看出，当大面积的不正常航班发生时，机场各部门需要有条不紊地采取行动，而应急预案的启动，给机场的管理带来巨大的压力，更使旅客的满意度降低，严重影响了机场甚至航空公司在旅客心中的形象。

习　　题

1. 航班计划的指定包括哪些步骤？

2. 请详细描述航班计划指定的甘特图。

3. 航班合并和取消的依据是什么？

4. AMOSS（Airport Management and Operation Support System）岗位的职责是什么？

5. 某日 A 航空公司一出港航班滑行时刹车抱死，无法移动，经其公司工程师研究无法实施拖拽，航空公司决定等调换好飞机后再组织下客。你认为此举妥否，为什么，并简述该类事件处置原则。

6. 航班投诉案例。

旅客投诉：

10 月 29 日严女士接 HO1251 上海至北京的航班，大约在 22 点到达二号航站楼一层的国内航班到港处，一直等到接完旅客大约 1 点，国内航班到港出口处上方的航班到港显示屏幕仍然没有显示 HO1251 次航班的任何信息，严女士因此致电投诉。

事件经过：

28 日 20:03　　数据发布平台收到华北空管局发送的 29 日 HO1251 航班计划（任务性质为"调机"），航班信息员将该计划进行发布，并将 AODB 中已发布的 HO1251 航班覆盖，任务性质被覆盖为"调机"。

28 日 20:37　　航班信息员执行"复制航班操作"，生成 30 日 HO1251 航班计划，内容与 29 日 HO1251 航班一致，任务性质为"调机"。

28 日 23:02　　航班信息员将 29 日 HO1251 航班任务性质由"调机"修改为"正班"。

29 日 10:32　　航班信息员按照 28 日夜班制作完毕的计划，发布 30 日跨夜航班计划。

请就上述案例，分析导致投诉的原因。

7. 关于 CA910 航班投诉的案例分析。

CA910 航班计划到港时间 07:00，接飞 CA1321 航班（计划出港时间 08:35，有正部级要客）。由于机场员工需要接 CA910 的旅客，故向机位分配员申请将 CA910 停靠国际近机位，由于联检单位不允许国内航班停放国际近机位，所以机位分配员安排 CA910 停靠近机位后，再拖至 555# 机位出港。但 555# 机位的 CA1351 航班未能按时推出，导致 CA1321 于 08:48 才拖至 555# 机位出港，造成航班延误以及旅客投诉。

请就上述案例，分析导致投诉的原因。

根据上述事件经过分析列出引发旅客投诉的误操作有哪些？

8. 航班投诉案例。

8 月 26 日，旅客接机前拨打问询电话，通过语音系统查询航班信息，语音系统告知旅客航班计划 22:15 到达机场，但旅客到达航站楼后咨询问询大使，得知 CZ6127 还未从大连起飞，27 日 00:00 以后多次拨打问询电话，均未查询到该航班的实际落地时间，直至 01:20 才得知该航班已于 23:54 落地，旅客对语音系统提供错误信息提出投诉。

事件经过：

26日CZ6127航班航线为大连—北京，大连计划起飞时间为20:50，计划到达北京时间为22:15，因大连天气原因未能按时起飞。

26日22:42，航班信息员发布CZ6127航班的"延误"信息。

26日22:53，数据发布平台接收并发布华北空管局发送的大连的实际起飞时间22:51，以及本站的预计到达时间23:48。

27日01:19，数据发布平台接收并发布华北空管局发送的CZ6127航班实际到达时间为23:54。

请分析指出上述事件经过中哪些环节操作不当，导致旅客未能及时获取航班信息。

9. 某航空公司案例。

某航空公司建立了自己的系统。该系统可以处理关于航线、班次、时刻、营销策略、运行控制、人员配置和其他资源的配置决策。

如何使公司的业务部门及时有效地访问决策所需要的信息，对于其做出正确的决策是很重要的。例如，商务部门可能需要信息来回答这些问题：旅客的旅行需求是什么？旅客预订的规律如何？每个航班的旅客数量、票价和收益如何？应该新开哪些航线？调整哪些航线？运行部门需要知道：航班运行问题的关键因素在哪里？航班应该如何调整？有多少机组可用？航班运行质量如何？

所有这些信息都出自一个权威性的来源。关键业务部门要能及时捕捉到市场的动态变化，并进行需求预测。

第5章 机场运行分配管理系统

5.1 概　述

机场资源管理的实质就是对机场各项资源调配使用的过程，机场资源既是机场赖以存在与发展的载体，也是机场加强管理、创造收益的基本要素。机场资源管理机构要充分利用已有资源，通过时间和空间上的合理调配，以及有效的市场营销工作，不断提高机场资源运行效率和效益，达到有形资产与无形资源的高度统一，塑造具有无限外延的价值品牌，进而提升机场的品牌价值，最终实现机场资源效用最大化。

5.2 停机位管理

5.2.1 概述

机位是机场地面运行的重要资源。航班完成过站服务及其他所需作业都必须使用机位。机位资源的分配计划不仅对航空公司、机场运行很重要，而且对接受服务的旅客都是十分重要的。然而，随着民航的飞速增长，有限的资源已经无法满足需求，特别是机位资源已经成为制约民航发展的瓶颈。

机场停机位指派（Airport Gate Assignment，AGA）是指，在考虑机型大小、停机位大小、航班时刻等因素的情况下，在一定时限范围内，由机场生产指挥中心为进港和离港航班指定适宜的登机口，保证航班正常不延误，为旅客上下航班提供登机门。

通常解决机位资源不足有以下两种方式：①新建或扩建机场。然而，这是一个资金消耗非常大的方式，还要占用大量的土地，并且对周围社会环境也有着极大的影响，是一个需要经过多方考察和审核的长期过程，而且无法从根本上解决机位资源不足问题。②通过科学合理的方法对现有的机位资源进行合理高效的分配来提高机场机位利用率。这种方式简单易行、投资少、风险小、见效快，目前大多数机场都采用此种方式。

机位分配可以分为两种：静态分配和动态分配。静态分配是指在考虑机型、停机位和航班时刻表等因素的情况下，在一定的时限范围内，由机场指挥中心为到港航班指定合适的机位，以保证航班正常，提高机场服务质量。动态分配是指在静态分配的基础上，当航班不正常需要调整机位时，通过调整短时间内的机位静态分配结果，来满足所有航班对机位的需求，即减少不正常航班的影响，尽快使整个机场的运行恢复到原计划状态。

5.2.2 停机位容量评估模型

航空器的机型可分为 A、B、C、D、E 类。某类型停机位只能为某几类飞机服务，即某一固定大小的停机位能够为所有小于该尺寸的飞机类型服务。

停机坪数学容量模型：

$$C = uFX = u\frac{G}{\sum_{i=1}^{n} p_i T_i} \min\left[\frac{\sum_{j=1}^{i} g_j}{\sum_{j=1}^{i} t_j}\right] = u\min\left[\frac{\sum_{j=1}^{i} G_j}{\sum_{j=1}^{i} p_j T_j}\right] \tag{5-1}$$

$$g_i = \frac{G_i}{G}; G = \sum_{i=1}^{n} G_i \tag{5-2}$$

$$t_i = \frac{p_i T_i}{\sum_{i=1}^{n} p_i T_i} \tag{5-3}$$

式中，C 为停机坪系统容量；u 为停机坪利用率；G_i 为第 i 类机位的数量；g_i 为第 i 类机位个数占所有机位个数的比例；t_i 为第 i 类飞机所需的机位时间占总机位需求时间的比例；F 为具有 G 个机位的系统的容量；T_i 为第 i 类飞机的停机位占用时间；X 为停机坪系统容量限制系数。

考虑停机位布局因素的影响，在容量定义中的"连续服务请求"假设了一架飞机离开停机位后，另一架飞机马上靠上停机位。这样登机门的利用率是 100%。然而在实际情况中停机位的整个布局必然存在约束。这使得在前机退出机位到后机进入机位这段时间，停机位空闲，从而造成系统容量的下降。这个空闲时间与停机坪的布局有关。在模型中引入一个停机坪利用率 u，$u \in (0,1)$。

$$u = \frac{E[S]}{E[T]} \tag{5-4}$$

式中，T 为相邻两次飞机占用停机位的时间间隔；S 为停机位服务时间。

对于某一类型的飞机，系统必须提供足够的停机位为之服务，式（5-1）中的 $\sum_{j=1}^{i} g_j \Big/ \sum_{j=1}^{i} t_i$

项的含义是第 i 类机位对整个系统容量的限制，因为大尺寸飞机设计的停机位可以为所有小于该尺寸的飞机服务，所以实际上能够为第 i 类飞机服务的停机位为 $\sum_{j=1}^{i} G_j$，它占整个停

机位数量的比例为 $\sum_{j=1}^{i} g_j$。1~i 类飞机所需的停机位时间占总停机位需求时间的比例为

$\sum_{j=1}^{i} t_j$。在假设停机位系统无空闲情况下，系统为机队提供的时间就等于时间段与停机位个

数的乘积。如果 $\sum_{j=1}^{i} g_i > \sum_{j=1}^{i} t_i$，表示第 i 类机位不会对整个系统的容量造成影响，因为对于

第 i 类飞机而言系统提供的停机位时间比第 i 类飞机所需的停机位时间要大，反之则表示该

类停机位对整个停机位系统造成约束，其重要程度用 $\sum_{j=1}^{i} g_j \Big/ \sum_{j=1}^{i} t_i$ 衡量。

结构设计的任务是定义包（子系统），包括包之间的依赖性和主要通信机制。由于系统相对简单，可以直接定义功能模块。所以，按照逻辑功能将系统划分成以下功能模块。

（1）机位基本信息维护模块。对机场现有机位编号、指定别名、标注大小类别、机位属性及确定停用标记，提供分配航班合适机位的判别依据，对机位基础信息记录执行删除、增加和编辑的功能。

（2）航班停机位分配模块。首先获取国际航班配对信息，按进港预计时间排序，先到先分，优先分配指定近机位；接着获取国内航班配对信息，按预计时间排序，先到先分，通过机号信息中的机型标记，读取指定机型的可分机位信息，按机位不重叠安排条件，在航班可分机位中由前向后，逐个与已分配机位航班的进港时间和离港时间比较，判断能否安排到配对航班，能安排则将机位编号赋值，若所有可分机位均不能安排该配对航班，则弹出强制分配信息，待人工强制指定机位。

（3）机位分配修改模块。对已经分配机位的航班提供修改机位号的功能。

（4）航班安全检测模块。航班飞机除了自动分配是按规则分配机位，人工调整特别是强制分配、飞机延误或修改机号均有可能破坏飞机占用的安全间隔及机位机型相适规则，因此必须对机位分配进行定时检测：①检查所有机位的间隔时间是否符合安全，如不符合，则报警提示；②检查已安排机位的飞机空间间隔是否安全，如不安全，则报警提示。

5.2.3　停机位分配工作流程

各个机场的停机位分配工作流程都是大同小异，总体上变化不会太大。根据《机场停机位分配手册》，机场停机位分配时间的要求以及工作流程如下。

1. 停机位提前发布的时间要求

根据《机场停机位分配手册》规定，航班在停机位分配的过程中，应该将停机位的分配情况提前予以告知。

2. 航班入位等待规定及通报规定

航班着陆后在停机位外等待时，等待时间原则上不得超过 10 分钟，若航空公司停机位分配人员根据实际情况，愿意延长等待时间，须将等待入位航班的航班号告知机场航显信息员。

3. 停机位变更次数的限定

在天气良好、航班运行正常的条件下，航班停机位更改次数不得超过两次。

4. 特殊要求航班、要客航班停机位变更原则

对于停放在航空公司特许停机位，且对停放有特殊要求的航班和要客航班，其停机位由机场停机位管理部门指定并将此类航班锁定，航空公司停机位分配人员不得随意更改此类航班的停机位、登机口信息。对于停放在航空公司特许停机位的有特殊要求的航班和要客航班，航空公司停机位分配人员必须保证上述航班与其同一停机位相邻航班的时间间隔在 30 分钟以上。

5. 航空器故障或其他特殊情况下的停机位拖拽

由于航空器故障或其他特殊情况造成航班需要拖至特许停机位外，航空公司停机位分配人员须将相关信息及时告知机场停机位管理部门相关负责人员，由其决定航空器具体停放位置。

6. 特殊情况下的特许停机位统一分配

在航班出现大面积延误，无法有序起降的情况下，机场停机位管理部门有权对特许停机位进行资源控制；遇到航空器非法干扰等突发事件，机场停机位管理部门有权根据需要收回特许停机位分配的权限或为航班指定停机位；特许停机位资源尚未饱和的条件下，机场停机位管理部门有权根据需要安排其他航空公司日间过站及过夜航班停放在特许停机位，机场停机位分配人员若安排其他航班停放在特许停机位内，须提前与航空公司停机位分配人员协调，取得同意后方可使用。

7. 当日航班停机位预分配工作流程

（1）当停机位分配系统做出当日航班计划后，首先由机场停机位分配人员对该计划中不完整、不准确的航班信息进行处理。

（2）机场停机位分配人员根据专机、有特殊要求航班、本场施工等信息，对相应航班停机位进行强制关闭，机场停机位分配人员负责航班要客信息的设置；航空公司停机位分配人员不得对其特许停机位内的上述强制操作和航班要客信息进行干预与更改。航空公司停机位分配人员得到机场停机位分配人员通知后，方可进行航班停机位强制分配和人工调整。

（3）机场和航空公司停机位分配人员根据在本场过夜航班的停放位置及次日出港航班性质、出港航班时刻及其他需要关注信息，对此类航班的停机位进行人工管理，对于机场停机位分配人员在系统中手工添加带"*"标志的要客航班，如无特殊要求，航空公司停机位分配人员须保证此类航班停放到近机位。

（4）每日00：00后首先由航空公司停机位分配人员发布其强制的停机位，发布完毕后，航空公司停机位分配人员须通知机场停机位分配人员，由其发布其余航班停机位信息。

（5）航空公司停机位分配人员对航班停机位进行强制发布和人工调整后，须告知机场停机位分配人员，由其负责所有未被强制航班停机位的自动分配操作，机场停机位分配人员未取得航空公司允许，不得提前进行航班停机位的自动分配操作。

（6）机场和航空公司停机位分配人员对分配结果进行人工调整，航空公司特许停机位资源紧张或其他原因无法停放在特许停机位内的航班，需要使用特许外停机位时，航空公司停机位分配人员须将此类航班拖入停机位分配系统"临时机位"窗口，并通知机场停机位分配人员，由其负责安排此类航班停机位。

5.2.4 停机位分配系统的影响因素

停机位特性与航班特性组合起来，再加上实际作业过程中突发事件的处理机制，以及航空地面安全要求等因素构成了停机位分配的约束条件。建立起约束条件和决策变量之间的关系，就构造出了约束函数。通常考虑的约束条件包括以下内容。

1）空间约束

空间约束主要是指停机位容量与拟分配航班机型之间的约束关系。这类约束主要有匹配约束和通道约束。

（1）匹配约束：任何停机位只能停放其允许最大机型及其以下机型的航班。

（2）通道约束：停放在同一区域或者相近区域的不同航班在进入/离开停机位的滑行道

上不应发生冲突。

2）时间约束

时间约束指停机位分配系统中与实践相关的约束。这类约束主要包括独占性约束和邻接约束。

（1）独占性约束：同一停机位在任何时刻最多只能停放一架飞机。

（2）邻接约束：停靠在同一停机位上的时间上相邻接的两个航班，航班拖入停机位必须在其前行航班离开后。

5.2.5　停机位分配模型

1．静态分配模型

静态分配又称预分配或者预指派，包括两方面的内容：一个是从几周或几个月的角度出发，考虑机场的机位资源能满足什么样的航班计划，从而确定航班计划；另一个是当航班计划确定以后，如何安排一日内航班停靠的机位。目前，常用的静态分配指标有以下几个。

（1）以旅客服务质量为目标。这种分配目标通常是以旅客的步行距离最短为目标来优化机位分配，通过减少旅客步行的时间到达提高服务质量的目的。例如，1984 Babic 等建立了以出港旅客和到港旅客的总步行距离最短为优化目标的机位分配模型。

（2）多种目标相结合的机位策略。这种目标通常是考虑机位分配中的各种约束以及机场运行的实际情况，是一种比较符合实际情况的机位分配策略。2006 年王力提出了以旅客登转机时间、机型与停机位类型匹配为优化目标，同时考虑航班性质、航班数量与密度、停机时间的多目标停机位分配。2008 年，孔佳玉建立了旅客步行距离最短和机位空闲均衡的多目标机位分配模型。

（3）以机位运行效率为目标。这种目标通常是以航班等待延误时间和机位使用空闲时间均衡性为优化目标，建立机位分配模型。例如，2008 年戴顺南建立了以航班等待延误时间和机位使用空闲时间均衡为目标的机位分配模型。

（4）以降低成本为目标。这种目标通常是以降低飞机滑行油耗为优化目标，通过尽可能降低飞机从跑道口滑行到机位的油耗来降低成本。例如，2010 年熊杰以机位滑行油耗最低为目标建立了机位分配模型，对机位分配进行了优化。

（5）抽象为其他模型。这种分配策略通常是将机位分配问题抽象为其他数学模型进行优化。例如，2004 年文军等将机位分配抽象成为排序问题，采用"先到先服务"规则通过标号算法进行求解，通过模型优化提高了机位占用效率。

2．现有模型

现有的机位分配模型的差异主要体现在优化目标上，按优化目标的不同，主要可以分为以下四个方面。

1）把旅客转机所走过的路程总和最小化作为机位分配模型优化的目标

通常建立的模型目标函数为

$$f_1 = \min \sum_{i,j \in n} \sum_{k,l \in m} f_{ij} C_{kl} y_{ik} y_{jl} \tag{5-5}$$

式中，有 n 个航班，m 个停机位；f_{ij} 为从进港航班 i 到出港航班 j 的旅客流量；y_{ik} 为航班 i 被分配到停机位 k；y_{jl} 为航班 j 被分配到停机位 l；C_{kl} 为旅客从进港停机位 k 到出港停机位 l 所转移的距离，则旅客从进港航班 i 到出港航班 j 所移动的距离总量为 $f_{ij} \times C_{kl}$。

2）把机位使用空闲时间间隔的均衡性作为机位分配模型优化的目标

通常建立的模型目标函数为

$$f_2 = \min \sum_{i \in n} \sum_{j \in m} S_{ij}^2 \tag{5-6}$$

式中，有 n 个航班，m 个停机位；$S=0$ 时表示第 j 个机位开始启用时的空闲时间；$i=n+1$ 表示第 j 个机位结束使用时的空闲时间；S_{ij} 为机位使用时的空闲时间。

3）把航班等待延误时间最小化作为机位分配模型优化的目标

通常建立的模型目标函数为

$$f_3 = \sum_{i \in n} \sum_{j \in m} (R_{ij} - E_{ij}) \tag{5-7}$$

式中，有 n 个航班，m 个停机位；R_{ij} 为航班实际到达机位的时间；E_{ij} 为航班计划到达机位的时间。

4）把飞机滑行耗油量最少化作为机位分配模型优化的目标

通常建立的模型目标函数为

$$\min \sum_{i \in N \backslash 0} \sum_{k \in M \backslash 0} \sum_{d \in R} \left(\frac{h_{ak} z_{ia} y_{ik} + q_{kd} z_{id} y_{ik}}{v} \right) \cos t_i \tag{5-8}$$

式中，有 N 个航班，包括一个虚拟航班；M 个停机位，包括一个虚拟机位；$\cos t_i$ 为第 i 个航班所对应航班类型每分钟的耗油量；h_{ak} 为进港航班从降落跑道 a 到机位 k 滑行的距离；z_{ia} 为 0 或者 1 的决策变量，如果航班 i 从跑道 a 降落或起飞，为 1，否则为 0；y_{ik} 为 0 或者 1 的决策变量，如果第 i 个航班停放在第 k 个机位上，为 1，否则为 0；q_{kd} 为离港航班从机位 k 后到起飞跑道 d 的滑行距离。

5.2.6　停机位分配系统功能和岗位

1. 停机位分配系统功能要求

（1）操作权限的设置，提供合法用户对机位信息的查询、增加、删除、修改、打印操作。

（2）操作权限的设置，提供合法用户对机位停放约束信息的查询、增加、删除、修改、打印操作。

（3）按照设定的规则自动为航班分配合法的机位，机位的自动分配实现实时分配，根据当前机位资源状况和分配原则提供机位资源利用率最大化的分配模式。分配原则可以涵盖航班参数、飞机参数、机位参数、保障参数、航空公司参数、特服参数等不同的要求，实现分配原则的优先级管理，各种分配原则可根据需要组合。

（4）操作权限的设置，提供合法用户按照规定对特定航班停放的机位进行人工调整。

（5）设定的规则自动检查航班停放机位的合法性，实时发布机位占用冲突警告。

（6）机场管理要求对机位使用量进行统计。

（7）操作权限的设置，提供合法用户对机位分配情况、机位使用情况和机位使用量统计信息的查询、打印操作。

2. 机位分配原则

（1）设立一些固定的分配机位：国航专属机位、中转机位、要客机位等。

（2）旅客第一，优先保证所有符合要求的飞机上桥。

（3）正常航班优于非正常航班、过站航班优于出港航班、出港航班优于进港航班、固定机位优于非固定机位。

（4）过夜航班是否下桥取决于次日是否执行早班计划，否则拖车进机库。

（5）飞机停留时间越长，保障越充分。

（6）普通航班降落后如果预先设立好的机位无法使用，须在 10 分钟内重新安排机位，要客飞机须在 5 分钟内重新安排机位。

（7）可以通过电子大屏幕上的高空雷达预判下一个使用本机位的航班需要多长时间到达，以此为根据判断是否需要对机位进行调整。

在机位分配过程中还是要根据实际情况来作为机位分配的依据，不可以完全按照硬性的规定。

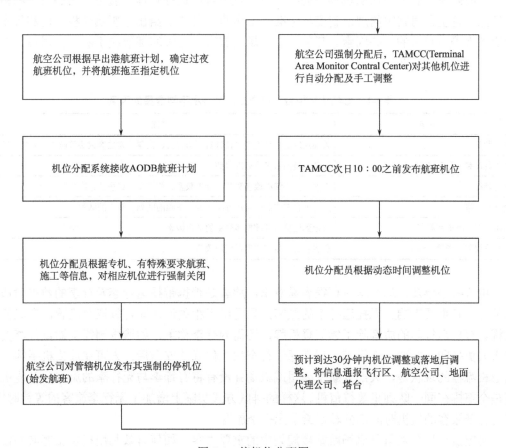

图 5-1　停机位分配图

3. 机位分配的能力要求

（1）能识别机型代码。

（2）能辨识航班类型及性质。

（3）能按既定分配规则安排机位。

4. 停机位分配的流程（图 5-1）

5.3　值机柜台管理

5.3.1　概述

值机是民航旅客地面服务的一个重要组成部分。旅客携带有效证件到达机场后到值机柜台换取登机牌并托运行李，这个过程就是值机。值机业务的内容包括办理乘机手续、接收托运行李、运输凭证的识别与管理、飞机的接送、业务电报的拍发。机场的值机工作包括始发站的值机工作、经停站的值机工作以及到达站的值机工作。值机是确保旅客服务质量和飞行安全的首要环节。本书将主要关注办理乘机手续和接收托运行李部分。

一般来说，航空公司从机场当局处租赁值机柜台并进行管理。航空公司的员工和柜台是按照各航空公司制定的规章制度与标准来工作的。表 5-1 给出了影响值机柜台和行李交运服务水平与容量的一些因素。任何一个机场的旅客处理时间都取决于航空公司员工的经验、航空市场、旅客特征及航空公司运行政策。

表 5-1　影响值机柜台和行李交运服务水平与容量的因素

因素	描述
柜台数量和类型	处理速度是柜台类型（仅针对行李检查、购票、常旅客或头等舱旅客）的函数
值机程序和人员配备	配备人员的数量及处理时间
旅客特征	提前办完手续的旅客数量、行李数量、旅客抵达机场的分布情况
空间和构型	到达柜台前排队的可用等待区域、单独的队列、集中的队列
航班类型、时刻和载荷	决定到达值机区域旅客数量的基本因素
租赁协议和机场管理惯例	租赁协议中规定的柜台使用政策

由值机办票及托运行李流程很容易看出，旅客是否携带托运行李及行李的数量对值机服务时间有重要影响。无托运行李的旅客，只需出示相关证件即可领取登机牌，完成值机过程。有托运行李的旅客除了领取登机牌，还需为行李称重，如逾重则需交逾重行李费，值机人员打印、粘贴行李标签，行李通过行李扫描仪确认安全后，方可完成值机手续。机场值机流程的现状是，大部分航空公司或机场并没有将有行李与无行李的旅客分开值机，而是全部排在同一队列里等待值机。这样的排队方式实际上增加了无行李旅客的等待时间，将有行李旅客的值机时间部分转嫁给了无行李旅客。

确定值机柜台数量是机场航站楼规划中的重要内容，如何有效利用机场旅客航站楼的值机柜台资源已是机场管理者和航空公司面临的一大问题。航站楼容量不足和资源设备如值机柜台使用效率低，已成为航站楼内旅客拥挤和延误的主要影响因素之一。但是，此类延误和拥挤可以通过提高值机柜台运行效率得到缓解，因此急需要找到一种快速、有效、优化使用柜台的方法，实现资源利用最大化。

　　然而，值机柜台分配问题与传统资源分配问题有很大区别，值机柜台分配问题的资源需求总量一开始是不确定的。旅客值机过程具有随机性，又由于每个航班旅客人数不同，值机柜台的需求数量也随时间变化。其他因素如同一天的不同时段、一周内的不同天、航班目的地等都会影响资源分配数量。基于这样的复杂性，用人工来实际准确预测一天的资源需求是不可能实现的。

　　目前，值机柜台分配由人工根据以往经验和简单的启发式方法完成。这种方法最大的缺点是它依赖于航空公司提出的资源需求和分配人员的技能水平及经验。然而，航空公司会尽可能要求比实际需求更多的柜台来为旅客提供更好的服务，建立更好的企业形象。不幸的是，繁忙机场目前已经过分拥挤，应当充分利用柜台资源。另外对于工作人员来说，没有智能仿真工具作辅助很难判断航空公司提出的需求是否合理。

5.3.2　值机分配模型

　　对于值机柜台数目的确定一般有两种方法。一种是 IATA 建议方法，另一种是运用排队论知识推导得出的计算方法。

　　1. IATA 建议方法

　　（1）计算高峰半小时内需要提供值机服务的旅客需求 X；可由两种方法求得。

　　方法一：由航班计划时刻表和值机柜台旅客到达分布求得。

　　方法二：当航班计划时刻表和值机柜台旅客到达分布不可获得时，经济舱旅客需求量

$$X = PHP \times F_1 \times F_2$$

式中，PHP 为高峰小时经济舱出发旅客数；F_1 为高峰半小时旅客数占高峰效率旅客数比例；F_2 为高峰半小时前后出发航班产生的额外值机需求。其中 F_1，F_2 数值可查表获得。

　　（2）根据 X 和允许最长排队时间（Maximum Queue Time, MQT）查图，得到标准曲线下 X 对应的值机柜台数的参考值 S（值机时间 2 分钟）所需要的柜台数。

　　（3）计算经济舱的开放式值机（时间开放、柜台开放）柜台数：

$$CIY = S \times TP/120$$

式中，TP 为实际平均值机服务时间（单位为秒）。

　　（4）计算值机柜台总数量（经济舱+商务舱旅客）：

$$CI = CIY + CIJ$$

式中，$CIJ = 0.2 \times CIY$，表示公务舱需要的值机柜台数一般不超过经济舱的 20%。

　　2. 排队论方法

　　对于民用机场航站楼值机问题，首先考虑如何在满足某个服务指标的前提下，确定合理分配给每个航班的值机柜台数。

　　根据 $M/M/1/\infty$ 排队系统公式，如果旅客到达率为 λ 人/分钟，每柜台值机服务率为 μ 人/分钟，开放值机柜台数为 k，则单位时间值机系统的最大容量，等于单位时间值机系统中的最大旅客人数，如下所示：

$$C_{值机} = k\left(\sum_{j=1}^{m} P_j \sum_{i=0}^{n} \rho_i \mu_{ij} - \frac{1}{\overline{W}}\right) \tag{5-9}$$

式中，$C_{值机}$ 为单位时间值机系统的最大容量，即单位时间值机系统的最大旅客人数；ρ_i 为有 i 件行李的旅客所占的比例，$i=0,1,\cdots,n$，通常 $n \leqslant 4$；P_j 为不同类型的旅客所占的比例，$j=1,2,\cdots,m$，通常 $m \leqslant 4$，当 $j=1$ 时，为国内短途旅客，当 $j=2$ 时，为国内长途旅客，当 $j=3$ 时，为国际短途旅客，当 $j=4$ 时，为国际长途旅客；μ_{ij} 为 j 类型的旅客有 i 件行李所需的服务率，它服从正态分布 $N \sim (\mu, \sigma^2)$。

通过对样本进行统计，并利用最大似然估计法（Maximum Likelihood Estimate）估算出总体的均值 $\mu = \hat{\mu} = \frac{1}{n}\sum_{i=1}^{n} x_i = \overline{x}$ 和方差 $\sigma = \hat{\sigma}^2 = \frac{1}{n}\sum_{i=1}^{n}(x_i - \overline{x})^2 = s_n^2$，然后对估计的优良性做无偏性的验证得出 $\overline{x}$ 是 μ 的无偏估计，s_n^2 不是 σ^2 的无偏估计，进而对 σ^2 进行方差修正得出其无偏估计为 $S^2 = \frac{n}{n-1}S_n^2 = \frac{1}{n-1}\sum_{i=1}^{n}(x_i - \overline{x})^2$；

$\overline{W}$ 为旅客平均用时，通常依据《民用机场服务质量标准》的规定，I 类机场陆侧旅客最大排队等待值机时间国内为 14 分钟，国际为 12 分钟。

根据单位时间值机系统的最大容量 $C_{值机}$、航班平均座位数 $\overline{s}$ 和航班平均上座率 $\overline{r}$ 可以得出单位时间最大航班架次数 N，如下所示：

$$N = \frac{C_{值机}}{65\% \cdot \overline{s} \cdot \overline{r}} \tag{5-10}$$

有三个方面受开放时间规则的直接影响。

（1）行李分拣厅的人员安排。因为目前国内多数机场还是分工分拣行李，某航班一旦开始值机，行李厅就必须安排人力进行行李分拣，即使行李很少也要安排，这样必然浪费人力。

（2）可能造成候机厅座位紧张。因为如果值机开放时间早，一个候机厅可能坐有若干个航班的旅客。

（3）对登机门和停机位指派要求高。因为值机时就已经制定了登机口号，所以也制定了飞机的停机位。如果值机时间开放得早，就需要对航班到港时间做出准确预测，否则难以做到准确指派登机口和停机位，这将造成登机口的更换，引起旅客不满。

根据中国民用航空局规定，值机在航班起飞前半小时关闭。但在起飞前 15 分钟，航空公司一般会安排主任柜台为个别迟到旅客办理值机手续。这样做可以让个别迟到旅客也能赶上飞机，使旅客更满意。但产生的问题如下。

（1）可能由于安检等原因，旅客不能按时赶到登机口登机，将造成航班延误。

（2）如果迟到旅客还有行李托运，则该旅客的行李需要传送到行李厅，分拣后再装在行李车上，运至停机坪时已造成航班延误。

5.3.3　值机分配系统功能和岗位

值机分配系统的主要功能如下。

（1）值机柜台信息维护。给国际厅柜台编号，给国内厅柜台编号并按序指定管理部门，确定停用标志，设置值机有关时段信息，删除、增加和编辑柜台信息的功能。

（2）航班值机柜台分配。获取航班信息（离港航班信息），对外部系统所提供的离港航班，区别国际、国内航班，按航班所属公司管理部门，自动实现航班的值机柜台号分配及值机时间的确定功能。

（3）航班值机柜台分配修改。实现对航班值机柜台的自动分配、柜台调整、柜台拆分或合并，以及值机时间的人工修改等功能。

根据值机分配的系统，结合机场运行的实际要求，值机岗位分配的岗位要求如下：

（1）能够合理管理值机柜台信息；

（2）能够对值机柜台分配进行修改；

（3）能按既定分配规则安排值机柜台。

5.4　行李转盘管理

5.4.1　概述

旅客下机后进入行李认领大厅提取自己的行李，是到达旅客流程的重要环节之一。这个环节处理好对于航空公司和机场都有着重要意义。对于航空公司，行李提取是航空公司提供给旅客服务的最后一个环节；对于机场，旅客能否顺利快速提取行李将直接影响行李转盘的使用效率，并且行李提取时，旅客是否拥挤直接影响到服务质量。在繁忙机场，行李转盘是稀缺资源，它的科学指派不但影响它的生产效率，而且影响它的使用均衡性，进而影响机场的服务质量，所以研究行李转盘指派问题具有重要的实际意义。

在机场的运行过程中，需要根据运行日的实际到港航班时刻表进行行李转盘的指派。理论上，同一时间行李转盘的指派有以下四种模式：

（1）一个行李转盘服务一个航班；

（2）一个行李转盘服务多个航班；

（3）多个行李转盘服务一个航班；

（4）多个行李转盘服务多个航班。

第一种和第二种模式应用较多，第三种和第四种指派模式会让旅客，尤其是无同伴旅客产生困惑和不安感。因为此种情况下，旅客不能确知其行李会出现在哪一个转盘上，在选择等待转盘时不知所措，甚至可能需要来回于不同的转盘间寻找行李，造成行李提取区域的无序和拥堵。

一般来说，对于大型国际机场，行李量较多的国际航班采取第一种指派模式，行李量较少的国内航班在高峰时段采取第二种模式。

5.4.2　分配模型

1. 静态行李提取模型

在当前航站楼规划设计中，行李转盘设计常采用的方法是：首先把需求座位数转化为标准航班数目（如果以 100 个座位为一个标准航班，则一架拥有 x 个座位的飞机可以等价

为 $x/100$ 个标准航班），并且考虑到达旅客中中转旅客的比例，然后可用式（5-11）近似计算行李转盘面向旅客的长度：

$$L = 30M + 1.3p - 88 \tag{5-11}$$

式中，L 为面向旅客的转盘长度；M 为高峰时刻 20 分钟内的标准航班数目；p 为本地到达旅客所占的比例。

式（5-11）是一个经验公式，可以用于设计行李认领区行李转盘面向旅客的长度。但该式不能清楚地反映以下重要因素对行李认领区运行的影响：航班计划、客座率、机型大小、行李转盘的数量与每位旅客携带行李件数。

以机型为例，如果高峰时段的到达航班以大型客机为主，那么设计数量较少的大行李转盘将优于数量较多的小行李转盘（行李转盘总长度相等）。因为如果大型飞机使用小行李转盘，大量旅客将拥挤在短的传送带前，造成旅客离港流程的不顺畅，从而影响旅客服务质量。相反，如果为小型飞机设计大型行李转盘，那么或者造成转盘资源的浪费，或者许多小型飞机共享一条行李转盘，降低了旅客服务水平。此外，式（5-11）还忽略了一些其他影响因素，包括传送带运转一圈的时间与传送带可以放置的行李数目。

2. 多航班多行李问题的建模

假设同一条行李转盘在某时间段 t 内处理了 k 个航班，并且同一时间行李转盘可以服务多个航班，则已到达行李转盘的旅客占航班旅客总量的比例为

$$A(t) = \sum_{i=1}^{k} \frac{P_i A_i(t)}{\sum_{i=1}^{k} P_i} \tag{5-12}$$

式中，P_i 为第 i 个航班的旅客总数；$A_i(t)$ 为第 i 个航班在 t 时刻累计到达行李转盘的旅客数占该航班有行李旅客总量的比例。

行李到达的累计量占总量的比例为

$$B(t) = \sum_{i=1}^{k} \frac{X_i B_i(t)}{\sum_{i=1}^{k} X_i} \tag{5-13}$$

式中，X_i 为第 i 个航班的行李总数；$B_i(t)$ 为第 i 个航班在 t 时刻累计到达行李转盘的行李数占该航班行李总数的比例。

5.4.3 行李转盘系统功能和岗位

行李转盘系统的主要功能包括以下内容。

（1）行李转盘基本信息维护。区别国际、国内进港航班，指定国际转盘；国内航班按管理部门（集团）区分航班指定转盘；可增加、修改及删除一个转盘预定信息的功能。

（2）行李转盘分配。获取进港航班信息，可一次性自动分配所有进港航班的转盘占用号。

（3）行李转盘分配修改。对已分配的行李转盘号、行李提取预计实际结束时间作出必要的修改。

根据行李转盘系统，结合机场运行实践，行李转盘运行管理的岗位要求如下。

（1）能分配行李转盘。

（2）能根据机位变化、流程变化和设备状况调整行李转盘的分配方案。

5.5　安　检　管　理

5.5.1　概述

经分析安检口旅客到达为参数 $\lambda(\lambda > 0)$ 的泊松分布，即相继到达的间隔时间序列 $\{\tau_n, n \geqslant 1\}$ 独立，服从相同参数 λ 的负指数分布 $F(t) = 1 - e^{-\lambda t}(t \geqslant 0)$，旅客所需的服务时间序列 $\{\chi_n, n \geqslant 1\}$ 独立，服从相同参数 $\mu(\mu > 0)$ 的负指数分布 $G(t) = 1 - e^{-\mu t}(t \geqslant 0)$；系统中有 k 个安检口独立地并行服务，每个安检通道视为一个独立的 $M/M/1/\infty$ 排队系统。通过计算单位时间安检系统可以服务的人次，结合飞机平均载客量，可以得到安检系统约束下的机场容量。

根据《民用机场服务质量标准（Q/CAH001—2005）》，安检厅人均面积要求 1.4 米 ^{2}/人，限制安检系统服务能力，并根据该数据对容量计算值进行筛选。

5.5.2　安检容量理论评估模型

根据 $M/M/1/\infty$ 排队系统公式，如果旅客到达率为 λ 人/分钟，每柜台安检服务率为 μ 人/分钟，开放安检口数是 k_l，那么单位时间安检系统的最大容量，等于单位时间安检系统中的最大旅客人数，如下所示：

$$C_{安检} = \sum_{l=1}^{2} k_l \cdot \left(\sum_{j=1}^{m} p_j \sum_{i=1}^{n} \rho_i \mu_{ij} - \frac{1}{\overline{W}} \right) \tag{5-14}$$

式中，$C_{安检}$ 为单位时间安检系统的最大容量，即单位时间安检系统的最大旅客人数；k_l 为开放安检口数，当 $l=1$ 时，表示普通安检口数，当 $l=2$ 时，表示 VIP 安检口数；ρ_i 为有 i 件行李的旅客所占的比例，$i = 1, 2, \cdots, n$，通常 $n \leqslant 4$；p_j 为不同类型的旅客所占的比例，$j = 1, 2, \cdots, m$，通常 $m \leqslant 4$；当 $j=1$ 时，为国内短途旅客，当 $j=2$ 时，为国内长途旅客，当 $j=3$ 时，为国际短途旅客，当 $j=4$ 时，为国际长途旅客；μ_{ij} 为 j 类型的旅客有 i 件行李所需的服务率，它服从正态分布 $N \sim (\mu, \sigma^2)$。

通过对样本进行统计，并利用最大似然估计法可以估算出总体的均值 $\mu = \hat{\mu} = \frac{1}{n} \sum_{i=1}^{n} x_i = \overline{x}$ 和方差 $\sigma = \hat{\sigma}^2 = \frac{1}{n} \sum_{i=1}^{n} (x_i - \overline{x})^2 = s_n^2$，然后对估计的优良性做无偏性的验证得出 $\overline{x}$ 是 μ 的无偏估计，s_n^2 不是 σ^2 的无偏估计，进而对 σ^2 进行方差修正得出其无偏估计为 $S^2 = \frac{n}{n-1} S_n^2 = \frac{1}{n-1} \sum_{i=1}^{n} (x_i - \overline{x})^2$。

$\overline{W}$ 为旅客平均用时，通常依据《民用机场服务质量标准》机场航站楼服务标准的规定，I 类机场旅客最大排队等待时间中，安检队列的最大等待时间国内为 12 分钟，国际为 10 分钟。

根据单位时间安检系统的最大容量 $C_{安检}$、航班平均座位数 $\overline{s}$ 和航班平均上座率 $\overline{r}$ 可以得出单位时间最大航班架次数 N ，如下所示：

$$N = \frac{C_{安检}}{65\% \cdot \overline{s} \cdot \overline{r}}$$ （5-15）

5.5.3 安检系统功能和岗位

安全检查信息管理系统（Security Screening Information Management System）由计算机及其相关的和配套的设备、设施（含网络）构成，是具有对旅客安全检查信息、行李图像及安全检查现场视频、音频资料等信息进行采集、存储、传输和检索等处理功能的系统。

安全检查信息管理系统应采集以下旅客信息：

（1）旅客航班信息，如航班号、座位号、目的地；

（2）旅客有效身份证件信息，如姓名、证件号码；

（3）旅客特征，如旅客静态面部图像；

（4）旅客属性，如正常、延误、复检、查控、危险度；

（5）安全检查时间和安全检查位置。

通过连接民航离港系统、订座系统，信息管理系统可采集以下信息：旅客中文姓名、证件号、性别、国籍、订座号、订票信息、同行人数、办理登机牌时间、办理柜台号、交运行李件数/质量等。

1. 旅客行李 X 射线图像采集

信息管理系统应能采集 X 射线机输出的被检物品图像，并记录行李图像创建时间（精确到秒）、行李尺寸。

2. 视频、音频监控及信息采集

信息管理系统应能实时监控安全检查现场的动态情况，并能按规定的标识采集旅客通过安全检查及在安全检查过程中主要活动的视频、音频信息，包括经过安全门、开包、人身检查的现场全景视频、音频，并支持网络视频、音频重放。

机场安检员最主要的工作如下。

（1）在乘坐飞机的旅客上机前进行"搜身"检查和行李过机检查，检查旅客身上、随身物品是否有民航规定的违禁物品，起到安全把关的作用。

（2）当然，还有一些安检员可能会派到机场重要的道口、出入口对出入飞行禁区人员进行身份和安全检查。也有一些安检员在机场禁区内巡查。

（3）要能够识别爆炸物：炸弹的组成及其隐藏的方法；辨认武器：识别各类武器及其隐藏方法；X 射线的原理；X 射线的优点及其局限；行李检查：培养行李检查的技巧；搜身的技巧：如何搜身及磁力金属探测议的使用；设备的使用及维护：X 射线扫描仪和磁力金属探测仪的使用及日常维护；新技术的应用：CT（Computed Tomography）扫描气味跟踪探测波动扫描测试、体内扫描；安检的方法：各种类型的扫描法；通道口的管理：身份验证通道、身份证件及其使用；飞机的防卫：停机坪上的飞机面临的威胁；对飞机的安全检查：确保飞机无爆炸物品的方法；对货物的安全检查：确保货运安全应急措施、如何处理炸弹及其他紧急情况。

5.6　候机楼容量管理

静态排队系统要求到达率和服务率在平均意义上是不随时间变化的常数。而在候机厅的实际运行过程中，旅客登机服务是成批的。服务率是随时间变化的，它与各航班的登机时间以及该航班的旅客数有关，这就需要运用动态排队系统进行分析。通过计算单位时间候机厅系统可以服务的人次，结合飞机平均载客量，可以得到候机厅系统约束下的机场容量。

根据《民用机场服务质量标准》，候机厅服务标准如下：一是根据大厅面积，高峰时人均面积为 1 平方米；二是根据候机厅座位满占率，标准规定满占率为 70%，限制候机厅系统服务能力，并根据该数据对容量计算值进行筛选。

在旅客到达率不变，服务率变化的情况下队列长度的变化如图 5-2 所示。

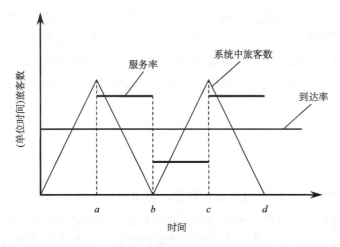

图 5-2　服务率变化引起排队长度的变化

从图 5-2 可以看出，在时刻 *a* 之前，没有服务率，只有到达率，这是因为服务柜台还没有开放，只有旅客相继到达；接下来在 *a* 时刻，服务率>到达率，即登机口开始办理登机服务，在时间区间[*a,b*]上，队列长度逐渐缩短；直到 *b* 时刻，服务率<到达率，此时在时间区间[*b,c*]上，队列的长度又逐渐增加，之后又因服务率恢复到高水平，队列长度又逐渐缩短直至时刻 *d*。

旅客候机厅内最大等待的旅客数即该系统所允许的最大队列长度，最大队列长度有两种最大服务量评估方法。

1. 基于大厅面积的最大服务量评估

根据候机厅的面积和候机厅最满时旅客的人均面积标准建立候机厅的最大服务量：

$$\max F = \frac{S}{V} \tag{5-16}$$

式中，*S* 为候机厅面积；*V* 为候机厅内人均面积标准。

这里候机厅的面积又分为座位区的面积和非座位区的面积；面积标准又分为坐着的旅

客的面积标准和站着的旅客（旅客首选坐着）的面积标准。这些标准可以参照《民用机场服务质量》中机场航站楼服务标准的规定。

2. 基于大厅内座位数的最大服务量评估

根据候机厅内座位区所占的面积和坐着的旅客人均面积标准建立候机厅的最大服务量：

$$\max F = \frac{S_z}{V_z} \tag{5-17}$$

式中，S_z 为候机厅座位区面积；V_z 为候机厅内座位区人均面积标准。

根据动态排队系统理论以及累积曲线模型，如果旅客到达率为 λ 人/分钟，每个登机口服务率为 μ 人/分钟，开放登机口数为 k，则累计到达的旅客数为 λt_i^B，累计服务的旅客数为 $\sum_{i=1}^{n}(\sum_{j}^{k}\mu_{ij})(t_i^E - t_i^B)$，累计到达的旅客数与累计服务的旅客数之间的差值为在候机厅中等待的旅客数，其最大值不能超过候机厅的最大服务量 $\max F$。根据航班时刻表可以得出服务率 μ 的取值，根据前面介绍的两种评估方法可以得出 $\max F$ 的取值，这样就可以得出单位时间下的一组旅客到达率 λ_t，在满足方程组的情况下要求取其交集即最小值，则候机厅单位时间的最大容量，等于登机口系统中单位时间的排队旅客人数，如下所示：

$$C_{候机厅} = \min\left\{ \max F, \frac{\sum_{i=1}^{n}(\sum_{j}^{k}\mu_{ij})(t_i^E - t_i^B)}{t_i^B} \right\} \quad (i = 1,2\cdots,n) \tag{5-18}$$

式中，$C_{候机厅}$ 为候机厅单位时间的最大容量，即系统中单位时间的最大排队旅客人数；$\max F$ 为最大服务量，即候机厅服务的最大旅客人数，可由式（5-16）和式（5-17）得出；t_i^B 为开始服务的航班时刻；t_i^E 为结束服务的航班时刻；μ_i 为离港系统的服务率，它由不同航班时刻的不同航班旅客数决定。

根据单位时间候机厅系统的最大容量、航班平均座位数 $\bar{s}$ 和航班平均上座率 $\bar{r}$ 可以得出单位时间最大航班架次数 N，如下所示：

$$N = \frac{C_{候机厅}}{65\% \cdot \bar{s} \cdot \bar{r}} \tag{5-19}$$

5.7 机场场面活动引导控制系统

欧美民航发达国家首先提出了高级机场场面活动目标引导及控制系统（Advanced-surface Movement Guide and Control System, A-SMGCS）（简称 A-SMGCS 系统）的概念，并逐渐发展成为推荐的标准系统。

A-SMGCS 是一个能为机场航空器和车辆等运动目标提供自动化的监视、控制、路径规划及滑行引导服务的综合集成和自动化管理系统。系统能够保证机场地面活动在处于机场能见度运行标准内的任何天气条件下的安全水平和运行效率。航空器在地面上滑行存在三种冲突，分别为同向冲突、交叉口的对头冲突以及快速脱离道与滑行道相交处的冲突。

欧洲航空安全组织（EUROCONTROL）、美国国家航空航天局（NASA）、美国联邦航空管理局（FAA）等分别实施了一系列新型机场管制自动化计划，包括机场活动区域安全系统（Airport Movement Area Safety System，AMASS）、跑道入侵防御系统（Runway Incursion Prevention System，RIPS）、场面管理系统（Surface Management System，SMS）、滑行道引导和情境意识系统（Taxiway Navigation and Situation Awareness System，T-NASA）、场面运行自动化（Surface Operation Automation Research，SOAR）、欧洲机场活动管理系统（European Airport Movement Management by A-SMGCS，EMMA）等，其目的是提升管制水平以及飞行安全性，通过机场场面助航灯光、通信数据链对航空器实施精确引导与控制机组协同自动化水平。

国内对 A-SMGCS 的研究应用还处于起步阶段，在首都机场、上海虹桥、浦东机场以及广州新机场等几个大型国际枢纽机场都安装有从荷兰HITT 公司或挪威NAVIA 公司进口的 X 波段或 Ku 波段的场面监视雷达，主要用于跑道、滑行道和机场场面移动目标的活动监视，作为塔台管制员肉眼监视的补充手段，对航空器/车辆的管制仍处于肉眼监视交通态势、人工决策、语音发布指令的人工感知与控制的阶段，无法满足在高密度、复杂气象条件和复杂跑道构型机场的航空器跑道入侵防御的需求。

5.7.1　系统结构和功能

A-SMGCS 通过接收处理与机场场面活动有关的各类信息，并将这些信息以简洁友好的形式显示给机场场面管制工作人员，从而实现对机场场面活动安全、顺畅、高效的管理。我国的大多数机场以 ICAO 9830 标准作为设计依据，提供既符合国际民航标准又符合中国民航地面管制规范的现代化高级地面活动引导和控制系统。

1. A-SMGCS 分类

A-SMGCS 所处理的信息源系统是一个综合集成、处理和显示系统。该系统能够接入和处理所有与空管运行相关的各类数据。主要有以下几类：

（1）来自空管一/二次合装雷达、二次雷达、场面监视雷达等系统的目标监视信息；

（2）来自民航电报处理系统以及其他空管自动化处理系统的飞行数据信息；

（3）来自机场停机位分配引导系统的停机位及其引导信息；

（4）来自航班信息显示系统的航班信息；

（5）来自机场场面车辆监视跟踪系统的车辆活动信息；

（6）来自自动气象观测系统的气象信息；

（7）来自机场自动终端信息系统的航务信息；

（8）来自助航灯光系统输出的灯光状态信息。

上述八类信息经系统处理后，除了能够产生管制员进行机场场面管制运行所需的辅助决策信息，系统还能向其他空管系统输出如下信息：

（1）向助航灯光系统输出灯光控制信息；

（2）向停机位分配系统输出停机位占用信息；

（3）向机场其他用户输出系统综合航迹和其他特殊需求的信息。

2. A-SMGCS 主要功能

（1）监视功能。系统可接收、处理来自空管雷达或合装雷达场面监视雷达等的监视信息。将目标监视数据，通过多元数据融合处理，对在机场场面覆盖范围内运动的航空器和车辆进行连续的定位与标识。在管制员席监视界面上显示机场场面运动目标的运行态势和运行环境，这一功能即使在低能见度等恶劣天气条件下也不会降低机场运行的安全标准。

（2）控制功能。系统通过自动产生与机场场面活动相关的各类告警信息，如路由冲突、交叉告警、偏离跑道/滑行道告警、跑道限制区侵入告警、场面活动目标间隔过小告警、速度过快/过慢告警等，为管制员提供对机场场面活动进行控制的信息，从而确保机场场面活动的安全、顺畅和高效运行。

（3）路由规划功能。机场路由规划为起飞或降落的飞机提供最优的滑行路由。这些飞机将共同分享机场资源，如跑道、滑行道和停机位等。系统具备对航空器在机场范围内滑行路线的自动选择和优化能力，能够进行航空器场面滑行路线的自动安排，实时生成出港航班由停机位至跑道、进港航班由跑道至停机位的滑行路由，并能自动解决滑行冲突。同时，系统也可提供滑行路由的人工选择，由管制员人工选择特定航空器的滑行路由。

（4）引导功能。系统具备助航灯光自动引导数据的生成能力，能够根据航空器滑行路线场面运动航迹 、跑道视程等数据，自动产生滑行路径上助航灯光的点亮、熄灭、灯光强度等控制数据，并将其发送给助航灯光监控系统，实现助航灯的灯光段控制。系统具备引导过程中的冲突解脱处理能力，能够根据航空器滑行路线、场面运动航迹等数据，自动预测各滑行道交叉口处的航空器滑行冲突情况，并可通过自动解脱方案化解可能出现的滑行冲突。

5.7.2　机场场面运行

机场场面运行是一个涉及多种因素的综合性复杂过程。机场场面运行关键的两个问题是机场场面规划和机场场面目标实时跟踪。

1. 机场场面规划

机场场面规划研究方法包括静态场面规划方法和动态场面规划方法。

1）静态场面规划方法

静态场面规划是指在已知机场场面结构的基础上，不考虑场面的活动（不考虑冲突问题）寻求最短路径的过程。在过去的几十年内，国内外学者对场面规划的方法进行了大量的研究，提出了一系列的方法，如人工势场法、状态空间法、图论法、Floyd 算法、Dijkstra 算法、遗传算法等，这些方法都可以用于求解静态航空器滑行最短路径。

2）动态场面规划方法

动态场面规划与静态场面规划的最大差别就在于算法中必须要考虑时间的因素，其路径的权值可以根据交通状况实时变化，以适应动态寻优，这更能反映实际情况的需要。最短的路径不一定最优，最优的路径不一定最短，一条动态最优路径是路径的长度、经济性、安全性的综合反映。因此，场面动态规划路径是从保证滑行安全间隔、冲突最少、滑行时间最短的角度来为航空器寻找最优的滑行路径，不仅要考虑路径的长短，还要综合考虑滑行过程中的经济性和安全性。由于引入了时间的因素，使得动态最优路径算法的复杂度明显增加。

目前研究主要有两大类思想：第一类是以传统的静态算法思想为基础，通过引入时间要素，将其应用到动态的最优路径寻优中来，例如，动态的 Dijkstra 算法思想，是在传统 Dijkstra 算法的基础上通过动态修改行驶路径的权值实现的；动态的 A*算法思想，是通过改变估价函数值更新规则，将解的时间和解的质量进行相对折中，加快算法收敛的速度。第二类是通过对交通流的建模，综合考虑各种动态因素对最优路径选取的影响来选取实时的最优路径。而机场场面运行系统是一个分布式的实时系统，场面上运行的航空器不仅是动态的，而且运行过程需要统一协作，并且要满足滑行道、跑道等资源的使用约束条件，才能维持场面交通流的通畅。

2. 机场场面目标实时跟踪

利用单一传感器所采集得到航空器/车辆的感知信号对航空器/车辆的类型进行识别，其难点表现在：①机场运行的航空器/车辆的类型较多，而传统的目标识别方法依赖于目标样本库的完备性；②航空器/车辆通过传感器节点时的速度、距离不同导致目标感知信号的占空比存在差异性，使得识别结果存在不确定性。用证据组合规则对航空器/车辆感知信号特征序列按任意顺序逐步融合是当前机场目标实时跟踪的研究热点。

D-S（Dempster-Shafer）证据理论首先定义识别框架，其次计算基本概率分配函数，再次根据证据理论的组合规则对基本概率分配函数进行组合，最后按照决策规则识别目标类型。

由于采用事件驱动型传感器仅能获得目标感知事件瞬时的航空器/车辆状态信息，所以无法继续精确感知其此后在通过下一传感器节点之前的 4D 轨迹，其难点表现在：机场场面目标的运动模式往往是多样的，例如，航空器从着陆到停机位的滑行过程中，伴随着变速、转弯等各种运动，这些复杂的运动模式的模型参数是不相同和不确定的。因此航空器/车辆在不可感知状态下分阶段轨迹跟踪是当前的研究热点。

机动目标分阶段轨迹跟踪的过程主要由运行模式切换、模型参数辨识和状态估计三步组成。在建立分阶段模型时应辨析该阶段动力学模型变化的主要参数，同时结合上一项研究中的目标类型识别结果获取确定目标类型的已知参数，以降低待辨识参数向量的维数。

场面活动引导与控制的目标是在保证航空器安全、有序地移动的前提下，提升机场场面交通流容量。

3. 跑道入侵风险管理

目前用于跑道入侵的探测方法主要是通过跑道入侵探测规则进行匹配来实现的，而对于复杂机场，这一方法由于目标感知事件多所以必将导致系统的可达状态空间爆炸，无法对跑道可能入侵的场景一一列举，故漏检的可能性大。且跑道运行模型中既存在可通过语音告警、灯光信号等方式实现控制的可控事件，又存在一系列无法从外部控制的不可控事件，因此需要从离散事件动态系统的角度对跑道入侵实施控制和风险评估。

当前多采用离散事件监控理论的方法，采用基于禁止状态避免的控制器设计方法，通过控制器实施状态监控，并将可控事件的使能状态映射为对助航灯光的控制指令。

（1）冲突状态观测器设计。将传感器获取的目标感知事件映射为场面交通离散事件动态系统的禁止状态，采用线性不等式约束和逻辑互斥约束的方式加以描述。

（2）助航灯光控制指令映射。建立有限状态集到布尔逻辑状态的映射，将结构控制器中控制事件的使能状态和逻辑控制器中控制库所的状态映射为跑道入侵助航灯光的开启和关闭逻辑指令。

（3）将场面运行不安全情形分为冲突、入侵、违规三种，从时间维和空间维两方面进行场面运行冲突探测。通过构建整个场面的 Petri 网运行模型，将场面运行冲突情形转化为标识控制规范，设计集中式控制器。建立基于 Petri 网的滑行道各种冲突的模型和解脱方法，并给出冲突风险计算。

（4）跑道入侵告警，即控制器根据控制规范约束条件，探测跑道入侵对当前的航空器/车辆和管制席位发出告警，并计算产生跑道入侵会产生的安全风险。

5.7.3　机坪管理

机坪管理是指在机坪上对航空器、车辆运行及人员活动的管理。机坪运行管理包括对停机位、机坪的使用实施管理。在机坪管理方面，国内的管理模式基本是统一的，即由空中交通管理部门负责指挥航空器落地及在地面活动直至停机位停泊，以及由停机位推出至滑行、起飞的全过程。机场运行指挥部门负责机坪的运行管理通常是指航空器在地面作业的管理与协调。

航空器地面运行管理是指对航空器在机坪上的泊位引导、滑行、停放、牵引、维修等作业的规定。机场活动区特别是机坪作为航空器的重要活动场地，航空器要完成上下旅客、装卸货物/邮件、加油/放油、检修等必要的保障作业。

（1）航空器泊位引导。按照《国际民用航空公约》附件 14 和《民用机场飞行区技术标准》，在规定停机位上一般都设置了相应的停止线。机场规模和管理模式不同，航空器泊位引导方式主要包括三种：①航空器自滑至机位滑行线，由机务引导员运用 GB3010/3011 标准手势引导飞机泊位。②由引导车辆（FOLLOW ME）将航空器由滑行道引导至机位滑行线，由机务引导员运用 ICAO 或者 IATA 标准手势引导飞机泊位。③航空器自滑至机位滑行线，然后机组按照目视泊位引导系统（Visual Docking Guiding System，VDGS）的指示信息将航空器停靠泊位。

（2）航空器活动区车辆的作业。航空器活动区内车辆的作业主要是为航空器在地面停留时提供各种保障及维护的，提供这些作业的保障车辆主要有飞机电源车、飞机气源车、飞机空调车、飞机管式/罐状式加油车、航空食品车、飞机清水车、飞机污水车、飞机牵引车、升降平台车、行李传送带车、行李拖车、旅客摆渡车、机组人员专用车及 VIP 专用车等。各种作业按照 MH/T 3010—2006 或 MH/T 3011—2006 的规定执行。

当一架飞机停留在机坪时，需要进行机务保障和必要的客舱服务。对飞机的服务是有时间要求的，超过规定的时间会造成航班的延误，会给旅客及航空公司带来一定的经济损失。

（3）机场外来物是指松散材料（如沙、石、纸、木、金属和路面的碎块）的散碎片。航空器发动机易吸入松散物质，使发动机叶片或螺旋桨受到严重破坏。

（4）机场管理部门按照 MH/T 3010—2006《民用航空器维修管理规范》，对机场航空器活动区外来物进行管理。监督并实施跑道、滑行道和机坪等道面的表面定期检查与清扫，及时发现并处理道面的杂物。

（5）机场道面除冰/雪作业的基本目标是保证跑道、滑行道、机坪和车辆服务通道能够同步开放使用。工作标准是保证跑道摩擦系数符合规定，并保证各标志线目视可靠，服务车辆通道畅通。

机场管理机构要根据《国际民用航空公约》附件 14 中所规定的除冰/雪的标准、MH/T 3011—2006《民用航空器维修安全规范》中有关除冰/雪的规定及本机场相应的处置预案，组织机场和驻机场单位实施除冰/雪作业。

5.7.4　机坪管理岗位职责

（1）负责对飞行活动区的管理、指挥、协调工作；

（2）负责飞行区车辆设备停放的管理；

（3）负责飞行区内不停航施工的监督管理工作；

（4）掌握飞行活动区内航空器、人员、车辆的动态，保证机坪运行安全、正常；

（5）检查、监督停机坪内人员、车辆、设备设施的运作情况和机坪标志的完整性以及机坪卫生状况；

（6）及时制止、处置可能危及飞行安全和航空地面安全的各种行为；

（7）参与组织指挥应急救援工作；

（8）负责向上级及时报告飞行区运行和航班生产的异常情况；

（9）根据机坪运行情况，及时向相关服务保障单位发布机坪运行动态指令。

习　　题

1. 机场资源管理包括哪些资源？

2. 停机位分配的主要依据是什么？

3. 值机柜台分配的主要依据是什么？

4. 行李转盘分配的主要依据是什么？

5. CA1831 跨区域变更机位案例。

B2059 飞机 5 月 24 日航后机位为 337#，25 日执行 CA1831 出港任务（STD 为 07:25），机位分配员于 24 日 23:34 发布该班停机位。

25 日 04:19，AMOSS 席位接到航空公司通知，CA1831 航班机号由 B2059 变更至 B2066（B2066 飞机 24 日航后机位为 302#），但 AMOSS 席位未通知机位分配员，此时 CA1831 航班机位、登机口被置空，但航空公司按照 CA1831 停放在 337#机位组织旅客。

25 日 06:41，机位分配员接到航空公司电话确认 CA1831 机位信息，机位分配员核实后将 CA1831 航班机位发布至 302#，由于机位发布时间较晚，导致部分旅客由 C37 登机口步行至 C02 登机口登机，距离较远，导致投诉发生。

请针对上述案例分析 AMOSS 席位、机位分配席位在整个处理过程中存在的问题。

6. 机型不符影响运行安全案例。

事件经过如下。

11 月 19 日：

16:58　AMOSS 席位接收 BGS 次日航班计划单，AF128（STA 06:40）机型为 B777-200；

20:02　AMOSS 席位收到 ATC 发送的次日计划，其中 AF128 机号为 F-GSQL，机型为 B777-300；

20:12　AMOSS 席位根据 BGS 航班计划单将 AF128 机型修改为 B777-200。

11 月 20 日：

00:33　AMOSS 席位发布次日计划，AF128 航班机型发布 B777-200；

06:38　AF128 飞机落地，入位 210#机位；

07:47　飞行区流转日志 AF128 机号为 F-GSQL，需要变更机型为 B777-300；

08:04　AMOSS 席位电话询问 BGS 控制中心 AF128 机型，BGS 进行核实后，告知此航班机型为 B777-300；

08:09　机位席位得知 AF128 机型变更为 B777-300，此时飞机已经入位 210#机位，因 210#机位无法停放 B777-300，飞机机尾超出警戒线 4.5 米，造成不安全事件；

08:16　机位席位通知 BGS 控制中心将 AF128 飞机拖至 212#机位出港；

09:07　飞机拖至 212#机位；

11:08　AF129 航班起飞。

（1）根据上述事件经过分析发生不安全事件的原因有哪些？

（2）请列举运控中心防止大机型入小机位发生的措施有哪些？

7. 某日，东区行李 T3C 翻盘分拣机出现故障，地面代理决定所有行李都通过机坪进行分拣，请问此举妥否？请写出该预案中行李分拣处置办法。

8. CA1514 机位变更案例。

14:49　进港航班 CA1480（机号 B2957）落地，机位为 358＃，其出港执行 CA4166（航线为贵阳），计划起飞时间为 19:40。

18:53　机位分配员接到通知，CA4166 改由 B5177 执行，因 B5177 已停放在 459＃机位，故机位分配员于 18:55　发布 CA4166 机位至 459＃。CA1480 变更为航后航班。

20:10　机位分配员接到通知 CA1480（B2957）飞机出现故障，申请后续航班 CA1514（机号为 B5035，落地时间为 20:08，机位为 358#）调整机位，机位分配员将 CA1514 机位调整至 559＃（此时 359 和 360 机位为空），并于 20:12 发布，通知相关单位。

20:42　CA1514 航班旅客摆渡开始。CA1514 旅客因机上等待时间过长而投诉。

请就上述案例，分析导致投诉的原因。

第6章 机场安全管理系统

6.1 概　　述

在《中国民航安全生产"十一五"规划》中，明确提出了要建立适合中国国情并符合国际民航组织要求的中国民航安全管理体系，将安全管理体系的建设工作列入"规划实施的重大项目"中第一项，并要求到 2010 年全行业要全面实施安全管理体系。

《民用机场使用许可规定》（CCAR-139CA-R1）以及《民用机场运行安全管理规定》（CCAR-140）也明确提出机场应建立满足机场运行要求的安全管理体系，机场安全管理体系应当包含在机场使用手册中。《中国民用航空安全管理体系建设总体实施方案》以及《机场安全管理体系建设指南》为机场建立和实施安全管理体系提供了具体的指导。

安全信息管理是机场安全管理体系的要素之一，要求机场应建立并有效运行一套航空安全信息系统，收集安全信息，为不安全事件调查、安全监督与审核、风险管理和安全目标等安全活动提供依据，实现信息共享，促进安全管理体系建设，避免和减少事故、事故征候和不安全事件的发生。

机场日常运行管理各项指标所体现的安全度的大小即机场运行安全态势。机场安全管理体系（Safety Management System, SMS）运用系统化、定量分析的方法，强化了对机场运行的安全监督管理。从民航机场的风险管理体系中可以看出，机场的正常营运涉及机场设施、天气状况、管理制度、法律法规等。综合考虑这些风险，可以将它们划分为四类：人员、设备、环境和管理，这四类因素中的一个或多个因素出现非正常状况以及它们之间的相互作用都有可能对机场的正常运营构成威胁，人员因素、机器因素、环境因素相互独立又相互影响，管理因素则贯穿于这三个因素之中，共同构成了民航机场的风险因素。

安全管理信息系统（Security Management Information System，SMIS）通过获取旅客信息、员工信息以及行李图像等，满足机场各相关单位对旅客、员工以及行李的信息采集、验证、处理、查询的需求；有效追踪确认各种信息，在发生突发事件时，能够提供快速、准确、详细的信息，为机场各安全检查单位提供多方面的信息服务，同时满足机场安检部门对安全岗位员工的岗位信息的有效管理和实现工作量与工作业绩等众多数据的科学统计。

随着世界民航运输的发展，航空安全信息资源的建设得到了国际民航界的高度重视。

1. 国际民航组织

国际民航组织倡导航空安全信息的国际共享。在《国际民用航空公约》附件 13 中要求其成员国向国际民航组织提交事故的初始及最终调查报告和严重事故征候的最终调查报告。为了便于收集和交换安全数据，国际民航组织制定了标准化的安全数据定义、分类和格式，即安全信息分类法。国际民航组织安全信息分类法经过 ADREP 76 和 ADREP 87 两个版本，现已发展到 ADREP 2000 分类法。为了收集事故和事故征候数据，国际民航组织开发了 ADREP 数据库系统用于支持信息的收集。这些努力为实现航空安全信息资源国际共享奠定了坚实的基础。

2. 欧盟

欧盟委员会于 2003 年颁布了民用航空事件报告指令（2003/42 指令），对航空安全信息的报告、收集、保存、保护和发布做了明确的规定。欧盟联合研究中心（Joint Research Center, JRC）开发了欧盟联合航空事故和事故征候报告系统（European Co-ordination Centre for Accident and Incident Reporting System, ECCAIRS），该系统采用国际民航组织 ADREP 2000 的数据定义，于 2005 年 7 月启用，为欧盟成员国提供报告、收集、保存、发布和分析航空安全信息的工具。目前该系统已被国际民航组织接受，作为运行 ADREP 数据库系统的工具，同时也得到了欧盟外一些国家和组织的采纳，为推进航空安全信息资源国际共享做出了贡献。同时，欧洲航空安全局（European Aviation Safety Agency，EASA）、英国民航局都设有专门的安全信息分析部门，负责安全信息的综合分析，定期发布安全分析报告。

3. 美国

美国联邦航空管理局（Federal Aviation Administration，FAA）设有国家航空安全数据分析中心（National Aviation Safety Data Analysis Centre, NASDAC），集成美国国家运输安全委员会（National Transportation Safety Board，NTSB）、美国运输统计局（Bureau of Transportation Statistics，BTS）等部门的航空安全信息数据库，专门收集、分析和发布世界范围内的航空安全数据，并对安全问题进行专题研究。FAA 于 2006 年创立了航空安全信息分析和共享（Aviation Safety Information Analysis and Share, ASIAS）项目，由 MITRE 机构从 FAA 和航空公司、航空器制造厂商等广泛收集各种航空数据源，形成国际级的集成化数据分析平台，利用航空安全信息主动、提前识别国家民用航空运输系统的安全趋势，评估航空运行环境变化所造成的影响，发现普遍存在的、系统的安全问题。信息分析的结果在 ASIAS 的合作企业间共享，并用于商业航空安全小组（Commercial Aviation Safety Team, CAST）确定安全行动项目，以推荐给航空界自主实施。该项目实现了美国范围内政府和企业共建共享、合作分析航空安全数据，将航空安全数据的应用提高到了新的水平。

4. 中国

中国民航在几十年的发展过程中，深刻认识到安全信息在发现安全隐患、制定安全措施等方面的重要作用，因此不断改进和加强航空安全信息工作。在法规方面，为规范不安全事件信息的报告、收集和分发，制定了一系列规章及标准，如《民用航空器事故和飞行事故征候调查规定》《民用航空器飞行事故等级》《民用航空地面事故等级》《民用航空器事故征候》《民用航空安全信息管理规定》等，并根据安全管理的实际需要对这些规章和标准进行修订。在航空安全信息管理方面，建立了"航空安全综合管理信息系统"和"航空安全自愿报告系统"。其中，"航空安全综合管理信息系统"的信息分类法是在借鉴国际民航组织 ADREP 87 的基础上经改进制定的，现已成为中国民航局进行安全信息收集、报告和管理的专门业务系统。

6.1.1 国外航空安全信息系统

国外在航空安全信息系统方面研究较早，目前比较成熟的做法是分别由不同的机构运行几个不同的航空安全信息系统。

美国比较大且有影响的航空安全信息系统有：①美国国家运输安全委员会主持的航空事故/事件数据库系统。②美国联邦航空管理局主持的航空安全数据库系统。③美国国家航空航天局主持的航空安全报告系统（Aviation Safety Reporting System，ASRS），该系统针对航空运行中发生的不安全事件、运行偏差或运行隐患，进行自愿报告、信息收集、整理、分析与发布。该系统得到了航空业界从业人员的信任和广泛关注，拥有大量第一手航空安全资料信息，获得了巨大的成功，并逐渐在航空发达国家中推广使用。④航空公司等企业主持的系统。

英国比较重要的航空安全信息系统有：①英国航空事故调查局（Air Accidents Investigation Branch，AAIB）主持的事故和严重事件数据库系统。②英国民航局（Civil Aviation Authority，CAA）主持的航空安全强制报告系统（Mandatory Occurrence Reporting System，MORS），该系统收集广泛的技术问题和运行偏差。③中立机构英国皇家空军航空医学研究院主持的英国人为因素不安全事件保密报告系统（Confidential Human Factors Incident Reporting Program，CHIRP），该系统开始时的研究对象仅限运输类驾驶员，1985年将范围扩展至航管及维修人员，1996年英国飞行员协会对该系统的运行进行了独立、全面的审查，建立了公益依托基金，成立了负责管理和财务的依托董事会，监督系统的运行效果。④航空公司主持的系统，比较成功的有英航安全信息系统（British Airways Safety Information System，BASIS），它可用于收集、分析航空和地面安全事件报告与其他信息，帮助管理报告的事件，帮助回答与安全有关的问题等，目前许多海外公司在共同使用。

上述美国、英国的各种航空安全信息系统由不同的机构主持，发行了多种警示和咨询报告或刊物，为当局、企业、航空人员和公众提供服务。不同航空安全信息系统收集信息的方式和范围虽不相同，但就整个国家民航系统而言，互为补充，起到改善民航安全的作用。

鉴于以上美国、英国航空安全信息系统的成功，加拿大、澳大利亚、新西兰等国先后开发了适合于各自国情的航空安全信息系统，自1999年后，韩国、日本等也相继建立了航空安全信息系统。其中 Superstructure Group 公司主持的航空安全质量数据库系统（Aviation Quality Database，AQD）是其中的典型代表，它是一个集成的安全和风险管理软件，集成了安全、报告、调查、审计和风险评估功能，可以简化安全管理体系的实施，也是目前世界上比较领先的航空安全管理系统，在全球有数十家航空公司和航空机构在使用。

6.1.2　国内航空安全信息系统

根据《民用航空安全信息管理规定》（CCAR-396-R3），民用航空安全信息工作实行统一管理、分级负责的原则。中国民用航空局安全信息主管部门负责统一监督管理全行业航空安全信息工作，负责组织建立用于民用航空安全信息报告、存储、分析和发布的中国民用航空安全信息系统。中国民用航空地区管理局和中国民用航空安全监督管理局负责监督管理本辖区航空安全信息工作。民用航空企事业单位负责管理本单位航空安全信息工作，建立本单位用于民用航空安全信息报告、存储、分析和发布的航空安全信息系统，定期分析本单位的航空安全信息。

此规章还规定了民用航空安全信息的报告程序、报告内容以及报告时限。为此，中国民用航空局建立了中国民用航空安全信息网以及中国民用航空安全管理信息系统，实现了全行业事故、事故征候、不安全事件等安全信息在网上进行强制报告和发布，具有信息创建、上报、修改、查询和统计等功能。截至 2011 年 3 月底，该系统已累计收到 13298 条飞行事故、飞行事故征候及飞行相关的不安全事件报告信息；还累计收到 1185 条航空地面事故、航空地面事故征候及地面相关的不安全事件报告信息。

2004 年 9 月 16 日，中国民航大学民航安全科学研究所正式启动了中国航空安全自愿报告系统，用以收集全行业的航空安全自愿报告，并据此进行信息的整理与发布。截至 2011 年 3 月底，该系统已发布信息通告 14 期、简报 31 期以及多份告警通告和专题研究等报告，是对中国民用航空安全强制报告系统的有力补充。

2007 年，海航集团在已开展的安全管理体系基础上，自主研发了海航安全质量管理系统网络平台，实现了安全及运行类信息电子化管理，并包含了自愿报告功能和强制报告功能。通过该系统可以收集大量安全信息，但基于信息的统计和分析能力还有待加强。该系统还在海航集团各成员机场投入使用，打破了信息孤岛，实现了集团内安全信息资源的最大共享。

2008 年 7 月 16 日，中国民航局第二研究所研制的空管安全信息系统通过了中国民用航空局科技成果鉴定。该系统可分层次收集、存储、发布各种安全管理信息、不安全事件信息和运行保障数据等，实现这些信息的电子化、网络化，保证相关信息及时地传递到各级空管安全管理部门，加强和提高了整个空管系统的安全管理能力。

2009 年，云南机场集团自主研发了机场安全管理系统，能够实现安全信息在集团范围内的收集与处理，并具有简单的查询和统计功能。

以上着重介绍了航空安全信息系统的国内外研究现状，仔细研究可以发现，这些研究大多侧重于整个国家民航、整个空管体系或某个航空公司，而专门针对机场方面的系统较少，或者只将机场作为整个系统的环节之一。这些研究成果，尤其是美国和英国在这方面的建设实践，为面向机场的航空安全信息系统的研究和建设提供了有价值的可以参考的思路。

6.2　机场安全信息

首先，从信息上报的角度，可分为强制报告信息、自愿报告信息、定期报告信息、运行类信息、通知类信息、整改类信息、监察报告信息、其他报告信息等。

其次，从信息产生于机场内部还是外部，可分为如下内容。

（1）机场内部安全信息，包括：① 相关业务部门提交的日常运行报告；② 员工反映的安全生产建议；③ 机场内部安全监督发现的问题、不安全事件的报告、员工提交的自愿报告、事件调查过程中发现的问题等；④ 风险分析报告、岗位基本安全风险评估档案、综合安全风险管理档案等。

（2）机场外部安全信息，包括：① 国际民航组织有关机场安全运行的文件、手册和程序；② 国家有关安全的法律、法规及各类通知、通报、指示；③ 民航行业有关机场安全运行的规章、规范性文件、标准；④ 机场所在地省、市政府有关安全生产的法规、规章及通知、通报、指示；⑤ 局方安全监测或检查信息；⑥中国民用航空安全信息网提供的信息，如航空安全信息文件、民航不安全事件统计分析月报、年度航空安全报告、近期航空安全信息、安全动态、安全警示、民航局月度安全运行形势分析会通报、机场安全工作情况月报汇总、国际和地区安全信息等；⑦ 中国航空安全自愿报告系统提供的与机场有关的安全信息；⑧ 其他国际、国内组织、机构或媒体有关机场安全运行的理论、经验教训和研究动态。

最后，从信息处理程序的角度，可分为如下内容。

（1）强制报告信息，主要包括民用航空器事故、民用航空器事故征候以及其他与民用航空器运行有关的不安全事件信息。

（2）自愿报告信息，主要包括涉及航空器不良的运行环境、设备设施缺陷和隐患的报告；由于不经心或无意造成的违章事件、人为因素事件的报告；涉及执行标准、飞行程序的困难事件报告；影响航空安全但没有造成严重后果或无明显后果、不易被发现的事件或违章行为的报告等，这些安全信息是事故金字塔底边对应的日常运行中大量的不安全事件和隐患，而这些事件和隐患是严重事故得以发生的温床。

（3）日常运行及安全监管信息，既包括机场各业务部门的日常运行信息，也包括局方和机场自身组织的各种安全监督、安全检查、安全调查、内外部安全审计、安全评估等安全监督与审核活动中所产生和反馈的信息。

（4）国际民航组织、中国民用航空局或政府相关部门颁布的政策法规、行业标准等信息。

（5）各种渠道获得的国际及国内航空安全动态，以及会对民航运行安全有潜在影响的信息。

6.3　安　全　模　型

6.3.1　事件树

事件树分析（Event Tree Analysis，ETA）是安全系统工程中最重要的系统安全分析方法之一，它是运筹学中的决策树分析（Decision Tree Analysis，DTA）在可靠性工程和系统安全分析中的应用。事件树分析是一种从原因到结果的过程分析，属于逻辑分析方法，遵照逻辑学的归纳分析原则。从事件的起始状态出发，将事故的发展顺序分成阶段，逐步进行分析，每一步都从成功（希望发生的事件）和失败（不希望发生的事件）两种可能后果考虑，并用上连线表示成功，下连线表示失败，直到最终结果。这样，就形成了一个水平放置的树形图，称为事件树，这种分析方法就称为事件树分析法。

事件树分析大致按以下四个步骤进行。

（1）确定系统及其组成要素。通过明确所分析的对象及范围，找出系统的构成要素，便于展开分析。

（2）对各子系统（要素）进行分析。通过分析各要素间的因果关系，对其成功与失败两种状态进行分析。

（3）编制事件树。根据所做出的事件树，从初始事件开始由左向右展开编制事件树；进行定性分析，说明分析结果，明确系统发生事故的动态过程。

（4）定量计算。表示各要素成功与失败的概率值，求出系统各个状态的概率，并求出系统发生事故的概率值。

6.3.2 故障树

故障树分析（Fault Tree Analysis，FTA）技术是美国贝尔电话实验室于 1962 年开发的，它采用逻辑分析的方法，形象地进行危险的分析工作，特点是直观、明了，思路清晰，逻辑性强，可以做定性分析，也可以做定量分析。故障树是由各种事件符号和逻辑门组成的，事件之间的逻辑关系用逻辑门表示。这些符号可分逻辑符号、事件符号等。

故障树分析，包括定性分析和定量分析两种方法。在定性分析中，主要包括最小割集、最小径集以及重要度分析。

1. 最小割集及其求法

割集：它是导致顶上事件发生的基本事件的集合。最小割集就是引起顶上事件发生必需的最低限度的割集。最小割集的求取方法有行列式法、布尔代数法等。

2. 最小径集及其求法

径集：如果故障树中某些基本事件不发生，则顶上事件就不发生，这些基本事件的集合称为径集。

最小径集：就是顶上事件不发生所需的最低限度的径集。

最小径集的求法是利用它与最小割集的对偶性。首先做出与故障树对偶的成功树，即把原来故障树的与门换成或门，而或门换成与门，各类事件发生换成不发生，求出成功树的最小割集，再转化为故障树的最小径集。

6.3.3 贝叶斯网络

贝叶斯网络是一个有向无环图（Directed Acyclic Graphs, DAG），其中各节点都带有各自的随机变量，节点间的有向边来表示变量间的关系。每一节点都带有其概率分布，其中根节点带有的是其边缘概率分布 $P(X)$，非根节点带有的是相关随机变量和其父节点决定的条件概率分布 $P(X/\pi(X))$，其中 $\pi(X)$ 为 X 的父节点。条件概率分布 $P(X/\pi(X))$ 所描述的是关联节点随机变量之间的密切程度，即关联强度。故而如已知各变量的条件独立性假设与各节点在其父节点决定的条件概率分布，就能解算出 X 的联合概率分布 $P(X)$。

贝叶斯网络建模的主要工作是：确定网络节点变量、确定贝叶斯网络的网络结构、确定贝叶斯网络节点之间的条件概率表。因此，贝叶斯网络建模的主要步骤可以概括如下：

（1）节点/变量的选取和定义；

（2）网络拓扑结构的确定；

（3）节点状态概率的确定；

（4）构造节点之间的条件概率表。

6.4　安全理论及方法

6.4.1　MMEM 系统理论

安全科学的基本要素结构是由人、机、环境、管理四大要素构成的 MMEM（Men Machine Environment Management）系统四面体结构，其平面映射是质量安全的基本要素关系图，如图 6-1 所示。

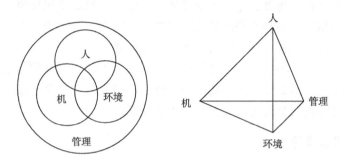

图 6-1　人—机—环境—管理结构图

事故可以理解为是人、机、环境三个要素的关系不和谐所导致的人们不希望发生的破坏性事件。如果人们能有效控制人、机、环境三要素及其相互作用关系，就能减少甚至避免事故的发生。而管理应当是安全科学的基本要素。四大要素间存在着广泛的联系并构成四面体结构，一切涉及产业安全的理论与实务，都无外乎是对该四面体的某一要素的内在联系、多要素关系或整体关系的研究和处理。

MMEM 系统理论是在传统的"人—机—环境"理论基础上发展起来的，它弥补了传统分析方法中的缺点，提出了人们一度忽视的管理因素。现代安全管理格外强调管理的作用，优秀的管理不仅能及时弥补过程中的安全缺陷，还能有效进行成本控制。同时，该理论考虑了管理要素对其他三要素人、机、环境的影响，便于从源头寻找原因和预防措施，避免片面强调人员责任，有利于从管理角度预防。此外，在资源有限的情况下，有利于正确选择预防的优先措施。

安全管理系统，同样也由人、机、环境、管理四个子系统组成，本质上也是个 MMEM 系统。根据 MMEM 系统理论从四个方面构形出涉及安全状况的各个要素，从可靠性角度研究涉及维修质量的各个要素、各要素之间的关系、系统之间的关系，可以更加全面地分析出安全原因和预防措施，避免了对其中与各方面有关因素的遗漏。

人，是指研究系统中与维修安全相关的所有人为影响因素，其研究对象是人员基本素质及人为因素导致的故障。因此人为因素是一门涉及心理学、生理学、人体测量学、工程学、社会学和统计学等学科的边缘科学。在民航领域，其研究目标是民航活动中人的表现，因此人是民航系统人、机、环境、管理中最活跃、最易受影响的主体。本书中，考虑到定性指标和定量指标处理方法的不同，将人这一影响因素划分为人员状况（人员基本素质和人的可靠度）和维修质量（人因故障）两个模块。

机，是飞机技术状态，包括飞机设计本身存在的缺陷问题，主要为维修性因素和维修手段因素。飞机是航空公司经营活动的载体，其总体状况是保证运行安全的最重要因素之一。根据飞机的及时排故信息、性能参数监控、重要部件改装信息和其他技术信息综合分析得到飞机技术状态对安全状况和机务维修质量的影响。

环境，是指季节、气候、作业场所、作业时间的温度、湿度、噪声及照明等干扰因素对飞机和维修人员的影响情况。环境因素不仅直接影响飞机的技术品质及机务维修中检测仪器的准确性，还直接影响机务维修人员的情绪、精力，从而影响维修质量。虽然环境对人的影响有时很明显地表现出来，并对人的身心进行潜移默化的影响，但若单纯从个人的技术、经验、思维和作风角度去分析出现差错的原因，忽略或淡化环境因素，得出的结论往往会掩盖真正的原因，不利于提出解决问题的有效方案。可以说，作业环境对机务工作者的影响是很大的，有时甚至是是否出差错的决定因素。

管理，是对人、机、环境要素的资质和相互间关系实施人为干预的工具。通过建立以安全为核心的规范化、标准化、文件化的管理体系，对系统的各个子系统及其关系实施有效的安全管理，是实现航空公司营运安全的重要保证。

6.4.2　安全风险评价理论

航空安全信息在航空安全管理中一直占有重要的地位。在早期的安全管理工作中，航空技术的改进在很大程度上依赖于航空事故等安全信息的反馈。在当今民航的安全管理中，信息发挥着越来越重要的作用。世界航空安全管理的理论和实践表明，每一次航空事故的背后，都存在着大量事故征候等不安全事件，其中有些是已记录下来的，还有许多是没有记录的。

因此，利用航空事故的宝贵信息去认识知之甚少的各种不安全事件，是预防事故、提高安全水平和安全管理效率的重要手段。在安全管理过程中，及时收集和分析安全信息，采取主动性的预防措施，将不安全事件数量和严重程度控制在可接受的安全水平范围之内具有重要的意义。

检索有关安全风险的文献可以发现，学界对这个重要的基本概念有种种不同的表述。《现代汉语词典》中将风险描述为"可能发生的危险"，而危险指"有遭到损害和失败的可能"。

在工业系统中，风险是指特定危害事件发生的概率与后果的结合。风险是描述系统危险程度的客观量，又称风险度或危险性。风险具有概率和后果的二重性，风险 R 可用损失程度 c 和发生概率 p 的函数来表示，即 $R=f(p,c)$。

在国际民航组织文件中，安全是以风险界定的。安全是一种状态，在这种状态下，产生伤害或损害的风险被限制在可接受的水平。带来风险的安全危险可在安全遭到明显破坏（如事故和事故征候）后显现出来，也可在实际安全事件出现之前，通过正式的安全管理方案加以主动识别。识别出安全危险源后，必须对相关风险进行评估。清晰地理解风险性质，确定风险的"可接受性"，对于不可接受的风险必须采取措施。

首先，风险是系统内部矛盾运动以及系统与外部环境相互作用的一种基本性质和状态表征。风险作为系统的一种基本性质，与系统共存。只要系统存在，在其内部就必然存在矛盾运动，与其外部就必然存在相互作用，因而也就必然存在风险。因此，绝对没有风险的系统是不存在的，绝对没有风险的民航业当然也是不存在的。

其次，安全和风险是从正反两个方面描述系统运动状态正常性水平的一对孪生概念，是一个硬币的两个面。绝对地说，安全就是无风险，有风险就是不安全。相对地说，安全水平高就是风险度低，风险度高就是安全水平低。如果把系统运动的正常性状态描述为信息论意义上的一个全集，那么安全和风险就是共同构成这个全集的两个互补的子集，即安全＝1–风险，或者风险＝1–安全。

衡量风险的量是风险度。目前在民航界并没有这样一个衡量风险度的通用指标，普遍用事故率和不安全事件率来描述民航安全水平，即用每百万飞行小时或每百万飞行架次事故率描述发生飞行事故的比例，用每百万飞行小时或每百万飞行架次不安全事件率描述发生飞行不安全事件的比例。经过长期的使用和改进，这两个指标已经成为世界民航界衡量安全水平的标准指标。除了事故率，我国民航重点关注不安全事件中比较严重的事故征候，设立了事故征候率指标。在我国，事故率和事故征候率已成为衡量民航安全水平的标准指标。但是，事故率、事故征候率、不安全事件率这三个指标在安全水平的名义下，描述的实际内容却是民航飞行的不安全水平。安全生产管理实践表明，事故和事故征候远不是全部已发现的不安全事件，何况还有难以计数的未发现的隐患。

对民航生产的安全水平和风险度应该有更全面、更合理的描述。在社会公众层面，考虑公众对安全的期待和祈求，应该使用更能正确反映航空安全水平实际情况的正面指标，建议称为安全度。这样，如上所述，1999～2008 年，我国民航以飞行事故为标准表示的安全度就是 99.999979％。同时，在安全管理层面，为了对风险有足够的估计并保持高度警惕，应该在行业系统内部在继续使用事故率和事故征候率指标的同时，逐步建立更能正确反映民航风险水平实际情况的指标，建议称为风险度。

目前，国内外表示民用航空安全状况的方法有比例分析法、FAA 单一指数法以及综合事故率指数等。这些方法对于建立第一类民航风险评估模型都有借鉴意义，但也各自有一定局限。为了更全面、有效地评估第一类民航风险，应综合各种方法，改进和发展现有模型。主要改进以下几个方面。

（1）现有各种模型只考虑了事故、事故征候，没有考虑其他不安全事件。而其他不安全事件同样是在民航运行过程中暴露出来的风险，并且已记录下来，是评估民航风险的重要信息资源。评估模型中应考虑其他不安全事件对民航风险的量化影响。

（2）只有 FAA 单一指数法对航空事故的伤亡算法较细，精确到每一个人的伤亡对民航风险的影响，而其他模型的算法比较粗，只是按严重事故、一般事故、事故征候三种情况进行了分类。

评估模型中应综合两方面的优点，更精确地考虑不同事故、事故征候以及其他不安全事件对民航风险的量化影响。

（3）民航风险的量化除了考虑人员伤亡的影响，还应考虑不安全事件所造成的经济损失，包括直接经济损失和间接经济损失。经济损失越大，风险越大。

6.4.3　安全管理系统

《国际民用航空公约》附件 14 明确建议国家民航当局在颁发机场运行许可时要以建立安全管理系统为条件。国际民用航空组织 Doc 9774 AN/969（机场合格审定手册），定义安全管理系统（Safety Management System，SMS）是在机场管理安全的系统，包括为实现机场运营人安全目标的组织结构与职责分配、程序、方法和预防措施，以确保在机场的安全得到控制，保证机场的安全使用。图 6-2 为机场安全运行的 SMS。

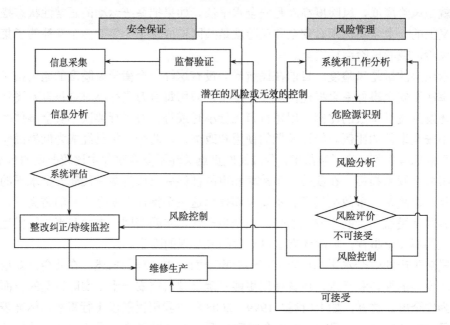

图 6-2　机场安全运行的 SMS

　　SMS 的目标是提高对安全的主客观认识，促进安全基础设施的标准化建设，提高风险分析和评估能力，加强事故防范和补救行动，维护或增加安全有效性，持续对内部进行事故征候监控，以及通过审计对所有不符合标准的方面进行纠正，对由审计形成的报告实施共享等。

　　SMS 最基本的理论是 Reason 理论，前提是人会犯错误，事故是由多种因素组合产生的，人只是导致事故发生的最后一个环节；通过风险控制的方法可以阻止事故链的形成，从而避免事故的发生；风险的控制是安全生产的全程控制，包括事前的主动控制、事中的持续监督控制和事后的被动控制。

　　从系统的硬件（H）、软件（S）、人员（L）和环境（E）及其彼此间的接口持续地分析，遵循闭环控制的基本原则，梳理系统的组织机构及职责、人员资质及职责、工作流程、文件记录及与相关部门间的业务接口等，从而识别维修系统中的主要控制节点及其相关的各类控制要素，明晰各子系统的职能及其相关的工作流程和管理要求。

　　1. 危险源识别

　　机场运行系统及其生产运行环境中存在的危险源必须被识别、记录和控制。危险源识别工作是在系统和工作分析的基础上，或安全保证功能提出要求的基础上，利用一些特定的方式、方法，辨识在生产运行过程中存在的危险源，并分析其潜在的后果。

　　2. 风险分析和评价

　　风险分析和评价是在危险源识别的基础上，对已经识别的危险源进行定性和定量的分析，确定其产生危害的可能性和严重性，从而判定风险等级和可接受程度，为风险控制措施的确定和衍生风险的控制打好基础（表 6-1，可扫描二维码查看彩图）。

表 6-1　风险确定表

可能性 严重性	1	2	3	4	5
5					
4					
3					
2					
1					

（1）可接受区域（绿色区域）。风险值小于等于 2 的绿色区域，属于可接受的风险，无须采取进一步的措施。但是机务部进行的风险管理，目标就是将风险尽可能地降至最低，这是持续改进的基本原则。因此，即便该风险处于可接受区域，但仍有措施可以继续降低风险，就应该继续改进。

（2）缓解后可接受区域（蓝色、黄色和粉色区域）。风险值处于 3～8 的区域内，属于在特定的条件下，采取了一定程度的缓解措施后可接受的情况，根据股份公司的管理政策和风险控制要求，分别由公司、股份公司安运部、股份公司核定控制缓解措施。

3．风险控制

风险控制是指在风险分析和评价的基础上，按照风险消除、风险减少和风险隔离的原则，针对机务部识别出的危险源所产生的风险，采用特定的措施来控制风险，尽可能地将风险等级控制到最低的程度，从而将维修系统安全运行风险控制在可接受范围内的过程。

风险控制是通过降低危险源发生可能性、危险源后果的严重性来降低风险等级。在实际操作过程中，最终通过风险控制所制定的措施来保证风险管理目标的实现。

6.5　机场飞行区安全风险管理

随着我国民航事业的快速发展，机场所需保障的航班量也在持续增加，机场面临着日益繁重的运行安全管理压力。与其他行业的不安全事件造成的危害特点不同，民航领域的不安全事件导致的危害结果有其特殊性：人员、财产、环境损失相对较小的事故，所造成的社会危害可能非常大。

6.5.1　机场飞行区安全风险

具体内容请扫描二维码阅读。

6.5.1 节

6.5.2　机场安全统计分析

具体内容请扫描二维码阅读。

6.5.2 节

6.5.3　机场安全风险分析

具体内容请扫描二维码阅读。

6.5.3 节

6.6　机场设备网络的可靠运行

6.6.1　复杂网络

网络是节点与连线的集合。如果节点按确定的规则连线，所得到的网络就称为规则网络；如果节点不是按确定的规则连线，如按纯粹的随机方式连线，所得到的网络就称为随机网络。如果节点按照某种自组织原则方式连线，将演化成各种不同的网络，称为复杂网络。Watts 和 Stogatz 在《自然》上提出了网络科学中著名的小世界网络概念。

小世界网络的基本模型是 WS 模型，算法描述如下。

（1）给定规则网：假如节点总数为 v_i 每个节点与最近的 $\min \sum_{i=1}^{n} \omega_i d(v_i, X_p)$ 个节点相连线的一维有限规则网，限定 s.t. $\max_{1 \leqslant i \leqslant n} d(v_i, X_p) \leqslant \lambda$。

（2）以概率 p 为规则网的旧连线重新连接，将该连线的一个端点随机放在新位置，排除重复连线和自身的连线。

小世界网络在 p 较小的一个范围同样具有较短平均路径和较大的集群系数，称为小世界效应或现象。许多现实的网络都具有小世界效应。

通常，节点上具有的连线数目称为该节点的度。对于规则网，每个节点的度数为 K，因此认为规则网的度分布（Degree Distribution）服从单点分布，也可当作连续 δ 分布。随机的度分布服从二项分布，对于很大的 N 和足够小的 p，可以用泊松分布逼近。

小世界网络进行线路连接方式发生变化，平均度保持不变为 K，但不同节点的度不再相同。小世界度分布曲线与随机的度分布曲线形态相近。平均度数处 $<k> = K$，曲线有一个峰值，偏离峰值的两侧度值减小较快。

$$P_p(c) = \binom{N}{c-K}\left(\frac{pK}{N}\right)^{c-k}\left(1-\frac{pK}{N}\right)^{N-c+k} \to \frac{<k>^k}{K!}e^{-<k>} \qquad (6\text{-}1)$$

式中，$c > K$。这是小世界网络的度分布表达式。

网络节点的度、平均路径长度和簇系数是描述设备复杂网络拓扑结构最基本的统计指标。

1. 度及度分布

作为整体设备网络结构中的节点 VOR（全向信标台），度是导航台上连接的通航航线边的数量，节点 i 的度表示为

$$k_i = \sum_j a_{ij} \qquad (6\text{-}2)$$

式中，a_{ij} 为节点 i 与 j 之间连接边的数目。度值的大小反映了该导航台与其他导航台之间的联通性和规模。

2. 平均路径长度

设备网络中的路径长度并不是指节点的直线距离，而是定义两个 VOR 节点 i 与 j 之间的距离 d_{ij} 为连接这两个点之间规划的所有路径中最短路径的边数。设备网络平均路径长度 L 定义如下：样本区域内所有不重复节点对之间路径长度的平均值。

$$L = \frac{1}{N(N-1)}\sum_{i \ne j} d_{ij} \qquad (6\text{-}3)$$

式中，N 为网络 VOR 总数。

3. 簇系数

复杂网络中的簇系数是用来表达网络节点聚类情况的参数，即网络中节点的邻接点之间也互为邻点的比例。节点 i 所对应的簇系数 C_i 指它所有邻点之间实际连接成边的数目占这些节点可能存在的最大连接边数的比例，也称为集群系数，用来衡量小集团结构的完美程度。复杂网络的集群系数可以用表达式来表示：

$$C = \frac{3N}{N_3} \qquad (6\text{-}4)$$

$$N = \sum_{k>j>i} a_{ij}a_{jk}a_{ik} \qquad (6\text{-}5)$$

$$N_3 = \sum_{k>j>i} (a_{ij}a_{jk} + a_{ij}a_{ik} + a_{jk}a_{ik}) \qquad (6\text{-}6)$$

式中，N 为网络中三角形（三环或者三完全图形）的总数；N_3 为网络中不完全三角形（即由两条边组成）的总数。

6.6.2　可靠运行评估方法

目前机场设备系统主要包含通信、导航、监视设备，它们在提供空中交通管制服务中协同配合，缺一不可。根据空管设备系统在管制服务中提供的不同作用，主要将其分为三类。

（1）无线电通信设备：VHF 超短波电台主要提供机场地空通信，也用于机场地面调度及传送飞行数据；HF 短波电台适用于远距离广播和无线电通信；微波通信设备在视线距离内用于机场与通信导航台站间的数据信息传输业务。目前由于高频通信系统信号不稳定，所以一般备用。

（2）导航设备：主要有测距机（DME）、全向信标台（VOR）、无方向信标台（NDB），用于引导航空器着陆、起飞，并向飞机提供航向距离等信息，使其沿航路飞行。

（3）监视设备：包含空管一次雷达（PSR）、二次雷达（SSR）、广播式自动相关监视设备（ADS-B），用于对空中航空器飞行状况进行跟踪和监控。

本模型的目标是使得整个配置区域的多重雷达覆盖区域面积最大，并且保证雷达设备能够为更多的航空器服务。本模型以雷达中心坐标为主要变量，因此，模型的目标函数是不同雷达位置所对应的配置雷达作用的关键性指数 V。在保证配置雷达尽可能满足多重覆盖的条件下，又能满足保障重点航路。根据网络中的情况，如空中交通流量、覆盖面积等，给配置雷达分配重要性指数。模型中的关键性指数是指在配置雷达后达到的雷达多重覆盖可靠度与重要性指数的乘积。换言之，如果配置的雷达满足了多重覆盖面积较大，但该覆盖区域内空中交通流量较小，也可能会失去雷达配置的意义，即

$$V = \min \sum_{j=2}^{+\infty} \sum_{i=1}^{N_j} \frac{s_i^j}{S} \rho_i (1 - \prod_{1}^{j}(1 - P_i)) \tag{6-7}$$

模型约束包括以下内容。

（1）航段距离约束。航段距离，并不是指从一个导航台到另一个导航台所标注的距离，由于航路上的不同位置被不同的雷达覆盖，雷达覆盖重度也不同，所以航段 n 的距离等于该航段所属航路 n 在雷达 m 覆盖范围内的直线距离。

（2）雷达管制特性约束。雷达管制条件下，要求所有管制空域内的航路航线都能被雷达覆盖。

（3）配置区域范围约束。配置区域是预先进行雷达配置所划设的具体范围，在实际中以平面直角坐标系作为覆盖面。

（4）航路范围约束。航路范围是指以固定的航路为中心，航空器在航路上最大的偏航距离。

$$s_n^k = l_n d \tag{6-8}$$

（5）雷达覆盖范围约束。雷达覆盖范围以雷达的最大作用距离为半径，按照模型假设进行覆盖范围确定。

$$S = \pi R_{\max}^2 \tag{6-9}$$

习　题

1. 事故树分析与故障树分析方法有什么不同？

2. 机场安全系统的信息来源包括哪些？

3. 机场安全风险包括哪几类？

4. 机场安全风险分析主要有哪些方法？

第7章　与民航部门关联的管理系统

7.1　与空管关联的系统

7.1.1　概述

空中交通管理主要包括空中交通服务、空中交通流量管理和空域管理三个方面。空中交通服务包括空中交通管制服务、飞行情报服务和告警服务。空中交通管制服务的任务是防止航空器与航空器相撞及在机动区内航空器与障碍物相撞，维护和加快空中交通的有序流动。飞行情报服务的任务是向飞行中的航空器提供有助于安全和高效地实施飞行的建议与情报。告警服务的任务是向有关组织发出需要搜寻援救航空器的通知，并根据需要协助该组织或协调该项工作的进行。空中交通流量管理的任务是在空中交通流量接近或达到空中交通管制可用能力时，适时地进行调整，保证空中交通量最佳地流入或通过相应区域，尽可能提高机场、空域可用容量的利用率。空域管理的任务是依据既定空域结构条件，实现对空域的充分利用，尽可能满足经营人对空域的需求。

随着我国民航事业迅猛的发展，航空器的数量不断增加，经常出现在一年的某些时期内、在一个星期的某些时间内和在一天的某些小时内，某一空域、某一航线上飞机过于集中和拥挤或因气候等其他原因造成某一空域的空域管制中心的管制能力无法应付的问题。为此，往往通过流量控制的方式解决问题。随着国内飞行量的增加，因流量控制造成的航班延误量日益增加，流量管制原因和流量管理诱发的其他原因已成为航班延误的主要原因之一。同时，流量控制措施常常导致在起飞前的飞行延迟、飞行中的等待、使用不经济的飞行高度层、改变航线、打乱班机时刻、给航空器经营人带来经济与燃油损耗、机场或候机楼的拥挤和旅客不满意等多种负面影响。因此，空中交通流量管理（Air Traffic Flow Management，ATFM）成为民航当前极为迫切的任务。

国际民航组织对空中交通流量管理定义为：为有助于空中交通安全、有序和快捷的流通，以确保最大限度地利用空中交通管制服务的容量并符合有关空中交通服务当局公布的标准和容量而设置的服务。它的目的主要是为空中交通安全、有序和流量的加速提供服务，确保最大限度地利用空中交通管制（Air Traffic Control, ATC）容量，为飞机运营者提供及时、精确的信息以规划和实施一种经济的空中运输，以尽可能准确地预报飞行情报而减少延误。ATFM 是空中交通管理（Air Traffic Management, ATM）的主要组成部分。随着我国民航运输量的不断攀升，空中交通流量日益增加，空中拥堵具有很高的必然性。通过对过去的工作分析，我国空中交通流量管理需要克服以下几个方面的问题：①航班量迅速增加。在过去的 10 年里，中国大陆民航的实际航班飞行量年均增长都在 15%左右，再加上航班活动范围主要集中在北京、上海、广州、成都以及一些沿海城市，进一步加大了空中交通管理系统均衡流量和处理冲突的工作负荷。②空域管理存在的问题。目前，中国大陆只有一小部分的空域开放为民航使用，空域的开放程度严重不足，这与空中交通发达国家 90%左右的空域用于民航形成强烈反差。③恶劣天气的影响。尽管现代航空器都安装了先进的航行设备，但仍然不能完全抵御低云、低能见度、雷暴和台风等恶劣天气的影响。④空军活动的影响。一旦空军活动开始，就会带来相关空域不能使用以及相应高度不能飞行等相关问题，这使得本来就狭小的民航空域变得更小，机动的余度变得更小，势必会造成进入该区域的航班空中拥挤，造成航班延误。⑤严重缺乏空中交通流量管理的技术手段。多年来中国民航以空中交通管制服务兼顾空中交通流量管理的作业方式，在空中交通活动增加到较高的水平时，干扰了正常的交通管制服务，影响了安全，与此同时，也很难达到完善空中交通流量管理的目的。

随着国际民航、中国民航的发展，ATFM 越来越体现出其重要性。流量管理系统在国际上起源于 20 世纪 70 年代中期，最初是为了缓解局部航运阻塞而设计和开发的专用系统，状况与我国现在的状况较为相似。经过 20 世纪 80 年代和 90 年代的发展，已成为 ATM 系统中必不可少的组成部分。它们的共同特点是：拥有中央数据库的支持、专门的流量管理部门和先进的流量管理系统。

在欧洲，1989 年成立了中央流量管理机构（CFMU），为欧洲民用航空委员会（ECAC）的所有成员国提供 ATFM 服务。CFMU 建立在国际民用航空组织的集中 ATFM 组织（CTMO）概念基础上，到 1995 年底，已初步在欧洲提供以下技术设备：有关空中交通需求的战略数据库、综合初始飞行计划的处理系统、包含飞行计划的战术数据库、利用战术数据的工具，特别是间隔自动分配功能、连接 CFMU 与流量管制席位（FMP）和 IFR 飞行和通用航空的用户（AO）的数据网络、进行 ATFM 规划和质量控制统计的档案数据库。

在日本，1988 年设计 ATFM 系统概念，1991 年开始开发，1993 年 ATFM 系统基本完成投入使用， 主要由流量管理中心和四个区域管制中心与主要机场终端组成。

在美国，FAA 采用增强的交通管理系统（ETMS）用于 ATM 服务。其中重要组成部分为航空器状态显示器（ASD），安装在空中交通系统指挥中心（ATSCC）和 20 个航路交通管制中心（ARYCC）和一些需要的终端雷达进近管制（TRACON）设施内，实现其流量管理功能。整个系统在 ATM 系统集成、监控告警、解决方案、专家系统及评估和易于扩展方面，均显示了其强大的功能。

7.1.2 跑道容量理论评估模型

1. 跑道容量的定义

跑道容量为单位时间内跑道能够服务的最大飞机架次。跑道容量一般用跑道对所有类型的飞机服务时间的加权平均值表示：

$$C = \frac{1}{E[T]} \tag{7-1}$$

$$E[T] = \sum_{i=1}^{n} \sum_{j=1}^{n} p_{ij} T_{ij} \tag{7-2}$$

式中，C 为跑道容量；$E[T]$ 为跑道的平均服务时间；p_{ij} 为 j 型飞机尾随 i 型飞机的概率；T_{ij} 为 j 型飞机尾随 i 型飞机时，它们之间的时间间隔。

2. 单跑道到达容量模型

若飞机对最小的空中间隔小于前机的跑道占用时间，则将飞机对的间隔时间调整为前机的跑道占用时间，得到

$$T_{ij}(AA) = \max[AROR(i), AASR(ij)] \tag{7-3}$$

式中，AROR（i）（Arrival Runway Occupy Requirement）为相继到达飞机的跑道占用时间规定，前机 i 清空跑道前后机不会进入跑道。AASR（ij）（Arrival-Arrival Separation Requirement）为相继到达飞机的时间间隔规定，使相继到达飞机的空中间隔不违反空管最小间隔规定。

将连续、相继到达的飞机对在跑道入口的间隔时间进行加权求和，得到跑道平均服务时间

$$E[T(AA)] = \sum_{i=1}^{n}\sum_{j=1}^{n} p_{ij}T_{ij}(AA) \tag{7-4}$$

式中，$E[T(AA)]$ 为跑道对到达飞机的平均服务时间；p_{ij} 为飞机 j 在飞机 i 之后的概率，假设飞机随机排序，则 $p_{ij} = p_i p_j$，$\sum_{i=1}^{n}\sum_{j=1}^{n} p_{ij} = 1, p_{ij} \geqslant 0$。

计算跑道对到达飞机平均服务时间的倒数，即单跑道到达容量

$$C_A(AA) = \frac{1}{E[T(AA)]} \tag{7-5}$$

式中，$C_A(**)$ 括号中的字母表示跑道的使用策略，包括 AA（Arrival Arrival）、DD（Departure Departure）和 DA（Departure Arrival）。

3. 单跑道离场容量模型

若飞机对的最小起飞时间间隔小于前机的跑道占用时间，则将飞机对的间隔时间调整为前机的跑道占用时间，得到

$$T_{ij}(DD) = \max[DROR(i), DDSR(ij)] \tag{7-6}$$

式中，DROR（i）（Departure Runway Occupy Requirement）为相继起飞飞机的跑道占用时间规定，起飞飞机清空跑道后，其他飞机才能进入跑道。DDSR（ij）（Departure-Departure Separation Requirement）为相继起飞飞机的时间间隔规定，使相继起飞飞机的空中间隔不违反空管最小间隔规定。

将连续、相继起飞的飞机对开始滑跑的间隔时间进行加权求和，得到跑道平均服务时间

$$E[T(DD)] = \sum_{i=1}^{n}\sum_{j=1}^{n} p_{ij}T_{ij}(DD) \tag{7-7}$$

式中，$E[T(DD)]$ 为跑道对起飞飞机的平均服务时间；p_{ij} 为飞机 j 在飞机 i 之后的概率，假设飞机随机排序，则 $p_{ij} = p_i p_j$，$\sum_{i=1}^{n}\sum_{j=1}^{n} p_{ij} = 1, p_{ij} \geqslant 0$。

计算跑道对起飞飞机平均服务时间的倒数，即为单跑道起飞容量

$$C_D(\text{DD}) = \frac{1}{E[T(\text{DD})]} \tag{7-8}$$

4. 平行双跑道容量模型

由于到达流和起飞流，以及起飞流之间相互独立，因此两起、一降一起两种跑道操作策略下的容量模型与"起飞流和到达流分别独立"时的相应容量模型类似，具体情况如下。

两条跑道都用于降落时双跑道容量为

$$C(\text{TA}) = 2C_A(\text{AA}) \tag{7-9}$$

两条跑道都用于起飞时双跑道容量为

$$C(\text{TD}) = 2C_D(\text{DD}) \tag{7-10}$$

一条跑道用于降落，另一条跑道用于起飞的跑道容量为

$$C(\text{OAOD}) = C_A(\text{AA}) + C_D(\text{DD}) \tag{7-11}$$

一条跑道用于起飞，另一条跑道用于降落的跑道容量为

$$C(\text{ODOA}) = C_A(\text{AA}) + C_D(\text{DD}) \tag{7-12}$$

滑行道是连接机场飞行区各部分飞机运行的通道，根据结构和布局特点，可分为单向滑行道、双向滑行道和滑行道交叉点。单向滑行道容量利用平均速度与平均机头间隔比值表示。考虑滑行道双向运行时，存在更换方向使用问题，此时必须是单向运行的飞机组脱离后，另一方向飞机才能进入滑行道。当滑行道存在交叉情况时，则需要设置等待区域即禁区，分析方法与双向运行类似。

7.1.3 滑行道容量理论评估模型

在单向滑行道上，飞机只能沿着一个方向滑行，其容量定义为加权平均滑行速度与加权平均机头距离的比值。

$$C = \frac{v}{H} \tag{7-13}$$

$$H = E[H_{ij}] = \sum_{i=1}^{n}\sum_{j=1}^{n} p_{ij}H_{ij} \tag{7-14}$$

$$v = E[v_{ij}] = \sum_{i=1}^{n} p_i v_i \tag{7-15}$$

式中，C 为单向滑行道容量；H 为平均机头距离；H_{ij} 为前机 i 与后机 j 的机头距；p_{ij} 为前机 i 与后机 j 的机头距权重；v 为平均滑行速度；v_i 为类型 i 的飞机的滑行速度；p_i 为类型 i 飞机的滑行速度权重。

在双行滑行道上，飞机以组为单位单方向运行，换方向时必须是单方向运行的飞机脱离滑行道后，另一组不同方向的飞机才能进入滑行道。

飞机组的第一架飞机进入滑行道到飞机组的最后一架飞机退出滑行道的时间间隔 T 为

$$T = \frac{L + A + (N-1)H}{v} \tag{7-16}$$

式中，L 为滑行道长度；A 为最后一架飞机的机身长度；H 为平均机头距；v 为平均滑行速度。

相应地，双向滑行道容量为

$$C = \frac{Nv}{L + A + (N-1)H}$$　　　　　　（7-17）

式中，N 为飞机组包括的飞机架数，当飞机组包含的飞机数不同时，N 可取加权平均值，权重为各飞机组出现的概率。

滑行道交叉点容量同双向滑行道容量类似

$$C = \frac{Nv}{x + A + (N-1)H}$$　　　　　　（7-18）

式中，x 为禁止区域的长度，当一组飞机在此区域内活动时，另一滑行道上的飞机禁止进入该区域。

7.1.4　空管流量管理系统

1. 空域流量管理系统

空域流量管理系统主要是通过综合考虑空中交通容量评估模型多约束条件（操作区域、随机波动因素、噪声、ATC 管制规则、系统延迟）、天气变化、通信、导航和监视设备的性能、空域结构与程序的调整以及系统保障能力的改变对空域容量的影响，并结合管制员工作负荷，将空中交通容量评估模型扩展为单机场、多机场、单终端区、多终端区、单区域、多区域的容量评估模型，可对现有空域类型或航路结构，或者新设计的空域类型或航路结构进行有效的评估，最终对评估对象的容量得出比较客观的数值或语言描述。

空域容量评估系统主要包括空域设计模块、理论容量评估模块、实际容量评估模块和基于管制员工作负荷容量评估模块，各模块之间的关系是：进行理论容量和实际容量评估时，根据空域设计模块提供的空域结构数据，分别通过无延误下的容量模型计算得出理论容量和一定延误水平下的实际飞行计划仿真得出实际容量；基于管制员工作负荷容量评估，可在管制现场或在模拟机上练习时对管制员的工作负荷进行统计，得出在管制员工作负荷达到饱和时的主观容量。根据以上一种或多种评估方法得到的数据，综合分析空域容量评估结果。

2. 进离港排队系统

由于机场物理条件导致容量限制，所以必须在安全、可预测、经济性这三大原则下想方设法充分利用跑道系统。使用机场管理（Arrival Management，AMAN）系统，为 ACC 管制员和 APP 管制员提供飞机进场顺序的优化排序，被实践证明是一种有效的增加容量、提高效率的方式。一个好的 AMAN 系统必须最大化地利用有限的空域和跑道资源，提供最大的灵活性并且保证管制员的工作量没有显著增加。

AMAN 系统是实时进场航班降落排序管理系统，该系统为机场提供持续优化的机场航班序列。航班序列并不是基于刚性的算法，而是根据真实的动态信息和目前态势与计划的差异来进行持续的优化。通过更少的盘旋等待和优化的航班间隔来确保跑道的最大吞吐量，与此同时几乎不增加管制员负荷，并且具有高度的灵活性，适用于各种机场运行情况。

离场管理（Departure Manage，DMAN）系统的功能是综合考虑机场的各种情况，提供机场的起飞顺序管理。由于航班的起飞流程不仅由管制部门制定，还要受到机场、航空公司的影响，安排一个高效合理的起飞顺序需要综合考虑多方面的因素，必须让机场和航空公司参与进来。例如，允许航空公司输入预计出发时间（Estimated Time of Departure，ETD），可以有效避免起飞时隙的浪费，也可以使航空公司免遭"双重惩罚"。

3. 空域优化方法

空域优化包括宏观层次的优化、中观层次的优化和微观层次的优化。

（1）宏观层次上的优化是指全局范围内航行系统的改进和完善，这种优化可以明显提高航路、终端区和机场的容量。

（2）中观层次上的优化是指确定高峰时刻，调节和控制机场的机队混杂比例，以获得一个较高的稳定容量值。

（3）微观层次上的优化是指采用排队策略对飞机进行排序，使得在给定时间内，机场能够容纳更多的飞机；同时可以采用线性规划等方法，从机场容量曲线中选择匹配流量的最佳容量值。

在 8900～12500 米的高度层空间范围内，飞机之间的最小垂直间隔由过去的 600 米缩小为现在的 300 米，该空间范围内飞行高度层的数量从原有的 7 个增加到 13 个，新增 6 个飞行高度层。

这个高度层空间范围刚好是现代喷气式民航客机巡航阶段所主用的高度层，从而能有效增加空域容量，提高航空公司的运行效益，减轻空中交通管制指挥的工作负荷，如图 7-1 所示。缩小垂直间隔，理论容量增加 85.7%。

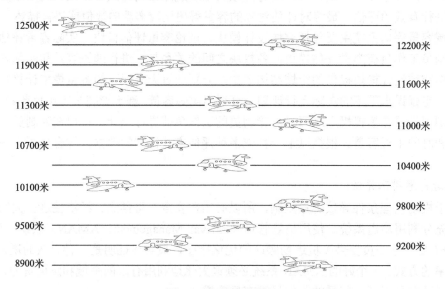

图 7-1 空域流量增加

区域导航是一种先进的导航方式，允许飞机在相关导航设施的信号覆盖范围内，或在机载自主导航设备能力限度内，或在二者组合下沿任意期望的航迹飞行。

采用区域导航的方式，不再受传统导航方法向、背导航台的飞行方法限制，可以提供快捷灵活的航路和飞行程序，如图 7-2 所示。

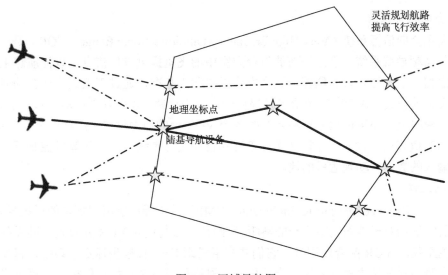

图 7-2　区域导航图

4. 流量管理系统

（1）信息显示功能。流量管理系统能够迅速、准确、灵活地向使用者显示各种与空中交通流量有关的静态和动态的信息与数据，如航路和空域的资源分布、空域和管制的容量、系统的各自状态、航班计划和动态、航路和气象状况等。这些信息和数据分别针对区域、进近、机场、空域的不同进行必要的加工，并以表格、图形、图像的形式显示给用户。

（2）数据交换功能。流量管理系统涉及的动态数据交换具有实时性和完整性。航班和飞行计划的执行与进程情况，可通过雷达、通信、AFTN 电报、ACARS 等信息的交换获得。

（3）协调与指挥功能。流量管理系统在运行中，要处理全系统产生的不协调问题，即不满足系统容量或流量。这需要中央流量管理机构与各个流量管理席位保持良好的协调与指挥关系，因此流量管理系统具有内部分层的类似远程会议的功能，能够将必要的信息和数据，如语言、文字、图表、图形、图像等同时显示给协调者，即在指挥者与执行者面前建立互动的信息界面。

（4）决策支持功能。流量管理系统包含计算机决策支持系统，能够在繁杂的空中交通流量管理过程中保持迅速和准确的判断决策能力。在特殊飞行、恶劣天气、突发事件等情况下，能够调度使用流量管理的资源，为决策者迅速提出决策的依据和方案。

（5）流量瓶颈的监视与预警功能。流量管理系统能够对空中交通系统在运行中存在的或可能存在的以及即将存在的资源性的流量瓶颈做出分析报告，并向系统管理者提出预警。例如，通信导航设施、天气、空域、飞行动态等将对管制区域、终端区（进近管制区）、机场、飞行空域等产生瓶颈性的限制等。

7.1.5　导航系统

机场导航系统包括甚高频全向信标系统、测距仪、仪表着陆系统、卫星导航系统、雷达系统等。

1. 全向信标系统

甚高频全向信标系统（Very High Frequency Omnidirectional Range，VOR）是一种相位式近程甚高频导航系统，它由地面的电台向空中的飞机提供方位信息，以便航路上的飞机可以确定相对于地面电台的位置，这个方位以磁北为基准，通过直接读出电台的磁方位角来确定飞机的位置，或者在空中给飞机提供一个空中道路，以引导飞机沿着预定航道飞行。在民航运输机上，还可以预先把沿航线的各个 VOR 台的地理位置（经纬度）、发射频率、应飞行的航道等逐个输入计算机（飞行管理和自动飞行系统），在计算机控制下，飞机就可以按输入的数据自动到达目的地。

2. 测距仪

测距仪（Distance Measuring Equipment，DME）是国际民航组织规定的近程导航设备，它提供航空器相对于地面测距仪台的斜距。测距仪一般与民航 VOR 和仪表着陆系统配合使用，当测距仪与 VOR 配合使用时，它们共同组成距离-方位极坐标定位系统，直接为飞机定位，当测距仪与仪表着陆系统配合使用时，测距仪可以替代指点信标，以提供飞机进近和着陆的距离信息。

3. 仪表着陆系统

仪表着陆系统（Instrument Landing System，ILS）是目前应用最广泛的飞机精密进近和着陆引导系统，它的作用是由地面发射的两束无线电信号实现航向道和下滑道指引，建立一条由跑道指向空中的虚拟路径，飞机通过机载接收设备，确定自身与该路径的相对位置，使飞机沿着正确方向飞向跑道并且平稳下降高度，最终实现安全着陆。测距仪与 VOR 设置于机场进出点和航路（航线）上的某一地点，测距仪与仪表着陆系统合装时，通常设置在下滑信标台，也可以设置在航向信标台。若设置在机场终端，应符合机场净空要求。

4. 卫星导航系统

卫星导航系统在机场的应用是精密导航技术（Required Navigation Performance，RNP），它是利用飞机自身机载导航设备和全球定位系统引导飞机起降的新技术，也是目前航空发达国家竞相研究的新课题和国际民航界公认的未来导航发展的趋势。与传统导航技术相比，飞行员不必依赖地面导航设施即能沿着精准定位的航迹飞行，使飞机在能见度极差的条件下安全、精确地着陆，极大提高飞行的精确度和安全水平，RNP 对于地形复杂、气候多变的西部高原机场具有十分重要的推广作用。

5. 雷达系统

雷达是指用无线电方法对目标进行探测。雷达的基本任务有两个，一是发现目标的存在，二是测量目标的参数。

空中交通管理中的监视雷达主要分为一次监视雷达（又称一次雷达）和二次监视雷达（又称二次雷达）。一次监视雷达是反射式雷达。二次监视雷达也叫空管雷达信标系统，最初是在空战中为了使雷达分辨出敌我双方的飞机而发展的敌我识别系统。用于空中交通管制后，就成为二次雷达系统。二次雷达实际上不是单一的雷达，而是包括雷达信标及数据处理在内的一套系统。

一次雷达的工作方式为雷达发射无线电波，无线电波经空间传播照射到目标，目标被电波照射后辐射二次电波，少量信号沿雷达发射的无线电波反方向返回，雷达接收机接收从目标返回的电波能量，从而确定目标的位置。一次雷达无法识别目标的身份，因而难以满足空中交通管理的要求。

二次雷达的工作方式与一次雷达不同，它是由地面询问机和机载应答机配合而成，采用的是问答方式。二次雷达实际上同时利用雷达和通信的特点。所谓雷达特点是指它可以用来确定目标的距离和方位。而通信的特点是指它可以从目标应答机的应答信号中获取一般雷达信号所没有的信息。全球范围广泛使用的二次监视雷达工作时，首先是地面二次雷达发射机发射 1030 兆赫的询问脉冲信息，向机载设备发出询问，机载应答机在接收有效询问信号后产生相应的频率为 1090 兆赫的应答信号向地面发射。地面二次雷达接收机接收应答机信号，经过计算机系统一系列处理后，获得所需要的各种信息。可见，二次雷达必须经过二次雷达发射机和机载应答机的两次有源辐射才能实现其功能。

空中交通管理的主要目标之一就是保证飞行安全。借助雷达可以有效地控制飞机间的间隔，确定飞机的位置并辨认飞机的类型和号码。除此之外，还可以为驾驶员提供导航协助、仪表着陆引导、不安全状态告警等空中交通服务。

1）目标的识别和移交

目标的识别和移交是雷达管制中的基本程序。实现雷达管制首先要对目标进行识别，如果把和目标相对应的飞机搞错，将会导致严重的航行事故。

二次雷达识别目标很容易。第一种方法是要求驾驶员使用特别位置识别脉冲，即应答机在 A 模式的回答编码后 435 微秒发出一个脉冲，该脉冲使地面站屏幕上的亮点变宽，以区别于屏幕上的其他亮点，从而识别飞机。第二种方法是管制员要求驾驶员把应答机间断地开机、关机，这样屏幕上相应的亮点会一会儿有，一会儿无，从而识别飞机。使用计算机化的二次雷达识别工作更为容易，只要飞机发出正确的识别码和应答机编码，二次雷达的数据处理系统就会把相应的数据显示在雷达亮点旁的数据框内。

目标的移交是当一架飞机进入一个管制员的控制范围或扇区并被识别后，在这个范围内的管制员要负责这架飞机的安全间隔和管制引导，当飞机要飞出这个范围或扇区时，该管制员要把这架飞机的识别号码和管制权移交给下一个管制员。这要按照一定的程序进行，在飞机越过两个控制范围的边界前要得到下一个范围管制员的同意，然后做出移交决定。

在飞机越过边界前驾驶员要和下一个范围的管制员建立通信联系，在飞机越过边界时完成移交。对于接收飞机的管制员要在屏幕上辨认出这架飞机，在判定没有危险时同意飞机进入他的管制范围，但在飞机越过边界之前不能指令飞机改变航行参数，在飞机越过边界那一刻之前飞机仍旧服从前面一个管制员的指令。目标的移交是按照严格的程序并在两个管制员意见一致时协调进行的。

把当前管制区中的管制员称为发送方，把下一个范围的管制员称为接收方，在进行移交的过程中，发送方必须遵守以下几点要求。

（1）如果没有接收方的认证或者许可，飞行器不能穿过两个扇区之间的边界。

（2）飞行器在穿过边界之前，必须要收到接收方管制员的同意。

（3）通信的移交必须在飞行器穿过边界前完成，即在飞行器穿过边界前就可以与飞行器进行无线通信。

（4）除非拒绝飞行器进入，否则管制的移交要在边界完成。

（5）任何由接收方规定的限制都必须遵守。

接收方必须遵守以下几点要求。

（1）任何关于飞行器的限制都必须通知给发送方管制员。

（2）接收方管制员只有在飞行器已经穿越边界后，才可以改变其高度、航向、速度或应答机编码。

（3）若飞行器穿过边界前，接收方必须使其改变航线或高度，那么只有接收方收到发送方的许可才可将指示发送给飞行员。

目标的移交分为两种方式，其英文表示分别为 Hand Off 和 Point Out。Hand Off 是指如果一个飞行器要进入接收方管制员负责的空域，那么发送方管制员不但要将飞行器的雷达标识发送给接收方，而且要求把它与飞行器的通信进行移交。Hand Off 和 Point Out 的主要差别在于飞行器和发送方管制员的通信不被移交。Point Out 主要适用于飞行器在短时间内穿过多个扇区边界，这时要求飞行员与每个管制员都分别建立通信是不切实际的。

在如图 7-3 所示的例子中，飞机要穿过扇区 A,B,C。由于飞机经过 B 扇区的时间非常短，所以发送方（扇区 A）管制员将飞机移交给扇区 B 的管制员时所选择的方式是 Point Out，同时，与扇区 C 的管制员进行移交方式为 Hand Off 协商。在执行 Point Out 的过程中，发送方（扇区 A）管制员必须遵守以下规则。

（1）必须在飞机进入扇区 B 之前就收到扇区 B 管制员的许可。扇区 B 管制员并不是一定要同意 Point Out 方式，他可以坚持与飞机进行通信。如果是这样，那么与扇区 B 管制员进行的 Point Out 方式就变成了 Hand Off 方式。

（2）当飞机处于扇区 B 时，扇区 B 管制员可以对飞机制定规则。

（3）扇区 A 管制员负责与扇区 C 管制员进行 Hand Off 方式的初始化。

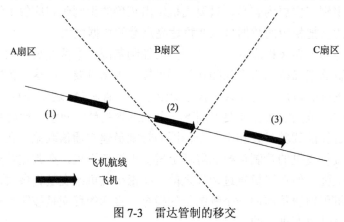

图 7-3　雷达管制的移交

2）雷达间隔

利用雷达，管制员可以"看"到飞机，因而可以把间隔的距离缩小，从而提高空域的利用率。

在飞行高度层 290 以下，垂直间隔标准是 300 米，在高度层 290 以上是 600 米。

当雷达识别飞机之后，雷达管制可以把两架飞机之间纵向间隔缩短到 3～5 海里（1 海里约为 1.852 千米）。由于飞机离雷达天线的距离越远，它的回波时间越长，因而离雷达近（40海里）的飞机可以把最小间隔降低到 3 海里，而 40 海里之外的飞机纵向最小间隔应加大到 5海里。此外，在一架大飞机之后飞行的小飞机，为了避开前一架飞机的尾流，纵向间隔应加大到 5 海里以上。

对于离场时的初始间隔，两架飞机相继在同一跑道上起飞离场，在雷达管制的情况下，如果两架飞机的航线在起飞之后有 15 度以上的偏离角，它们之间的最小间隔可以降到 1 海里，如图 7-4 所示。

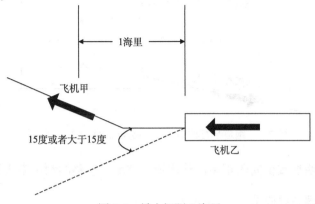

图 7-4　最小间隔 1 海里

如果两架飞机同时从两条不相交的跑道上起飞离场，并且跑道之间以及飞机的航线之间都至少有 15 度以上的偏离角，那么可以不要求飞行间隔，如图 7-5 所示。

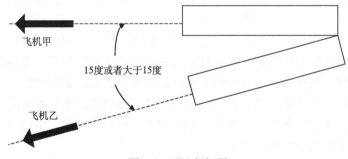

图 7-5　无飞行间隔

如果两条跑道相交，但其偏离角至少为 15 度而且飞机起飞后航线之间的偏离角也至少为 15 度，那么当领航的飞机穿过交叉点后就可以将后面的飞机放行，如图 7-6 所示。

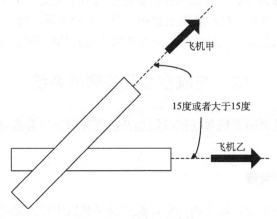

图 7-6　跑道相交的情形

如果飞机运行在平行的跑道上，跑道相距至少 762 米，并且飞机起飞后的航线有一定的偏离，那么可以让它们同时离场，如图 7-7 所示。

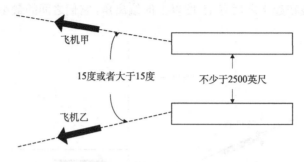

图 7-7 跑道平行的情形（1 英尺=3.048×10^{-1} 米）

雷达管制可以明显减少间隔距离，使跑道、空域和航路的利用率大为提高。

7.1.6 空中交通管理主要岗位

民航由管制区域划分为三类，即塔台管制、进近管制、区域管制；具体到每一类又划分为几个席位，如计划位、放行位、监督位等，有的还有设流量管理席位。

管制员按照其执照类别可以分为机场管制员、进近管制员、区域管制员、进近雷达管制员、精密进近雷达管制员、区域雷达管制员、飞行服务管制员和运行监控管制员等八类。机场管制员主要负责塔台以下席位，包括机场管制席、地面管制席、放行许可发布席、通报协调席、主任席和军方协调席。进近管制员主要负责进近管制席、进场管制席、离场管制席、通报协调席、主任席、飞行计划编制席、军方协调席。区域管制员主要负责程序管制席、雷达管制席、主任席、飞行计划编制席、通报协调席、军方协调席、流量管理席和搜寻救援协调席。飞行服务管制员负责计划处理席、动态维护席、主任席。运行监控管制员主要负责管制单位运行监控工作。

管制员的工作目标最根本的一条：防相撞。这包括防止航空器之间以及航空器与其他障碍物相撞。天空虽然广阔，但可以用来飞行的空间却很有限。客机一般都是沿着由无线电导航设备架设的航路飞行，这样确保飞机可以安全顺利地到达目的地，一旦偏离了航路，就可能迷失方向或者遇到危险。天上同样也会存在类似于地上的十字路口甚至更复杂的航路结构。每天有成千上万架飞机在航路上穿梭往返，上升下降，为了保证飞机不发生相撞，管制员需要在它们之间配备一定的间隔，只有在大于规定的间隔时，两架飞机才是安全的。

7.2 与航空公司关联的系统

航空公司与机场关联的系统包括航线规划及航班管理、机务维修系统和集成运行控制系统。

7.2.1 航线规划及航班管理

航线是航空公司的客货运输市场，也是航空公司赖以生存的必要条件。航线网络的布局是制定航班计划的前提，科学合理、实事求是地设计航线网络，对于有效地组织生产，充分地发挥民航运输企业潜力，提高生产效率和生产质量，都具有极其重要的意义。根据航线结构形式的不同，航线网络可分为城市对航线、线形航线、枢纽式航线、蛛网式航线以及环形网络五种结构。航线网络优化设计是指在航空运输涉及的城市与城市之间的连线所构成的网络上，以运输总成本最小为目标，对所有的 O-D 流安排具体的运输路径。不同的 O-D（Origin-Destination）流运输方式，将形成不同的航线网络结构。枢纽式航线网络是通过枢纽机场汇集客流再分运而形成的一种网络结构。枢纽式航线网络的优化设计包括四个步骤：①确定枢纽机场的个数。②确定非枢纽机场和枢纽机场的连接方式。③运用最优化方法进行建模。④求解出所有 O-D 流的具体安排。

蛛网式航线网络不仅包含焦点城市和大量中短途航线、有蛛网物理形态的航线结构图，还包含了其特有的航线策略、服务城市结构、中转方式以及航班的编排方式。

在进行蛛网式模型设计时，必须考虑到蛛网式航线网络的三个基本因素。

（1）蛛网形成的根本原因是减少枢纽上的非必要的中转。

（2）采用避开枢纽的航线策略。该航线网络中不包含起讫机场都是枢纽机场的航线，这些不包含的航线另属于枢纽式航线网络运输的核心部分。

（3）蛛网式和枢纽式网络二者所提供的服务与目标客户都有一定差异性，这种差异性使得二者无法相互替代，二者共同满足整个运输市场的运输需求，故而网络模型的目标函数应该是要求总的运输成本最低。

航班管理包括五大模块：航班计划管理、航班基础信息维护、动态航班管理、报文信息确认、航班日志和历史记录管理。其数据流程如图 7-8 所示。

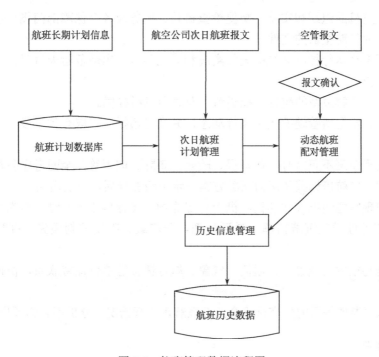

图 7-8　航班管理数据流程图

根据《中国民用航空规章》（CCAR）第 121 部的规定，运行控制是指合格证持有人使用飞行动态控制的系统和程序，对某次飞行的起始、持续和终止行使控制权的过程。公司保证航班运行控制的全过程符合民航规章，符合公司运行规范、运行政策、标准和程序，除特殊情况经批准外，航班运行完全控制在运行规范授权的范围内。公司运行控制中心授权合格的飞行签派员承担公司运行控制，所有参加运行控制的飞行签派员必须完成规定训练并经检查合格。

运行控制的优先次序为：专机飞行、特殊或紧急任务飞行、定期航班、非定期航班、训练飞行。

管理的目的就是实现预期目标。而作为航空公司的核心——运行控制中心的运行目标就是使航班运行达到安全、正常、经济。运行控制中心作为航空公司的组织和指挥中心，根据航空公司的运行计划，合理地组织航空器的飞行并进行运行管理，争取航班正常，提高服务质量和经济效益。

1. 签派放行的概念和基本程序

根据中国民用航空规章 CCAR-121 部的规定，为了保证飞行安全和航班正常，航空公司运控中心签派员必须按照签派放行程序，对航空公司的每次飞行进行签派放行，签署《签派放行单》，并与航班机长共同对飞行计划和签派放行负责，保证每次飞行符合中国民用航空规章和公司的运行规范。

2. 签派运行控制的职责

（1）根据航空公司的运行计划，合理地组织航空器的飞行并进行运行管理，争取航班正常，提高服务质量和经济效益。

（2）承办飞机的组织和实施，督促检查机长、机务及各个保障部门飞行前的准备实施情况，并签发放行航空器的文件。

（3）掌握整个运行控制区域的天气实况和天气预报。出现危险天气时，及时通报有关机组和保障单位。

（4）收集、了解最新的航行情报资料，及时向机组提供。

（5）监督、掌握所管辖的飞机飞行动态，并及时通报，采取有效手段，保证飞行安全和航班正常。

（6）当出现航班不正常时，如延误、改航、备降、取消等，全面考虑各种综合因素，会同有关部门拟定航班调整和运力调配方案请示上级领导后，负责落实。

（7）当出现紧急情况（如劫机、机上有爆炸物、飞行事故等）时，作为紧急情况的指挥中心，按照处理预案沉着指挥、灵活处理，争取最大限度控制损失，并尽快恢复正常运行。

（8）负责与空中交通管制、通信、气象、航行情报等单位保持联系，协调与飞行有关事宜。

（9）组织并参加每日的生产排班会，汇报航班运行情况，分析不正常原因，提出建议。

7.2.2 财务管理

航空公司财务管理与其他企业财务管理最大的不同在于营业收入结算。旅客即使完成了购票手续，对航空公司而言只是一种航班座位的预订，从营业收入的角度来说，旅客的购票款也只是预付款，并非真正的营业收入。旅客随时都可能退票或使用原票改乘其他航空公司的航班。航空公司的财务会计系统应该是一个符合国家《企业会计准则》和《企业财务通则》，简称"两则"的、与国际接轨的、标准的企业会计系统。财务会计系统的核心内容是总账、应收账、应付账和固定资产等账目处理。总账的内容及财务报表的形成反映航空公司的财务状况，财务报表的内容主要包括资产负债、损益表、财务状态变动表。

营运成本核算的作用是把航空公司中所有有关营运成本的财务支出做出的统计汇总或预测，使管理层能够及时地掌握企业的整体动态收支情况，并产生有效准确的应付账数据。航空公司营运成本可分为直接成本和间接成本，前者包括航油、航路及起降费、地面服务费、飞行员小时费等。后者包括飞机租金、飞机维修、员工工资、促销费用等。营运成本核算系统的主要数据来源是航班运作系统、维修工程系统、销售收入结算系统。

7.2.3　机务维修

维修工程业务是保证航班正常飞行的重要环节，搞好维修工程系统对航空公司具有深远的意义。维修工程系统可以划分为以机务工程为核心的四个既相互联系又相互独立的部分：机务工程、飞机维修、航材供应、航材订购。

机务维修在航空公司日常运用中占据重要地位，维修工作的进行不仅保证了飞机的飞行安全，还为航班提供可使用的飞机，保证了公司的经济性。维修大纲、维修计划以及维修方案是机务维修顺利进行的指导性文件。

维修大纲（Maintenance Review Board，MRB）是由航空公司以及制造方构成的工业指导委员会（Industry Steering Committee，ISC）组织并基于 MSG-3 维修理论编写，由局方批准的对于某特定运输类飞机而制定的初始的最低的预定检查及维修要求，以保证民机的固有可靠性及安全性。维修大纲是承运人制定维修计划的框架与基础。

维修大纲说明了维修任务、需进行的维修任务的类型以及维修间隔，并没有给出维修任务的具体操作。因此，制造商制定维修计划文件（Maintenance Planning Document，MPD）便于航空公司参照该文件制定合规的维修方案（Airline Maintenance Program，AMP），更加合理地执行维修大纲以及相关规章。MPD 以 MRB 为框架基础，将 MRB 以及适航与运行规章等要求的维修任务列出，并且详细提出了计划维修工作完成所需的人工维修时、每个维修间隔安排的维修任务项目以及维修工作组合后的人工时和维修停机时间分析等信息。

由航空公司制定的维修方案是机务维修进行的最终依据。航空公司以 MPD 为依据制定符合自身条件的维修方案。随着飞机运营以及机务工作的进行，需要航空公司结合本公司的实际情况（如环境因素、维修能力、维修资源等限制条件），以积累的经验为依托，修改维修方案以更好地适应公司的发展以及运行需要（图 7-9）。

假定维修任务均衡化后的维修任务包的执行间隔为 T（T 小于 A 检的间隔）。因此，从长期计划来看，均衡化维修任务包的执行时刻分别为 $0, T, 2T, \cdots, mT$。

根据长期计划的维修均衡化策略可知，为了实现任务的打包，需要将各维修任务的间隔进行调整，因此会存在两类维修成本：第一类是部件本身的维修费用，具体包括维修费用、因间隔调整的寿命损失或风险费用等；第二类是航线管理等费用，包括场地费用、维修人员费用、维修设备和设施费用等。为此，需要对相关的维修成本的评估进行分析。

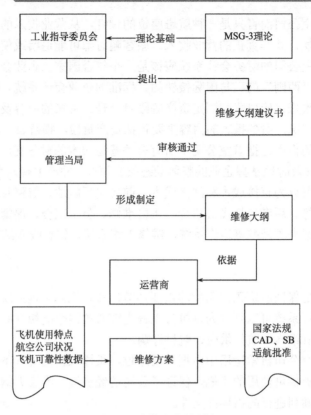

图 7-9 维修方案的制定

根据长期计划的维修均衡化策略可知长期计划的航线维修任务的执行间隔 T，因此，建立的优化模型如下：

$$
\begin{cases}
\min \ C_1(T, l_{11}, \cdots, l_{\min}) \\
\text{s.t.} \\
\quad \mathrm{CPM}_i(l_{i1}, \cdots, l_{ij}) \leqslant T_{i-\max} \\
\quad R_i(l_{i1}, \cdots, l_{ij}) \subseteq R_{i-\max} \\
\quad l_{ij} = \left| \dfrac{t_{ij}}{T} \right| \cdot T \text{或} \left(\left| \dfrac{t_{ij}}{T} \right| + 1 \right) \cdot T \quad (i \notin 限寿件) \\
\quad l_{ij} = \left| \dfrac{t_{ij}}{T} \right| \cdot T \quad (i \in 限寿件)
\end{cases}
\tag{7-19}
$$

式中，$C_1(T, l_{11}, \cdots, l_{\min})$ 是长期计划后的均衡化维修任务总成本；t_{ij} 是第 i 个维修任务包内的第 j 个维修任务的均衡化前的维修间隔；l_{ij} 是均衡化后各个维修任务的间隔；$\mathrm{CPM}_i(l_{i1}, \cdots, l_{ij})$ 是第 i 个维修任务包所需要的维修经历时间；$T_{i-\max}$ 是航线能为执行第 i 个维修任务包所能提供的最多时间；$R_i(l_{i1}, \cdots, l_{ij})$ 是第 i 个维修任务包所需要的维修资源；$R_{i-\max}$ 是航线能为执行第 i 个维修任务包所能提供的最多维修资源。通过以上的模型优化，就可以得到长期计划的民机航线维修任务均衡化方案。

7.2.4　集成运行控制

一个航空公司的集成运行控制首要的业务流程是，在公司诸多内部的部门与外部的机构之间进行联系和协调，以适应外部的各种事件，确保航空公司的安全、高效、低成本。集成运行控制的成功是依赖于基本业务流程的高效率和管理。

通过集成运行控制来管理航空公司的基本方法是执行航班计划。如果航班计划是内部连续的，并且已经分配了足够的资源运行航班，没有任何中断，则运行控制成为一个日常的工作。

但无论如何，在航空公司内部系统中不可避免地会有因本地资源短缺而发生的混乱，这些混乱就需要有正确的行动，以避免不能接受的航班延误或取消。一个集成运行控制通常不能阻止混乱，但能使其对运行的影响减至最小。

天气状况、空管、设施问题和罢工是造成集成运行控制的运行计划混乱的典型事件，在这些混乱的过程中，业务流程和系统的有效实施将决定一个航空公司如何处理以及从这些事件中恢复。

一旦运行控制部门决定哪一个航班即将运行，集成运行控制的业务职责就转向较低层次的任务计划和各个航班的签派，系统将确保一个航班的各部分工作（如飞行计划、配载计划、一个合格的机组）有机地结合在一起，使航班尽可能地按照公布的班期起飞和到达。

在通常的一天里运行控制会被来自外部的、集成运行控制无法控制的打乱计划和航班事件复杂化，在非正常的运行中，计划和工作程序将进一步被重点检验，集成运行控制人员必须对混乱进行进一步行动，无论混乱多大，都要尽可能保持航空公司运作顺畅。

使用一套集成化的系统来支持集成运行控制的业务流程，对于航空公司实现其运行目标是非常重要的。以下提到的各职能部门需要一些关键系统的支持，每个系统支持一个集成运行控制的主要流程。

1. 动态控制

最关键的系统，使航空公司跟踪所有的飞机动态更便利。一个先进的飞机运行控制系统（动态控制系统）可为集成运行控制工作人员提供全部运行状态情况，识别宏观和微观的业务方案并提供先进的决策支持。动态控制系统能够提供信息序列分析能力，以识别和评估运行中的各问题的方案。

动态控制系统最重要的业务需求是为飞行签派员提供管理、控制和监控飞机动态的能力。

动态控制系统关键的业务需求是：制作有关运行信息的中央信息源，包括最初的航班计划、设备数据、机场数据、最新的飞机动态信息、旅客人数和运行限制。系统也要监控飞机动态，如飞机状态和时间，以确保全部航班的实际执行与计划协调一致，尤其包括延误、取消等特殊情况。

动态控制系统是在一个完整的系统结构下的一个开放的系统，并与其他的集成运行控制系统集成在一起，另外，系统必须可靠，并要考虑到未来航空公司的成长而具有可扩容性和可维护能力。

动态控制的职能在航空公司的集成运行控制中具有重要的作用，它是神经中心，提供运行决定。一个有效的动态控制系统可提供以下效益。

（1）改进对飞机在地面和空中运行的控制。

（2）为主要的运行信息提供集中的存储。

（3）提高问题的解决能力——监控、发现、评估、实施。这些在实时的图形显示中得到最好的实现。

（4）与其他的运行系统集成在一起，包括航班计划、飞行计划、载重计划和机组管理。

（5）产生机尾号，并能自动发送到其他有关部门。

（6）为了更大的扩容性和可靠性，可使用先进的服务器和面向目标的编程技术。

（7）包括系统和数据的安全措施，以确保只有经过培训和被授权的用户可以更新并改变运行数据。

2. 飞行计划/气象

此系统制作并传送所执行的每个航班技术上的飞行计划。系统需要为签派员在给每个航班及时制作飞行计划时，提供相关的功能、灵活性、安全性和处理能力，该系统也必须能够提取制作一个安全、有效的飞行计划所需的必要的气象信息。

飞行计划系统应协助签派员制作包括所需的燃油、重量限制、放行信息所安排的机组名单、NOTAM、巡航数据、气象信息和飞机性能信息等在内的飞行计划，除此之外，还得以作预备飞行计划，以评估各种情况，使签派员提高工作质量和效率。

该系统提供合法的、安全的、高级的和低成本的飞行计划，并适用行业标准的巡航、气象、飞机性能和航班数据，还可以提供定期、不定期以及用户化的输出文件。

飞行计划系统应将 NOTAM、巡航数据、气象信息、飞机性能、机场跑道分析数据和签派员程序等实时数据库结合在一起。签派员所需要的系统的其他部分如下。

（1）任意的航路和自由飞行功能。

（2）为远程双发运行的 ETOPS 推断。

（3）等时点（ETP）和无返回点（PNR）功能。

（4）航路计划和气候。

（5）优化标准包括超飞行时的费用。

飞行计划系统在一个签派员完成其工作的质量和效率中起了重要作用。一个先进的飞行计划系统可提高签派员的技能，并保证飞机更安全的运行，使用一个有效的飞行计划系统也保证了工作程序、政策更标准化，以设计出节省时间、燃油和机组成本的飞行计划。

现在中国很多航空公司在国内航班上都使用固定的飞行计划，每个飞行航路上飞行计划中的燃油都是基于最保守的假设，如业载、气象、空管、航路的风力、温度和高度等，而在大多数航空公司少加一些燃油，且能安全地、合法地完成任务，或带一些额外燃油，这些所消耗的燃油都要进入航空公司的直接运行成本。一个有效的飞行计划系统可以为航空公司优化每天、每个航班需要的燃油，从而使航空公司节省燃油，增加利润。

3. 飞行跟踪

飞行跟踪是实时跟踪一个航班的过程。飞行跟踪系统将协助签派员按照所必须遵守的有关航空规定跟踪他们所负责的航班，跟踪他们所选择的航班，运行协调员也能共同使用这个工具来监控所负责航站的航班起飞和到达。

飞行跟踪的工作必须由飞行签派员完成，飞行签派工作需要掌握所负责航班在所有时间的飞机位置，签派员应与飞机机组一起，通过及时告知飞行机组潜在的危险性情况或者由于机械故障和天气原因改航的航班，以确保航班的安全。签派员必须能了解、提取以下信息：

（1）飞机的位置；

（2）掌握每个航班在航路的进程；

（3）计划和备降机场的位置；

（4）备选航路；

（5）在飞行紧急情况下机场跑道的最大长度；

（6）空管部门的进出港的流量控制；

（7）飞机预计到达下一个位置点的时间。

飞行签派员通过跟踪多个航班和不断观察所更新的航班数据信息，明显提高其工作效率，系统将多个信息集成在一个图形显示中，从而快速了解相关的、最接近的状况，除此之外，运行协调员可以使用同样的功能看到一个航站航班起飞、到达和衔接情况。

使用飞行跟踪系统还可以提高航空公司的安全性。签派员可以快速地对天气及其他飞行条件的变化做出反应和协助，在飞行跟踪中做出快速反应，可节省飞机和机组的时间，并提高旅客的满意度。

4. 载重平衡

该系统是计算飞机载重平衡的关键技术，包括预配载计划和实际配载计算。该系统可与自动化技术结合在一起，提供一个完整的、准确的、易操作的执行所需重量及平衡的工具，它还可以提供所需要的单据，如加油单、装载报告和舱单，可输出打印并通知机长。

载重计划系统的业务需求是在提高安全和标准的同时，对目前的需配载的资源和人员进行最有效的使用。

提供一个重量和平衡的自动化的平衡单，最大限度地利用可用的业载，使燃油消耗最小。这比依赖每个配载计划员的经验和知识的手工配平相比，更准确、更完整。

允许配载计划员对一特定航班进行动态的响应，使航空公司的航班运行更安全，使其旅客更舒适。

现在许多航空公司有分公司，该系统可以支持一个集中控制的集成运行控制运行，也可以支持分公司的运行。

一个自动化的配载计划系统主要益处如下：

（1）可提供一个自动化的重量和平衡性能数据的标准，以改善准确性，使工作程序和流程标准化；

（2）支持集中的或远程的载重平衡计划；

（3）使业载最大；

（4）所计划的航班更安全，燃油更经济；

（5）改善航班正点率；

（6）增加收入。

5. 机组管理

机组管理是对航空公司的所有航班机组进行排班和跟踪，机组管理系统可以对机组人员做预排计划、实际安排和调整机组计划，以满足目前航班计划的要求，并可作为计划、安排、控制和每天运行的操作工具。

为了满足航空公司业务的需求，一个机组管理系统需要有效地利用航空公司最多的资源、飞行机组和空乘人员，其中机组计划主要功能就是开发最有效的机组计划，在所有合法使用规定和合同规定都满足的情况下，使机组的利用率最大。另外一个重要功能是机组分配，它应确保最有资格的机组分配到计划中，并且有足够的机组资源来完成工作。

一旦计划和分配工作完成，机组控制和跟踪的过程就开始。机组控制功能是监控计划的改变和决定影响的机组名单，并通知机组有关计划的改变，在航班运行开始后，通过监控每天运行的航班动态和对机组违反规定告警，机组跟踪功能开始运行。

机组管理系统为航空公司带来的好处是，在提高安全的同时，它能通过降低机组的成本和提高机组的效率，明显增加收入。以下是一个成熟机组管理系统主要益处：

（1）通过有效的机组配对和花名册以降低机组的运行成本；

（2）负责机组的分配；

（3）改变机组的工作周期；

（4）提高机组利用率；

（5）改善机组排班员的工作质量；

（6）提高运行可靠性；

（7）在运行中断时，能够快速做出解决方案。

6. 无线电通信

一个集成运行控制需要一套可靠的空中、地面通信系统以保证与航路上的飞机和机组的联系。在一个集中控制的环境中，如果是集中控制，一套无线电通信系统将确保航空公司能够抓住这些益处。在一个典型的集成运行控制中，签派员、运行协调员、配载计划员和运行控制中心经理可以通过无线电通信系统进行联络，同时在非正常运行中，能够与航班上的机组联系，较方便地做出决策。

7. 数据系统集成

数据集成不是在系统内部，而是一个广泛的工作，需要将集成运行控制中各种应用系统和流程的数据进行识别，并在应用系统和外部环境中进行数据传送。

航空公司运行控制的设施资源除了由人员、系统和流程组成，一个成功的集成运行控制的另外两个重要的组成部分是数据和系统的集成、系统与各个部门有效通信联系的能力。有效的通信联系需要航空公司内部在连续的、高效的方式下，与不同系统之间进行的共享数据的能力。

数据和系统的集成是各种人员或部门可看到相同的运行状况或问题，这些相同的状况和共享的数据是良好地协调与快速解决问题的关键。航班的签派员、载重计划员和其他关键人员必须确信，他们所发给其他相关人员的信息是最新的，并是所得到的信息中最准确的。

数据和系统的集成必须在建立集成运行控制中对每一部分进行集成。外站的运行需要在设计数据和系统集成计划中一起考虑。

7.2.5　航空公司运行控制岗位

根据中国民用航空局《大型飞机公共航空运输承运人运行合格审定规则》（CCAR-121-R4），航空公司的集成运行控制系统必须达到如下要求。

（1）系统必须涵盖运行控制的整个生产过程。集成运行控制系统不但要满足南方航空公司多基地、统一调配运力的业务需求，同时，系统应在运行控制业务的基础上，调整和优化业务流程，进而规范业务操作，提高工作效率，而并不是简单地替代手工操作。

（2）系统必须稳定可靠。集成运行控制系统必须确保运行控制中信息传递、处理通畅，保障航班生产的安全正常进行。

（3）系统必须具有一定的辅助决策功能。依托集成运行控制系统能够提高航班计划制作的科学性、合理性，提高飞机的利用率和航班的正常率，进而提高公司的生产效益。

以国内某航空公司为例来说明航空公司的运行控制管理。设置以下座席：值班经理、运行控制经理、机组管理经理、运输保障经理、系统支持经理、签派放行、动态控制、短期计划、气象值班、机务值班、航行情报、气象值班，如图 7-10 所示。

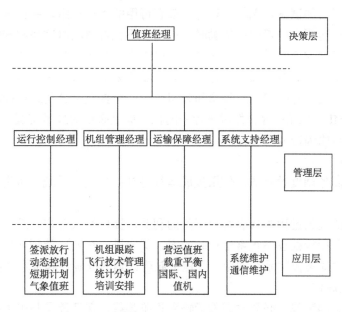

图 7-10　席位图

1. 值班经理席位

负责公司生产运行的组织指挥与集成运行控制的日常管理、航班不正常、重大或特殊情况的处置决策、对运行事件进行调查和奖惩等。负责维护公司航班计划的正常运行，维持工作秩序，指导各岗位人员的工作。

2. 签派席位

1）动态控制席位

按照当日航班计划，依据气象情报、航行情报和飞机性能制作每个航班的飞行计划。

使用集成运行控制系统动态控制终端，负责公司航班动态监控、航班调整方案的制定以及动态信息的输入工作；负责延误报告和非正常情况的报告。

2）短期计划席位

结合企业各部门的工作计划，制作和调整次日的航班计划，并将此计划通报各部门执行。使用集成运行控制动态控制终端，负责与市场、机务、飞行部门协调，制定公司次日及三日内的航班计划，并按规定向空管局通报航班计划信息。

3）情报席位

使用集成运行控制信息发布系统及航行通告系统，负责收集掌握情报通告资料，向签派员提供咨询、告警服务。所用设备为计算机，使用当地航行通告终端或信息发布系统获取有关航行通告信息。

4）机组跟踪席位

对航班进行全程监控，掌握航班的运行情况，并向机组提供必要支持。此岗位根据运行控制需要而设置，供机组跟踪人员使用。使用集成运行控制系统远程终端，负责本公司机组数据的录入和维护；调整公司当日及三日内的航班人员衔接和调用，备份人员的替换工作等机组跟踪工作；机组签到的管理和维护工作，校核排班结果。保证全公司每个计划的航班和附加飞行（如试飞、调机、训练）都有可用的飞行机组，并根据规定安排备份机组；监控所有飞行运行中的机组的值勤时间；出现不正常情况时联系和安排机组外站生活休息保障，并为当前的或者潜在的不适当飞行机组安排替代人员。在该席位还设有飞行专家，由有飞行经验的在职机长或教员担任，并且涵盖公司的每一种机型，向飞行签派员、机组和客户服务人员解释中国民航规章和公司政策；根据航空公司运行控制系统的分析与设计飞行手册、MEL／CEL等文件对飞行中的机组提供必要的技术支援；负责组织调查生产运行中由于机组原因造成的飞行事故。

5）营运席位

此岗位是为商务调度设立的，使用集成运行控制信息发布系统，负责商务调度方面的工作。

在航空公司的决策过程中代表客户服务的利益，提供有关客户、航站服务的信息，协调可用资源和人员积极处理不正常运行时的客、货安排，在航班计划软件中准确输入后续一个月航班计划供动态控制系统调用，并保证航班计划的准确性和基本平衡。

6）配载平衡席位

保持飞机的正确装载，必要时调整货物和货舱装载，保证重量与平衡在规定的飞行性能范围内。

7）机务席位

此岗位是为机务值班调度设立的，使用集成运行控制信息发布系统，负责机务调度方面的工作。在当日运行飞机发生情况时，是维修处理方面的关键参与者和协调员。负责制作三日内的飞机排班；提供长、中、短期维修计划；在飞机维修项目信息方面支持集成运行控制值班经理；以准确的 MEL/CDL 信息支持飞行签派员，调整飞机、减少延误；协调相关维修部门使故障飞机尽快恢复；向运行控制中心和高级维修管理层报告最新的机队状态信息和飞机、飞机部件以及其他维修情况。

7.3　与合约商的关联关系

机场的大部分航班保障业务都交由合约商代理完成，机场当局大多担任监察管理和辅助协调的工作。

机场的监察主要针对支持部门、合约商、联检单位、航空公司、内联协议、合约标准、服务承诺、服务承诺准入标准等进行的，监察内容主要有系统设施、服务设施、服务项目、经营秩序、行为规范等。例如，对于航空公司的监察就包括根据旅客的人数和需求监察其对值机柜台的开放，还有发生航班延误时其对旅客的处理和服务情况；安检通道开放数量、人员上岗情况。

航站楼监察工作覆盖安全、运行、服务三大方面。监察工作的主要目的是确保航站楼运行安全、顺畅；各设备设施运行平稳、正常；为旅客提供优质的服务项目。监察又可以分为两类。

1. 重点航班保障、施工监督

作为督察的主要工作之一是航班保障，即对重点航班现场保障情况进行监察，主要监察的合约商有：①廊桥内电力设备（全程值守）；②廊桥内暖通设备（签到保障）；③廊桥移动端设备（签到保障）；④廊桥内门禁系统（签到保障）；⑤廊桥内环境卫生（签到保障）；⑥廊桥内物理设施（签到保障）；⑦廊桥内直梯设备（全程值守）；⑧廊桥内扶梯设施（全程值守）。

其中备注情况有：①参与重点航班保障人员要注意仪容仪表，统一着装或工作服；②服务维保商必须按进港前 0.5 小时，出港前 1 小时到位保障，现场设备检查完毕后，至督察处签署重点航班现场保障情况记录单；③供电、电扶梯设备服务维保商要全程参与保障，其他服务维保商在完成设备设施及环境检查后，留下联络方式后无须在现场值守；④重点航班保障人员需保持通信工具畅通，在接到设备故障电话后 5 分钟到场处置；⑤保障人员在要客进出廊桥期间，一律在保障区等待；⑥电力设备保障人员在三层固定端值守，扶梯保障人员在三层扶梯出口处值守。

督察到达后对各项设施进行检查，对有问题的情况要求各保障单位进行改进，并且要求各单位在确保工作情况后在情况记录单上签字，即各保障单位对该次重点航班的保障负责。

2. 夜间的航站楼施工检查

督察的另一项重要工作就是夜间的航站楼施工检查，检查内容有：①是否在施工现场张贴施工许可证、作业许可证、施工许可证备案表；②是否在规定时间内施工；③施工作业期间是否影响航站楼正常运行；④施工现场物料是否分类，现场是否整齐；⑤现场施工是否有合格的灭火器；⑥动火施工是否具有动火证；⑦施工现场是否有成品保护措施（对航站楼原有设施保护）；⑧施工物料、垃圾是否按规定路由运送；⑨施工垃圾是否及时清运，是否遗撒；⑩施工完毕是否在现场遗留易燃易爆品，如焊条、胶、稀料等；⑪安全培训效果抽查是否合格。施工检查的有效实行，规范了航站楼夜间施工程序，保证旅客的候机环境，避免了施工对航站楼正常运行的影响。

　　通过合约商自查以及督察平时不间断检查的方式，对航站楼内各合约商进行约束。但由于督察本身人员不足，并且抽查的方式有很多漏洞，一旦同时出现特殊情况就难以应付。在跟随督察巡查航站楼的时候，就遇到多个重点保障航班集中在一个时段，同时保障这些航班本身就已经十分紧张，一旦有突发事件将会对监察工作的到位时间和完成情况造成严重影响。

　　督察不但需要监察合约商的工作，还需要保障航班和处理紧急事件；一旦遇到恶劣天气，航站楼运控中心更是缺乏人手。除此之外，许多检查项目有百余条，只是依靠督察的简单抽查是不能够有效约束合约商的，需要将现有的人员进行合理的分配，让督察更多地进行管理而不是操作，通过制定详细的监察体系，规范督察岗位职责，从而提高整个班组的管理水平，更好地保证机场的服务质量。

习　　题

　　1. 空中交通管理的主要岗位是什么？

　　2. 航空公司集成运行控制系统的主要岗位是什么？

　　3. 案例分析。

　　航空公司是基于信息化运行的企业。民航运输业看起来好像就是把客人从甲地运送到乙地。当然实际上要做的远多于此，也远比运输过程复杂。关于航线、班次、时刻、营销策略、运行控制、人员配置和其他资源配置的决策都必须要依据管理信息系统中的信息做出。可用的信息越多、越及时、越精确，做出的决策就越好。各大航空公司目前已经逐步认识到这一点。

　　如何使公司关键业务部门及时有效地访问决策所需要的信息，对于做出正确的决策是很重要的。例如，商务部门可能需要信息来回答这样一些问题：旅客的旅行需求是什么？旅客预订的规律如何？每个航班的旅客数量、票价和收益如何？应该新开哪些航线？调整哪些航线？运行部门需要知道：航班运行问题的关键因素在哪里？航班应该如何调整？有多少机组资源可用？航班运行质量如何？关键部门要能够及时捕捉到市场的微妙变化，并进行需求预测。请分析：

　　（1）航空公司客运业务需要做哪些决策？每项决策需要什么信息？

　　（2）你认为哪一类信息系统可回答航空公司商务部门和运行部门的问题，请说明系统的输入和输出。

第8章 机场信息集成管理

机场集成系统面向多机场和多航站楼运行的要求，针对现代化枢纽机场业务协作和分工的需求，基于国际民航业务的发展趋势和理念，通过建立标准化的统一的集成业务交换平台，以全面实现机场航班运营业务及其相关业务的集成，支持各系统之间无缝的、可扩展的、易维护的业务和数据的整合。

8.1 概　　述

民航的信息系统集成总体架构采用世界上成熟的、先进的体系架构，如数据层-应用服务层-客户端的三层架构或多层架构，保证系统具有良好的维护性、可扩展性。机场信息集成系统的结构如图 8-1 所示。

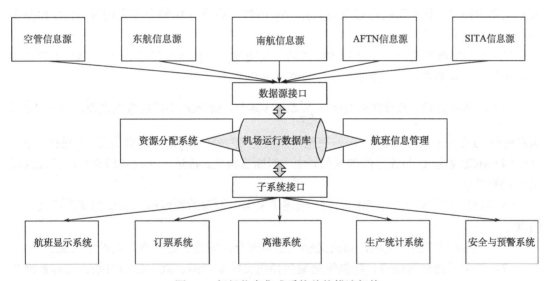

图 8-1　机场信息集成系统总体描述架构

信息系统的集成是反映在一系列具有内在关联性的事件上的。这些事件是由在机场起降的飞机引发的，如飞机降落、起飞等。由这些事件可以找到一些前导和后续的事件，以及与之相关联的事件，如生成航班计划、值机、登机、飞机维护。所有事件由分布在各系统的操作来处理，处理的本身也是事件。系统集成必须准确定义这些事件及其关联性。形成集成结构的各系统由事件来驱动，事件的关联性决定集成的结构形式。

系统集成的结构既要体现数据集中的思想，又要反映分布处理的要求。应明确在机场运作的不是一个系统，而是满足不同功能要求的若干个系统在系统集成之下协调一致地工作。

系统集成结构应具有强大的灵活性、统一性和可扩充性。集成承包商进行的集成工作应根据机场运营的需求来进行，系统的模块应进行恰当的划分，以使系统的结构和机场运营业务之间的关联性尽量降低，尽可能避免因机场运营业务的变更导致系统需要进行结构性调整。

通过对信息系统的分析建模，建立的流程覆盖范围以下几个方面。

（1）旅客出发流程，其中包括旅客办票、候机、登机以及航空公司航班起飞等。

（2）旅客到达流程，描述航空公司航班到达时机场的业务处理，其中包括旅客下机、航班到达前的处理、航班到达时的处理等过程。

（3）航班处理流程，是对前面两类过程进行指挥和协调的流程。

（4）机场信息系统支持流程，是全面支持上述三类过程的系统内部核心规则与业务逻辑。

8.2　信息集成模型

机场信息集成系统定义为一个多元组：$SI=<G,L,D,MGS,MSD,S,C,Y,T>$。

（1）G 为领域的全局概念模式，是用户访问的视图（包括物化视图和虚拟视图两部分），表示全局的语义。其使用的符号集为 Ag，Ag 中包含构成 G 中每个元素的符号，G 由基于 Ag 的语言 Lg 进行表示。

（2）L 为局部概念模式，是对数据源的语义描述，其使用的符号为 AL，AL 中包含构成 L 中每个元素的符号，L 由基于 AL 的语言进行表示。

（3）D 为数据源，其数据模型包括 $\sum_{i=1}^{n}Di$ （其中，Di 表示不同的数据模型，如 $D1$ 表示关系模型，$D2$ 表示 XML 模型等）。完整性约束定义为公理集 AD，D 由语言 LD 进行表示。

（4）MGS 表示 G 与 S 之间的映射，由一组断言构成，描述全局模式概念与局部模式概念之间的联系。

（5）MSD 表示 S 和 D 之间的映射，描述了来自数据源的数据模式与局部概念模式之间的联系。

（6）S 表示反馈的语义集，该语义集包括两部分，即语概念和数据的粒度信息。

（7）C 表示控制策略集，控制策略集包括语义控制策略、版本控制策略、工程数据变化控制策略等。

（8）Y 表示演化方法，主要包括各种演化算法。

（9）T 表示评价准则，主要包括基于信息熵的评价准则等。

机场信息集成系统需要集成多个数据源，这些数据需要接口来实现信息集成。根据各系统接口的重要性，系统间数据交互的方向，各子系统之间的相互关系以及集成系统的关系，将接口分为五类，即Ⅰ类接口、Ⅱ类接口、Ⅲ类接口、Ⅳ类接口和 TIG（Terminal Interface Gateway）接口，以利于测试管理和进度控制。

（1）Ⅰ类接口。Ⅰ类接口是最重要的接口，与航班值机登机相关，包括离港系统接口、航显系统接口、广播系统接口。离港、航显和广播这三个系统构成了航班控制组。

离港系统发送给集成系统值机柜台开关时间、柜台属性、登机门开关时间、催促登机等信息。集成系统分别将这些信息转发给航显系统和广播系统。当离港系统故障时，航显系统接管离港系统的工作，控制值机门和登机门的开关。

（2）Ⅱ类接口。Ⅱ类接口是双向接口，集成系统和子系统通过该类接口双向交互数据，并把从子系统获得的数据转发给相关的其他子系统。Ⅱ类接口包括行李系统接口、登机桥监控系统接口、泊位引导系统接口和交运分层安检系统接口。

（3）Ⅲ类接口。Ⅲ类接口是集成系统航班信息的外部数据源，包括上航接口、东航接口、空管接口，AFTN 接口和 SITA 接口。通过这些接口，集成系统获得航班计划和航班起降时间等信息。

（4）Ⅳ类接口。Ⅳ类接口是单向接口，集成系统通过该类接口向子系统分发数据，但是子系统不能通过该类接口向集成系统发送数据。Ⅳ类接口包括呼叫中心接口、收费统计系统接口、楼宇自控系统接口、航班查询系统接口、手提行李安检系统接口、油料系统接口、交通中心系统接口和旅客安全信息系统接口。

（5）航站楼之间的系统接口。通过该接口使多航站楼的模式得以实现。该接口可以保证各个航站楼的信息系统互联互通，并有效使用。

8.3　机场决策支持

决策支持系统（Decision Support Systems，DSS）是在传统的管理信息系统的基础上形成和发展起来的，属于管理信息系统发展的高级阶段，在整个管理信息系统的发展过程，DSS 的产生有其必然的理由。

人们对信息处理规律认识的提高导致了 DSS 的产生和发展。随着信息系统在管理领域实践的发展，人们对信息处理规律的认识也在逐步提高。MIS（Management Information System）、EDP（Electronic Data Process）等完成例行的日常处理任务只是信息系统在管理领域中应用的初级阶段，随着管理的需要新一代的信息系统被研制出来，如 ERP（Enterprise Resource Planning）、CRM（Customer Relationship Management）等。要想进一步发挥其作用，就必须面对不断变化的环境要求，研究更高级的系统，直接支持决策。

决策支持系统以集成为核心，通过航班电报接口、离港信息接口、时钟信息接口等分别获取航班信息、旅客信息、时间信息等；通过信息管理模块实现基础信息、航班信息、资源信息、地理信息等信息的管理；通过航班保证服务调度管理模块实现机场生产一线各部门的统一指挥调度；通过信息发布接口实现对航显广播信息、安检信息 OA（Office Automation）信息等信息系统的信息发布；通过信息控制接口实现对机场机电设备的运行控制；通过信息安全管理软件实现对网络和信息的安全管理以及病毒的探测与防护；通过系统监控维护软件实现对系统运行的监控维护管理，如图 8-2 所示。

信息集成系统的应用软件一般包含以下模块，各软件模块能够根据机场规模、机构设置、业务划分、管理流程的情况进行选择和设置。

中心数据库系统包括机场运营数据库（Airport Operational Database，AODB）和 航站楼运营数据库（Terminal Operational Database，TODB），AODB 作为机场运行数据中心，存储 T1、T2 和 T3 的航班信息、资源分配数据以及其他各类运营保障信息，支持全机场的航班运行；TODB 作为 AODB 的子集，存储多个航站楼的航班数据，支持航班的运行。

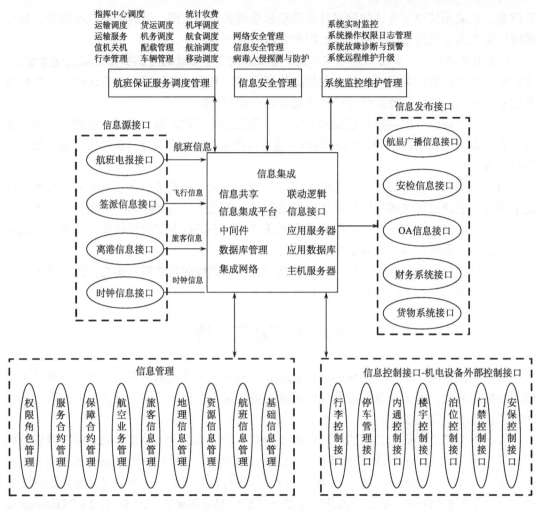

图 8-2 基于信息集成的机场信息管理

航班信息管理系统包括 AMOSS（Airport Management and Operations Support System）和 FIMS（Flight Information Management System），AMOSS 主要的作用是对来自于空管局和各航空公司的航班计划和航班动态进行接收、干预与发布，使之成为符合机场信息系统格式的航班信息，从而被机场各信息系统所使用；FIMS 的作用与 AMOSS 类似，由于它只适用于西区地面运行系统，目前仅作为 AMOSS 的辅助系统使用。

外场保障系统是机场应用系统的子系统，用于外场生产营运调度和监控，是整个机场信息应用系统的重要组成部分，使外场各生产单位能获得及时、准确的航班信息；使外场生产管理机构（现场指挥中心）能掌握外场生产情况和动态；使外场各级生产管理机构能向指定的单位发布指令；向航空收费系统（财务系统）提供收费依据。

外场保障系统对应一个至少两层的外场生产的管理模型。顶层是现场指挥中心，底层是各保障单位，中间根据需要设立若干管理或综合机构。保障单位与被保障飞机所属航空公司的关系（合同）应体现在系统中。

外场保障系统通过接口与中央数据库交换数据，以获取航班信息等，以及把有关的保障信息送到中央数据库。系统应支持民航的各种业务，如代码共享、多航段航班等。

使用网络令分布在外场各不同位置的保障单位获得航班信息。

外场保障项目至少包括机上清洁、装卸、摆渡车、梯车、登机桥、电源、机务。

各保障单位依靠系统的界面向系统输入保障工作情况，包括工作开始时间、工作完成时间、人员设备及各种资源的使用情况等。

"刷卡"是保障信息的一种输入方式。保障单位的工作人员依靠安装在登机桥的读卡机输入保障信息。承包商应提供这些非接触式的读卡机。根据设计，登机桥的数量为 46 个。对于远机位和不方便"刷卡"的情况，工作人员可以通过对讲机（由其他系统承包商提供）把信息送回其值班室，由值班员在其工作站上输入，这是保障信息的另一种输入方式。无论哪种方式，系统都应提供完善的手段来接收这些信息。如果承包商认为有其他的方式，可以在投标文件中向业主说明，但其报价不计入总价。

各保障单位只能针对与自己有合同关系的飞机（航班）进行操作。在用户的要求下，这种限制可以取消，但取消限制的操作应记录下来并可查询。

现场指挥处可以对保障单位的保障情况进行查询，从而监督对航班保障工作的进行，并进行总协调。

介于现场指挥处与保障单位的各级部门管理机构也可对保障单位的保障情况进行查询，从而监督本部门对航班保障工作的进行，并进行各部门内的协调。

系统在得到有关的保障信息后，须进行汇总并送到中央信息集成管理系统，这些信息最终送到中央数据库。

系统提供功能使各种用户可以相互发送信息，发送后对方工作站上会弹出应答窗口。

应答窗口可以供用户马上作详细回答，也可以提供一些选择菜单供用户选择一些固定的语句进行回答。对这些信息的管理参照消息管理进行。

8.4 机场战略控制

机场战略控制是在战略的实施过程中，对战略的执行情况进行测量，并把它与既定的战略绩效标准进行比较，发现战略差距，分析产生偏差的原因，制定并实施应对措施的过程。机场战略控制必须实现两类基本目标：一是控制战略的实施；二是不断检查既有战略的环境适应性并根据环境变化不断修正战略。

控制战略实施的目的是保证战略计划得以准确执行。为了确信战略被良好实施，管理者需要跟踪测量实施的实际状况与绩效，开展偏差分析并采取纠偏措施，确保正式战略按预定计划实施。

与传统的管理控制不同的是，战略控制依赖于对一些关键成功因素的控制，包括识别关键成功因素，确定关键成功因素在特定时间达到的标准，测定实际执行过程中关键成功因素的情况并与标准进行比较，分析关键成功因素偏差的原因并制定纠偏措施。

控制战略内容的目的在于保持企业战略本身的竞争力。战略计划建立在高层管理者对环境变化的预测的基础上，当环境稳定时，按照既有战略实施通常会产生良好绩效。一旦环境出现变化，企业就必须重新审视既有战略与环境的适配性。因此，企业需要持续地对内外环境进行监测，把握新出现的机会与威胁，预先验证战略计划在新环境下的有效性，及时形成新的战略，保证企业的灵活性。

控制战略包括四个方面：一是验证战略假设；二是对战略事件进行管理；三是互动控制；四是周期性战略评价。验证战略假设，就是持续观察内外环境，将环境中的关键要素的实际数据与战略制定时的假设数据进行对比，由此判断战略的基础是否现实。当战略假设已经被证明远离现实时，就意味着机场必须对其战略进行重新设计。大多数机场都会周期性检查其战略的适应性，并重新设计和制定战略。

战略实施控制就是对战略实施的状况进行测量，将测量结果与计划指标进行对比，分析偏差原因并采取纠偏措施的过程。

确定关键战略绩效指标是战略控制的首要环节。传统上，机场最为重视的绩效指标是财务绩效指标。然而，财务绩效指标的变化迅速，不能够准确衡量机场战略实施的效果。为了全面衡量机场战略实施的效果，许多机场都应用了平衡记分卡的战略绩效指标设计方法。

平衡记分卡于 20 世纪 90 年代初由哈佛商学院的罗伯特·卡普兰等提出，是一种平衡的绩效体系。其观点是将战略目标逐层分解转化为各种具体的相互平衡的绩效考核指标体系，并对这些指标的实现状况进行不同时段的考核，从而为战略目标的完成建立可靠的执行基础。

平衡记分卡提供了把组织使命和战略转化为有形衡量指标的框架和方法，从而成为设计战略控制标准的重要工具。平衡记分卡把战略分为四个维度，分别是客户维度、内部运营过程维度、组织学习和成长维度、财务维度。在客户维度方面，平衡记分卡建议关注一系列与顾客相关的指标，如市场份额、顾客满意度等。在内部运营过程维度方面，关注产品质量、完成时间、生产率、新产品开发效率等。在组织学习和成长维度方面，关注对员工成长的投资，关注员工提升与增加组织凝聚力。使用平衡记分卡框架，机场能够建立全面反映其战略目标与计划的具体绩效指标，通过衡量这些关键指标，就能对机场实施的战略进行准确的评估。

建立有效的战略控制系统是机场长期生存和发展的基础。战略控制系统是战略控制的规则与流程、与战略控制相关的激励政策以及参与战略控制的人员的有机结合。当组织中的一些人员受到激励政策的引导而主动持续观测环境的变化，能够准确地描述出变化的现状与趋势，并据此提出对现有战略的修正方案时，战略控制系统是有效的。

战略控制系统的功能主要在于提高战略实施的效率，确保战略计划得到有效执行。各级管理者都是战略控制系统的重要参与者，但他们通常受到财务绩效指标的困扰，特别是有关销售、成本和利润指标的困扰，因此容易忽略与战略执行相关的重要指标。

8.5 机场运营控制

机场运营控制包括进度控制、质量控制、成本控制以及对常规计划的控制与更新。运营控制是组织效率和能力的重要保证，是企业管理者最重要的工作之一。

进度控制就是对各种任务工作执行的时间进行的控制。在一些计划的执行过程中，一些工作会按时完成，另一些工作会提前完成，还有些工作会延期完成，所有工作的进度情况都会对整体计划的完成产生影响。在一项整体计划中，各项具体工作之间可能存在复杂的网络关系。一些工作的开始要以另一些工作的结束为前提。所以，在计划执行过程中，需要对所有工作的进度进行监控，分析其对整体计划的影响，以此为基础更新所有工作的进度计划。进度控制包括搜集各个工作任务的进度信息、对其进行比较与分析、更新所有工作任务的进度计划三个方面。

质量控制是质量管理中确保机场服务质量达到要求的工作。国际著名机场在服务质量控制中坚持 6σ 思想。它是一种统计评估方法，达到 6σ 目标，意味着所有的过程和结果中的 99.99966%是无缺陷的，即做 100 万件事情，其中只有 3.4 件是有缺陷的。在贯彻 6σ 质量控制时，需要采用 DMAIC（Define，确定；Measure，测量；Analyzer，分析；Improve，改进；Control，控制）的改进方法。确定是指确定改进活动的目标。测量是通过特定方法来测量质量状况。分析是分析质量形成体系中可以改进的地方。改进是指改进并形成新的质量过程体系。控制是不断强化新体系。通过修订方针、目标、激励体系等，使新的质量过程体系制度化。

成本控制就是机场测量和记录资源消耗导致的成本发生情况，与计划资源消耗进行对比，分析成本偏差并制定纠偏措施的过程。测量资源的消耗是成本控制的首要活动，机场成本测量和记录包括三个方面：①物质资源消耗的日常测量和记录。②人力资源消耗的测量与记录。③费用测量，包括机场花费在行政、营销等间接活动上的费用。

针对成本差异发生的原因，需要确定纠正偏差的责任者，让其提出改进措施，并进行贯彻执行。对于涉及多个部门，需要包括几个步骤。①提出立项；②讨论和决策；③项目组对偏差原因进行系统研究，并提出多种解决方案，经过决策机构的决策，选中合适的方案；④贯彻执行确定的方案。要检查方案实施后的经济效益，衡量是否达到了预期的目标。

8.5.1　机场 ERP

企业资源计划（Enterprise Resource Planning，ERP），简言之，是一种组织内部资源对接市场需求的管理信息系统。ERP 是一个应用软件系统，是一种对企业所有资源（如资金、人力、设备、物料、客户、信息等）进行计划和控制的方法，是用于改善企业业务流程性能的一系列活动的集合。其基本思想是将企业的业务流程视为一个紧密连接的供应链，并将企业内部划分成几个相互协同作业的支持子系统，对企业内部业务流程的所有环节进行有效管理，从管理范围和深度上为企业提供更丰富的功能和工具。

机场 ERP 系统业务模型将机场在出港保障（如值机、行李托运、安检、登机等）、进港保障（如停机位、摆渡车、廊桥、行李转盘等）、站坪保障（如飞机清洁、机务、加油等）、订座、贵宾服务、航空食品生产、航空物流等各项运营业务中所需要的资源和产生的资源，包括人力、资金、物料、设备、客户、物业、物流、数据等资源集成后，进行统一的管理和控制，并在机场办公门户系统中进行集中统一的展现和操作，为用户提供友好、简洁的访问方式。

系统能支持多种类别的收费，包括按重量收费（如起降费）、按时间收费、按起降收费（如地面服务代理商的收费）、按旅客数量收费（如候机楼使用费）等。除此之外，系统必须能支持服务相关收费项目的建立，如空调的供应。系统能允许用户自己建立和维护基于不同收费类别的计费规则，这些规则定义了收费的条件和收费水平。例如，根据飞机的最大起飞全重收取起降费。用户应能非常简单地设置这些计费规则，并能设置多种收费条件。例如，起降费可同时根据飞机的最大起飞全重、起降时间和飞机的噪声代码来收取。对计费规则的设置应是非常方便的，并能支持复杂层次的收费。

业绩分析报表应能根据用户认可的关键业绩指标（Key Performance Indicator，KPI）来显示服务提供商的业绩是否合格。机场管理人员通过关键业绩指标来对服务提供商进行管理，机场管理人员和服务提供商应就关键业绩指标事先达成一致。一个关键业绩指标对应地面服务代理商提供的一项特定服务，例如，一个关键业绩指标对应于地面服务代理商为到达航班运送行李。该关键业绩指标能通过比较轮档时间和最后一件行李送上行李传送带的时间的时间差来反映该项服务的执行质量。该衡量指标也是和机场与地面服务代理商签订的合同相一致的。系统应同样能指示出必须改进的超时服务。投标商提供的报表模块必须包含产生该类报表的功能，并能用图形方式显示这些报表。

8.5.2 机场 ERP 席位

机场 ERP 席位的职责是对本机场航班起降信息进行统计，并上报公司财务部门。

机场 ERP 席位是专门负责航班运营数据收集和统计的席位，与机场财务部门密切相关，主要负责为机场向航空公司收费提供依据。ERP 还有信息反馈功能，该系统会根据航班的进出港信息对航班是否出现错误进行提醒，帮助机场航班信息管理系统纠错。在 ERP 的统计信息中，主要统计的依据是航空公司的客运单和货运单，里面的内容十分详尽，包括航班号、机型、载客人数或载货吨数等。该系统还有一项综合统计数据包括当日飞行架次、机型比例、延误率、客桥使用率等，这些信息每 2 小时自动记录到系统中。这个席位相对来说与民航和机场的日常运行关系不是十分密切，也没有具体的干预功能。在了解这个席位的过程中，涉及一个以前没注意过的词：后接飞。后接飞是指同一架飞机在执行完一班任务之后，改变航班号去执行当日的另一项航班任务。

8.6 机场信息集成相关的席位

8.6.1 机场运行指挥

根据各航空公司提供的航班计划，编制本场每天的航班预报，并通过机场运营管理系统向各保障单位（部门）发布如下信息。

（1）负责收集、传递各种运行动态信息；

（2）负责本场的停机位、登机门和行李传送带等各种运行资源的分配与调整；

（3）掌握、记录飞行动态和航班信息，及时调整航班信息并向相关单位（部门）发布；

（4）负责发布航班生产、保障服务指令；

（5）参与专机、重要飞行、VIP 等重要航班的保障工作；

（6）监听塔台与机组的对话，如获悉发生异常情况，立即按有关程序处置、报告；

（7）紧急情况发生时，负责应急救援工作启动与协调；

（8）监督机场代理航班的保障过程，协调航班生产工作，报告航班生产异常情况；

（9）负责与航管部门、航空公司及驻场单位等的协调工作，交流航班生产、保障服务信息；

（10）负责统计机场代理航班的正常率，填写有关工作台账、报表；

（11）负责收集航班服务保障情况，分析造成航班延误的原因。

指挥协调席位的职责是对机场各部门反馈的任何可能对机场的正常运行产生不利影响的事件进行处置，并及时按照指挥协调程序下达处置命令。

指挥协调席位主要是对机场内突发事件进行处理和信息传递，当特殊事件发生时，事件发生的负责人向指挥协调员上报事件类型、地点、严重程度等，由指挥协调员做出判断，应该通知哪些部门进行处置，并发布信息，加以记录。同时，指挥协调员还负责制作当日的专机单、要客单、日报（当天运行情况上报华北空管局）、日讲评会单等。指挥协调员使用的值班日志系统只是负责记录处理的特殊事件，不通过该系统对下属部门发布信息指令。指挥协调席位的工作突发性较大，需要指挥协调员熟悉机场的各个流程和负责部门，知道处置程序和规则，另外需要很好的反应能力，遇事冷静。

8.6.2 机场运行指挥各岗位的关系

机场运行指挥各岗位的关系如图 8-3 所示。

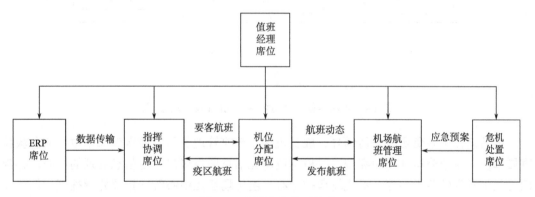

图 8-3 各岗位的相互关系

各席位的工作是在值班经理的领导下完成的，机场航班管理席位对各航空公司发过来的航班比对修改后，制定次日的航班计划，完成之后在机位分配席位的系统中就自动生成了次日的航班，机位分配人员以此为依据进行机位分配。机场航班管理席位在获取航空公司的动态信息后，如航班的增加删除，要及时告知机位分配席位，便于做出调整。机位分配席位获得航班推迟信息后，也要及时通知机场航班管理席位发布最新时间。指挥协调席位主要对机场内突发事件进行处理和信息传递，当发生特殊情况时需要与各个席位之间进行信息的交换，指挥协调席位要将每日的要客航班计划告知机位分配席位，机位分配席位要将疫区航班的机位信息传达给指挥协调席位，指挥协调席位再通知各部门保障航班的安全运行。ERP 席位是专门负责航班营运数据收集和统计的，和机场财务部门密切相关，主要负责为机场向航空公司收费提供依据，ERP 席位还要向指挥协调席位提供前一日的飞机起降架次、旅客/货邮吞吐量、航班正常率等数据，指挥协调席位以此为依据完成日报。

8.6.3 机场运行指挥和其他部门的关系

机场运行指挥和其他部门的关系如图 8-4 所示。

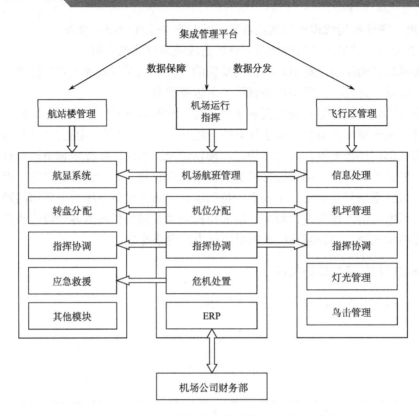

图8-4 机场运行指挥与场内其他部门联系示意图

机场运控中心负责与公司领导、成员机场、政府管理部门、要客保障单位、应急救援直属单位、航空公司现场和商调、联检单位建立信息通报接口，是信息处理的中心，各部门必须将发生的各类事件上报机场运控中心，由机场运控中心统一指挥协调处理。例如，当航站楼东区管理部航站楼运控中心航显席位没有收到航班计划席位时，将在第一时间与机场运控中心的 AMOSS 信息维护席位核实，如机场运控中心的 AMOSS 信息维护席位已将席位发布，航站楼东区管理部的航站楼运控中心航显席位需要与信息技术部的集成运行控制的航显值班员联系，最后将这些信息记录在《航显监控日志》并上报当日值班经理。公共区管理部如果在工作中发现了安全隐患，需要立即上报机场运控中心，由机场运控中心通知航空安保部门和其他相关安全保障部门，确保航班正常运行。

机场运控中心是生产运行的开始，经 AMOSS 席位核对的航班计划是机场各保障部门生产运行的基础，各保障部门按照 AMOSS 发布的航班计划进行资源分配，统筹调度，如机位分配席需根据核对后的航班计划进行机位分配和调整，航显系统根据航班计划发布信息，值班柜台、登机口、机务人员等各项资源才能高效无误运作，机场才得以正常运行。在各部门运行过程中会出现各种各样的问题，这就需要机场运控中心的指挥协调来监督和处理所有机场运行中的不正常情况，如航班计划的临时变更、天气情况影响的航班延误、人为原因造成的不安全事件等，使机场运行更加灵活高效，运行质量更加有保障。

航站楼管理部主要包括航显系统、转盘分配、指挥协调、应急救援等模块，其与机场其他部门的主要关系可以用图8-4表示，具体描述如下。

（1）与机场运控中心的关系：航站楼东区管理部在组织上和机场运控中心是平级单位，但是机场运控中心负责整个机场的整体运行，协调各个部门的正常运行，当发生紧急事件时航站楼运控中心由机场运控中心领导统一指挥。在信息上，航站楼运控中心从机场运控中心得到相关航班信息及机位分配信息从而开展行李转盘及值机柜台分配等业务。航站楼运控中心协调席位负责与机场运控中心联系协调。

（2）与合约商关系：合约商不属于机场的部门，但是对于航站楼的正常运行有着极其重要的作用，因此在图 8-4 上用虚线表示，航站楼东区管理部的各个模块都与合约商进行合作，保证航站楼高效、有序的运行，其中指挥协调席位负责与合约商联系协调处理楼内的日常事务，现场督察负责检查合约商的合约执行情况。

（3）与飞行区管理部联系：航站楼管理部与飞行区管理部没有直接联系，他们通过机场运控中心的统一协调，共同完成航站楼和飞行区的保障工作。

（4）与信息中心关系：信息中心为航站楼东区管理部提供信息技术支持，维护和完善航站楼运控中心各模块的系统，并对信息进行处理。

（5）与公共区管理部的关系：同与飞行区管理部一样，航站楼东区管理部与公共区管理部没有直接联系，他们共同保障旅客的方便和安全，相互配合完成整个旅客流程的工作。

飞行区管理部作为一个大的部门主要负责飞行区内所有工作的管理，其涉及的许多工作都与机场运控中心、塔台、航站楼管理等部门相关，需要经常与这些部门进行信息交流与协调，以共同保障飞行区的安全运行，实现机场整体的高效运作。例如，AOCC（Airport Operation Control Center）包括多个系统：来自空管的进近管制雷达、场面监视雷达系统、记录飞行区日常工作的飞行区值班日志平台以及从机场运控中心获得的航班信息系统。进近管制雷达能够监控机场周围 60 公里空域内的航空器进近离港情况，场面监视雷达能够监控飞机的起飞降落以及滑跑情况，并能在下一架飞机到来时提前 3 分钟做出提示并进行进场倒计时，航班信息系统由机场运控中心的 AMOSS 获得信息，能够显示进出港航班的航班号、航班日期、机型、计划时间、预计时间、实际时间、VIP 等级等信息，并能自动生成机号。

（1）与机场运控中心的关系：AOCC 从机场运控中心获得航班信息以及其他重要事务信息，如专机信息、要客信息、机位信息、预案启动信息等。例如，对于不正常航班的信息，由机场运控中心通过电话或者日志平台发布给 AOCC，AOCC 再通知机坪监察。此外，本部门的重要施工（如道面修复施工）都需要通过 AOCC 通报机场运控中心批准才能执行。

（2）与空管的关系：AOCC 从空管获得进近管制雷达、场面监视雷达信息，本部门需要进入跑道、滑行道的作业，均需得到空管的许可。此外飞行区涉及跑滑适用性的信息都需要及时通报空管。例如，当塔台发现飞机滑行路线错误时会通知 AOCC 协助处理；当机场部分道面由于温度过高起拱影响飞机的滑行，需要关闭道面时，AOCC 会通报塔台关闭信息以保证塔台不会指挥飞机经过关闭区域等。

（3）与机场合约服务商的关系：机场目前将除管理外的保洁、地面服务、施工等其他业务都外包给了专业服务商，如博维、BGS、华彩等，飞行区管理部虽不直接干涉服务商的日常作业，但为保障机场运行安全必须对服务商的各种行为加以规范和监督。

（4）与航站楼管理的关系：飞行区管理与航站楼管理的交集主要是廊桥的管理，虽然廊桥内的管理归航站楼，但廊桥的产权却归飞行区。此外，当在航站楼或飞机内发现发热旅客后，需要机坪管理模块的车辆前去引导急救车入场。

8.7 机场运行安全可靠保障

机场运行安全保障能力指数指民航行业管理部门根据统计计算的一个评价周期内的某个机场的综合得分。

区间指根据所有机场运行安全保障能力指数划分的不同指数范围。其中，红、黄、绿三个区间分别代表机场处于不同的运行安全保障能力水平。

航班时刻安排容量是指航班时刻表每小时安排的最大航班数量，是考虑空管和机场各单位综合保障能力后确定的数值，通常小于运行容量。

机场运行安全保障能力综合评价指标体系包括 3 个一票否决类指标、14 个安全管理类指标和 3 个综合管理类指标。一票否决类指标（表 8-1）不设权重，机场在一个评价周期内出现该类指标所描述的情形的，每发生一次扣除总分 30 分，同时该机场将直接列入红色区间。机场运行安全保障能力指数小于等于 70 分的机场列入红色区间，高于 90 分（不含）的机场列入绿色区间，其余列入黄色区间。

表 8-1 一票否决类指标

名称	指标说明	计分方法
民用航空器事故（机场责任）	由机场责任导致的以下事故：《民用航空地面事故等级》规定的航空地面事故及《民用机场飞行区运行情况报告的规定》规定的"因机场飞行区保障原因造成飞行事故、航空地面事故"	不计权重，每发生 1 次扣 30 分，以此累计
净空管理事件	机场净空保护区内新增超出障碍物限制面的超高建（构）筑物	不计权重，每出现 1 次扣 30 分，以此累计。扣分持续至整改完成为止
企业安全诚信	机场管理机构出现以下情形的： 1.违反《民用机场飞行区运行情况报告的规定》等相关文件的规定，瞒报、谎报飞行区安全信息的情形； 2.在人员资质和培训档案方面有恶意造假行为的； 3.由民航行业监管部门认定的其他有关运行安全的不诚信行为	不计权重，每发生 1 次扣 30 分，以此累计

对于进入红色区间且连续两个季度排名最后一位的机场，民航地区管理局或监管局将限期督促其整改问题。民航局或地区管理局结合该机场近一时期的安全形势和安全保障工作情况，应在下一航季对该机场采取削减机场现有航班时刻安排容量（削减幅度不低于机场现有容量的 2%，不足 1 架次的按 1 架次，大于 1 架次的按四舍五入取整）或削减资金补贴（或补助）等措施。对于进入红色区间的其他机场，民航局或地区管理局对该机场的航班时刻安排容量不予上调。

对于进入黄色区间的机场，原则上不对机场航班时刻安排容量进行提升。

对于进入绿色区间的机场，民航局不因运行安全保障能力因素对机场航班时刻安排容量的提升加以限制。

机场现有容量因本办法受到削减的机场，如同时受到中国民用航空局其他业务部门对其在机场容量方面的处罚或限制的，以其中较严厉的为准。

安全管理类指标包括跑道入侵事件、机坪刮碰航空器事件、机场无正当理由不接收备降情况、应急救援处置不当事件、未按规定进入活动区事件、不停航施工事件、鸟击事件（机场责任）万架次率、外来物损伤航空器事故征候（不含轮胎扎伤）万架次率、轮胎扎伤事件万架次率、供油运行事件、设备故障、动物侵入飞行区、其他事故征候、其他一般事件。

综合管理类指标包括安全信息上报情况、安全投入的使用情况、运行安全问题整改情况。

（1）扣分法是指预先设定一个指标的满分分值，再根据事件发生的次数进行倒扣分的方法。在某指标所指事件发生次数较多时，此方法将出现得负分的情况。

（2）差率法是指预先设定一个上、下限构成的区间，计算数值之间差异程度的方法。当某机场指标值落入区间内时，计算其对上限的偏差比例，偏差率越大得分越高，偏差率越小得分越低；当某机场指标值落入区间外时，计算得分为负分。

机场运行安全保障能力综合评价工作的基本流程如下。

（1）相关监管局根据辖区内大型民用运输机场的不安全信息计算各机场运行安全保障能力指数，并向所属地区管理局报备打分表（如有需认定的情形，监管局可向所属民航地区管理局请示认定相关情况）；

（2）地区管理局审核、汇总辖区内相关机场的打分表，上报民航局机场司；

（3）民航局机场司对上报的打分表进行综合排名；

（4）民航局按规定公布评价结果。

机场运行安全保障能力综合评价工作原则上以季度为周期每季度进行一次，每半年在行业内公布一次结果，评价结果参考前两个季度的总结评价。评价工作一般应在前一个季度结束后的 15 天内完成。本周期内事件（或事故）认定未完成的，以认定完成之日为准。

习　题

1. 决策支持系统的定义是什么？

2. 机场决策支持系统包括哪些子系统？

3. 综合集成研讨厅方法包括哪些内容？

4. 数据仓库决策支持系统是怎样做决策的？

第9章　应急救援管理系统

9.1　概　　述

根据《中华人民共和国民用航空法》、《国际民用航空公约》（附件14）、国际民航组织《机场勤务手册》第五部分"残损航空器的搬移"以及第七部分"机场应急计划"、《民用运输机场应急救援规则》（中国民用航空总局令第90号）、《中国民用航空应急管理规定》（中国民用航空局令第196号）等有关规定和要求，制定《机场应急救援计划》。计划的目的是及时有效地对机场发生的各种紧急事件做出快速反应，采取适当措施，避免或者减少人员伤亡和财产损失，在最短时间内使机场恢复正常运行。

《机场应急救援计划》是机场开展应急救援工作的依据，参与机场应急救援工作的部门和个人必须熟悉和掌握计划中的相关规定并严格执行。机场地区是指以机场跑道中心为基准位置点、半径8公里的区域。规定区域外发生的紧急事件，按照《中华人民共和国搜寻救援民用航空器规定》执行。施救时间包括两种情况：①机场内施救时间，消防、医救、公安首车在3分钟内到达现场，其他各救援保障部门应迅速赶赴紧急事件现场。②机场外施救时间，根据实际情况以最快速度赶赴现场。紧急事件种类如下。

（1）航空器紧急事件种类：航空器失事；航空器空中故障；航空器受到非法干扰，包括劫持、爆炸物威胁；航空器与航空器相撞；航空器与障碍物相撞；涉及航空器的其他紧急事件。

（2）非航空器紧急事件种类：对机场内设施的爆炸物威胁；建筑物失火；危险物品污染；自然灾害；医学紧急情况；不涉及航空器的其他紧急事件。

非航空器的紧急事件应急救援不分等级。航空器紧急事件的应急救援等级包括三级。

（1）一级，即紧急出动：已发生航空器坠毁、爆炸、起火、严重损坏等紧急事件，各救援保障部门应当按指令立即出动，根据预定的救援行动计划，以最快速度赶赴事故现场参与救援行动。

（2）二级，即集结待命：航空器在空中发生故障，随时可能发生航空器坠毁、爆炸、起火或者航空器受到非法干扰等紧急事件，各救援保障部门应当按指令迅速赶赴指定地点或集结点集结。

（3）三级，即原地待命：航空器空中发生故障等紧急事件，但其故障对航空器安全着陆可能造成困难，各救援保障部门接到指令后，应当做好紧急出动的准备。

应急救援演练包括综合演练、单项演练和桌面演练三种类型。

综合演练是由机场应急救援工作领导小组或者其授权单位组织，机场管理机构及其各驻机场参加应急救援的单位及协议支援单位参加，针对模拟的某一类型突发事件或几种类型突发事件的组合而进行的综合实战演练。

单项演练是由机场管理机构或参加应急救援的相关单位组织，参加应急救援的一个或几个单位参加，按照本单位所承担的应急救援责任，针对某一模拟的紧急情况进行的单项实战演练。

桌面演练也称指挥所推演，是由机场管理机构或参加应急救援的相关单位组织，各救援单位参加，针对模拟的某一类型突发事件或几种类型突发事件的组合以语言表达方式进行的综合非实战演练。

机场应急救援综合演练应当至少每三年举行一次，未举行综合演练的年度应当至少举行一次桌面演练，机场各参加应急救援的单位每年至少应当举行一次单项演练。

在举行机场应急救援演练前，机场管理机构或者组织单项演练的相关单位应当组织编制应急救援演练计划，应急救援演练计划应当按照突发事件发生、发展的进程进行编制，应急救援演练计划可以是一种或几种突发事件的综合。演练计划如下：

（1）演练所模拟的突发事件类型、演练地点及日期；

（2）参加演练的单位；

（3）演练的程序；

（4）演练场地的布置及模拟的紧急情况；

（5）规定的救援人员和车辆的集结地点及行走路线；

（6）演练结束和演练中止的通知方式。

应急救援演练计划制定完毕并经应急救援领导小组同意后，应当在演练实施两周前报送民航地区管理局。

机场管理机构在举行应急救援演练时，原则上应当采取措施保持机场应急救援的正常保障能力，尽可能地避免影响机场的正常运行。如果由于应急救援演练致使本机场的正常保障能力在演练期间不能满足相应标准要求的，应当就这一情况通知空中交通管理部门发布航行通告，并在演练后，尽快恢复应急救援的正常保障能力。

举行综合演练时，机场管理机构应当视情况事先通报相关部门。演练工作应当坚持指挥与督导分开的原则。演练时，应当在演练指挥机构之外另设演练督导组。演练督导组应当对机场应急救援演练工作进行监督检查，在演练实施前研究并熟悉参演机场的应急救援预案和本次应急救援演练计划，全程跟踪演练进程，并在演练中提出各种实际救援中可能出现的复杂或者意外情况交指挥中心应对，指挥中心应当及时作出响应。应急救援演练结束后，演练组织者应召集各参演单位负责人进行总结讲评。总结讲评活动中，演练督导组应当就演练的总体评价、演练组织、演练计划、演练人员和设备等方面提出综合评价意见。

机场应急救援领导小组是机场应急救援工作的最高决策机构，由机场集团公司总经理兼任该组组长。成员单位由民航地区管理局、民航地区监管局、当地人民政府、机场集团公司、民航当地空中交通管理站、驻场单位、相关航空器营运人及其代理人共同组成。

应急救援指挥中心设在机场生产指挥中心，人员由生产指挥中心和总经理值班室组成，负责日常应急救援工作的组织和协调，根据应急救援领导小组的授权，负责组织、实施机场的应急救援工作，对机场应急救援领导小组负责，并报告工作。应急救援指挥中心总指挥由机场集团公司总经理担任，全面负责应急救援的指挥与协调。应急救援指挥中心在应急救援现场设现场指挥所，在现场总指挥领导下开展工作。负责现场信息接收、传递，行动指令的下达以及现场的相关协调工作。现场指挥所由应急救援指挥中心现场总指挥负责组织，由机场应急救援指挥中心负责人、消防指挥官、医救指挥官、公安指挥官、安全检查站指挥官、机场管理部指挥官、地服公司指挥官及相关航空公司负责人等组成。现场指挥所在总指挥或其授权人的统一指挥下，具体负责现场救援工作的组织指挥和协调。现场所有救援单位必须无条件服从指挥。现场指挥所与应急救援指挥中心必须保持不间断联络，随时报告救援情况。涉及重大事项应先报告再进行处置，情况紧急时也可边处置边报告。

应急救援指挥中心的办公地点设在机场生产指挥中心，在机场总指挥、副总指挥统一领导下履行以下职责：

（1）依据有关法律、法规、规章和规范性文件组织制定、修订和实施机场应急救援计划；

（2）贯彻、落实领导小组有关决定事项，组织做好紧急突发事件的预防与应急准备、预测与预警、应急处置与救援、事后恢复与重建等工作；

（3）指挥、协调和调动参加应急救援的单位，就已发生的应急救援发布指令；

（4）根据中国民用航空局《民用运输机场应急救援规则》及其他有关规定，定期检查各有关单位的应急救援设备设施及预案措施的落实情况；

（5）组织开展应急知识宣传普及活动，组织应急救援的培训和演练，认真讲评，提出改进建议；

（6）负责应急救援的单位负责人姓名及其电话号码变化的修订工作；

（7）制定应急救援项目检查单，定期检查应急救援设备器材的登记编号、存储保管、维护保养等工作情况，保证应急救援设备完好；

（8）组织残损航空器的搬移工作，及时确定搬移时机、地点、协调解决有关问题；

（9）负责日常应急值守和信息研判、处置工作，与国家、当地人民政府及相关部门应急机构之间建立必要、可靠和稳定的工作联系，承担应急救援初期组织指挥工作，健全快速响应和协调联动机制。

应急救援力量的构成及其职责包括以下内容。

1）空管保障组

空管保障组由民航地区空中交通管理局管制中心、气象中心、机场生产指挥中心构成。组长由民航地区空中交通管理局主管安全的局长或其授权人担任。其职责如下：

（1）负责将获知的紧急事件情况按照信息通报流程通知有关部门；

（2）及时了解机长意图和紧急事件的发展情况，并报告机场应急救援指挥中心；

（3）负责发布有关因紧急事件影响机场正常运行的航行通告；

（4）及时提供紧急事件所需要的气象情况，并通知有关部门。

2）消防救援组

消防救援组由机场消防支队、地方消防协议单位构成，组长由机场消防支队支队长或其授权人担任，在应急救援指挥中心的领导下行使事故现场消防工作的最高指挥权。

（1）负责救助被困遇险人员，防止起火，组织实施灭火工作；

（2）联系地方消防部门参与应急救援工作；

（3）值班消防车、应急救援指挥车、应急救援照明车必须随时处于完好、待命状态，接到救援通知后，立即赶往指定地点等待或开展救援行动，同时向消防协作单位报告，请求后续支援，场内救援时间为3分钟。

3）医疗救护组

医疗救护组由机场医救中心、安全检查站和市医疗协议单位构成，组长由机场医救中心主任或其授权人担任。担架队由机场安全检查站、医救中心相应人员组成。根据应急救援需要，由医救中心统一调用。

（1）组织进行伤情分类、现场救治和伤员后送工作；

（2）随时向应急救援指挥中心报告人员伤亡情况，并与医疗协作单位联系，请求支援；

（3）进行现场处置、人员伤亡及后送等情况的记录工作；

（4）值班救护车随时处于待命状态，车内须存有必备药品、器械，保持车内通信设备和车辆处于良好状态，接到救援通知后，立即赶往指定地点等待或开展救援行动。

4）公安保障组

公安保障组由机场公安局、武警驻场部队、省市县公安和驻军协议单位构成。组长由机场公安局局长或其授权人担任。

（1）协调省市县公安、部队、机场保安人员做好救援工作；

（2）设置现场安全警戒线，保护现场，维护现场治安秩序；

（3）参与核对死亡人数、死亡人员身份确认；

（4）制服、缉拿犯罪嫌疑人；

（5）组织处置爆炸物、危险品；

（6）疏导交通、保障救援道路畅通。

5）客货疏散组

客货疏散组由机场地服公司构成。组长由机场地服公司总经理或其授权人担任。

（1）负责与航空器运营人取得联系，采取措施，迅速查明并向应急救援指挥中心提供旅客人数、名单、性别、国籍、身份证号码、联系电话、机上座位号、行李数量及机上装载货物数量、名称、有无危险品等；

（2）负责将机上旅客安置，行李、货物卸运到货运仓库保管，并记录登记造册；

（3）负责设立接待机构，协助与机场后勤保障组负责接待、查询，通知伤亡人员的亲属，并做好安抚工作；

（4）在应急救援指挥中心或者事故调查组负责人允许下，负责货物、邮件、行李的清点和处理；

（5）负责死亡人员遗物的交接工作及伤亡人员的善后处理工作。

6）后勤保障组

后勤保障组由机场旅客服务公司、航空器营运公司或代理公司及协议单位构成。组长由机场旅客服务公司总经理或其授权人担任。

（1）负责安排救援人员、紧急事件中的家属吃、住、行，设立接待场所，做好安抚工作，坚持 24 小时值班，及时完成上级下达的临时任务，处理有关事宜；

（2）按照应急救援指挥中心指令提供各种车辆保障，完成应急救援时各类人员、物资、器材的运输任务。

7）善后处理组

善后处理组由机场集团公司办公室、党委工作部、股份公司总经理办公室、财务部和医救中心等单位构成。组长由机场集团公司办公室负责人或其授权人担任。负责配合航空器运营人员做好善后处理工作，包括解释疏导以及死者的殡仪、伤者的治疗和理赔等工作。

8）事故调查组

事故调查组由机场航安部、公安局、运行监察部、生产指挥中心、航空公司或其代理公司等单位构成。组长由机场航安部总经理或其授权人担任。负责配合、协助上级调查组开展工作。

（1）保护现场，收集目击者反映，记录目击者单位、姓名、联系方法和详细反映内容；

（2）对航空器残骸、散落物、罹难者遗体等进行拍照、摄像及绘制航空器残骸分布草图，标明其相对位置，如需移动上述物体，则应粘贴标签，并在发现上述物体的位置上用一根带有相应标签的标桩标出其位置；

（3）对驾驶舱内仪表、操作部件、伤亡人员等的原始状态进行拍照、摄像、绘图并做详细记录；

（4）对易失证据进行拍照、摄像、采样、收集，并做书面记录。

9）协议救援单位

由机场公安局、医救中心、消防支队、机场管理部、旅客服务公司等部门与省、市、县相关部门签订应急救援互助协议，明确职责、信息传递方式及联系人。当发生紧急情况时，协议救援单位根据应急救援指挥中心要求，派遣救援力量，在应急救援领导小组统一领导和专业指挥官的统一指挥下，按预案实施救援行动。

10）新闻报道组

新闻报道组组长由集团公司企业文化部部长或其授权人担任。

根据总指挥指令，负责对外的新闻发布及报道工作。突发事件的报道，按有关规定由国务院新闻办公室统一安排，由新华社统一发稿。机场任何单位、个人都无权擅自对外发布有关消息，为新闻单位提供报道线索、报道素材或邀请记者来场采访。

9.2　应急指挥

9.2.1　应急指挥要素

应急指挥技术是指综合运用自动化、信息化、智能化等高级技术，通过情报收集、信息处理、分析决策、指令传递、指令执行与安全监控等过程，对群体性社会活动进行快速部署、协调控制的技术。

应急指挥技术是一种特殊的指挥与控制技术，是为应对突发事件，保障社会的平安、有序，保障人民的生命、财产安全，在快速获取和综合分析相关信息的基础上，形成决策，如应急处置行动方案等，并对人力、物力等资源以及相关应急处置行动事实计划组织与协调控制的一种技术。

在紧急情况发生时，应急指挥员要按应急预案进行应急处置，同时要尽可能使机场保持有限度和必要的运行，在指挥应急救援工作进行的同时，应急指挥员应考虑尽量减小对正常运行的影响，尽量恢复正常秩序。

在应对突发事件时，要考虑五大要素，即指挥者、指挥对象、指挥手段、指挥环境和指挥信息。

（1）指挥者包括参与应急处理的指挥人员和指挥部门，主要负责运筹决策、计划组织、发令调度和协调控制。

（2）指挥对象是应急指挥的客体。要求客体要能按照指挥者的意图、命令和指示完成所承担的现场抢险救灾等各项任务。

（3）指挥手段是指指挥活动中所运用的指挥工具和器材，其信息化程度越高，指挥能力越强。

（4）指挥环境包括时间、空间、指挥场所以及现场的气候、地理等自然条件等。

（5）指挥信息是实施应急指挥活动所需要的现场各种情报信息、指令（如决策、行动计划、命令和指示等）、报告（如情况指示、有关事项的报告等）和资料（如数据库中的数据、档案、地图等）的统称。

总之，应急指挥的上述五大要素彼此既相互独立，又相互联系。指挥者的直接作用客体是指挥对象，指挥对象与指挥者之间相互依存。指挥手段服务于指挥者与指挥对象，指挥环境影响指挥者的指挥活动，影响指挥者与指挥对象之间的相互联系。指挥信息通过指挥手段使指挥者、指挥对象、人员行动形成一个有机整体。五大要素相互作用构成了应急指挥的基本运动形态。

9.2.2　应急指挥方式

应急指挥方式是否得当，会直接影响指挥者的指挥质量与效率，也会影响指挥对象执行指令的主动性和积极性。当前，常用的指挥方式主要包括集中指挥、分散指挥、按级指挥、越级指挥、指令指挥、指导指挥、任务指挥等。若以指挥权力行使支配的强弱为标准，则包括集中指挥和分散指挥两种指挥方式，其他方式都是从这两种方式派生的。

1）集中指挥

集中指挥是指指挥者对指挥对象保持高度统一的指挥权，是应急救援的主要方式。这种指挥方式按照隶属关系，由指挥者根据级别要求进行统一指挥。集中指挥的主要内容包括明确应急处置行动的任务和目标，统一计划中各种信息源，规定下级完成应急处置行动的方法与步骤，集中协调不同应急处置部门或人员的行动。

集中指挥的优点包括便于指挥者掌握全局，统一组织应急处置并协调控制各方资源，进而形成整体合力。其缺点包括指挥权限过于集中，不利于发挥下级指挥人员的主动性和创造性。

2）分散指挥

分散指挥是应急救援的一种辅助方式。在分散行动时，根据上级总的意图和原则性指示，结合具体情况进行独立自主的指挥。分散指挥的主要内容包括明确下级任务，下达原则性的指令及完成任务时间限制；提供完成任务所需要的物资，而不规定完成任务的具体方法和步骤；保证下级指挥人员在职责范围内有足够的自主权，可根据任务目标和实际情况机断处理。

分散指挥的优点包括利于上级指挥人员集中精力谋全局，利于发挥下级指挥人员的主动性和创造性，利于提高现场的应变能力和适应现场情况多变的特点。其缺点包括上级指挥人员对全局协调控制的难度增加，物资使用相对分散，对下级指挥人员的独立指挥能力要求较高。

9.2.3 应急指挥平台模式

有些地区和部门已经进行了多方面的尝试，建立起来一些各有侧重、各具特色的应急平台，可以归结为以下几种模式。

（1）多警合一的接处警模式。这种模式开展较早，主要特点是具有统一接警、分类处警功能，实现了各个警种的报警处理既相对独立，又互通有无，在解决一警多能、最大限度地发挥警力资源，以及资源共享、方便群众报警求助等方面具有积极作用。

（2）多种通信方式相结合的应急指挥通信模式。利用有线通信和无线通信等系统，实现集中指挥调度和无线指挥调度功能，指挥调度方便快捷。一些城市重点进行了数字集群等系统的建设。这种模式把视频图像资源进行了整合，结合地理信息系统（Geographic Information System，GIS）等对关键场所的现场进行监控，并通过视频会议进行会商和异地指挥。

（3）信息管理系统模式。这种模式侧重于信息报送、分类、统计等功能，主要完成对"现时"状态数据的掌握，强调数据库建设，基本上以事件为中心收集组织信息，或以服务为中心提供信息。

（4）应急联动指挥模式。这种模式以快速反应为根本目标，强调大系统概念，利用通信、计算机、网络和视频图像等技术，把多警合一等多个系统纳入一个平台，由市政府（或依托某个部门）直接领导，统一指挥协调多个部门，具有综合化调度中心的特点。

9.2.4 应急决策系统分类

近年来，应急决策系统的研究得到了世界各国的广泛重视，众多针对不同突发事件和具有不同功能的突发事件应急决策系统纷纷问世。这些突发事件应急决策系统大致可以分为单灾种应急决策系统、单功能应急决策系统、综合应急决策系统。

单灾种应急决策系统在现有的突发事件应急决策系统中占据着很大的比例，研究的时间也最长。2002年，Ellen Raber 针对生物化学事件提出了决策框架，该框架是一个四阶段的决策流程，阶段对应的风险评估模型的使用贯穿四个阶段，风险评估模型的运算结果作为决策的主要依据。这种类似的决策框架在单灾种应急决策系统中使用非常广泛，例如，陈涛等研究的基于火灾模型的消防系统也是这种相对固定框架（信息确认—模拟计算—风险评估—人员疏散）的应急决策系统。这种固定决策框架适用于处置流程相对简单的突发事件，决策中使用的模型较少，模型链由固定的几种模型组合而成。2002年 Fedra 设计了一种混合专家系统用以进行相关危险化学品事件的风险管理，该系统以模型和地理信息系统为基础进行应急决策，系统中使用了一些简单的规则根据事件信息进行模型选择。混合专家系统类型的应急决策系统近年来受到研究者的重视，混合专家系统基于专家设定的一些规则来帮助系统完成应急决策模型链的组合，同时可以和其他相关数据库或地理信息系统进行信息交互，但是目前的应急决策混合专家系统中的模型组合结构相对简单，不能完成对应复杂事件或事件链的模型链构建工作。2007年雅典国家科技大学的 Bonazountas 提出了一个基于森林火灾相关模型的决策支持系统，该系统利用人工选择相关模型实现模型组合来评估在森林火灾中的人员伤亡。通常情况下，这种类型的应急决策系统中的模型个数较少，适用于单灾种且事件的情况相对简单，不会引发次生、衍生事件的突发事件。

近年来，突发事件应急决策系统的研究热点集中在针对由灾害源、应急救援团队、决策人、受灾体等组成的复杂系统如何进行智能应急决策的问题上。美国、日本以及欧洲一些国家开展了这方面的研究。从民航机场的安全管理体系中可以看出，机场的正常营运涉及机场设施、天气状况、管理制度、法律法规等。这些因素可以划分为四类：人、机器、环境和管理，这四类因素中的一个或多个因素出现状况以及它们之间的相互作用都有可能成为机场灾害的致灾因素。美国开展了利用基于行动主体模型的 DEFACTO（Demonstrating Effective Flexible Agent Coordination of Teams through Omnipresence）协同系统进行应急救援模拟的研究，该系统主要面对城市多点火灾的消防行动的辅助决策。日本的 RoboCup 救援系统研究多种提高灾后应急救援能力的科学原理和技术手段，其中包括基于多行动主体的团队协作模拟、应急决策评估基准的建立等内容。

综合应急决策系统指的是能过针对多种突发事件的多个环节进行综合应急决策的智能系统。2004 年澳大利亚的 Sohail 提出了一种灾害管理的混合决策支持系统的架构，该框架提出了利用模型组合进行耦合灾害处置的框架，用 Agent 根据领域知识针对用户的需求进行模型组合，该框架的提出解决了耦合灾害的处置流程。但是该框架中模型组合多为并联结构，忽略了应急决策中模型的层次关系和相互之间的联系，对于更为复杂的突发事件链的应急决策就很难得到很好的解决。

9.3 应急救援程序

9.3.1 航空器失事救援程序

当机场及其邻近区域内发生航空器失事（包括坠毁、起火、严重损坏紧急情况）时，必须立即按应急救援预案进入"紧急出动"状态，按程序实施应急救援工作。

1. 航空器失事救援程序信息流程

空管部门首先获取航空器失事的消息，当空管部门值班管制员获悉机场及其邻近区域内航空器失事的信息后，应立即通报运行指挥中心，通报的信息应包括航空器型号、国籍、所属航空公司、航班号、飞机号、失事时间和地点（尽量给出应急救援方格网图上的相对位置）。空管部门还要及时提供航空器失事所需要的气象情报，并通知运行指挥中心和有关航空公司。机场运行指挥中心作为信息的中枢，当获取信息后，值班经理首先应立即向消防、医疗、公安、安检、油料部门下达救援指令，并立即报告运行指挥中心负责人和机场总值班（总指挥、副总指挥）、安全管理部（集团总值班、集团安控中心）、航空公司（发生失事的营运人），再由其通知边检、海关、检验检疫、保险公司等，并决定机场进入"紧急"状态。航空器失事救援程序见图 9-1。

2. 航空器失事救援程序资源调配

航空器失事，所有参与救援的部门都应在第一时间做出反应，在航空器失事流程信息传递图中，可以清楚地看到，运行指挥中心在应急救援中处于核心地位。当机场运行指挥中心得到航空器失事信息后，应迅速开启应急救援指挥室内全套监控和救援指挥设备，并向应急救援指挥中心总指挥派出联络员和指挥员，以协助总指挥实施救援工作；运行指挥中心负责人或值班领导立即乘坐应急救援指挥车赶赴失事现场，迅速沟通与运行指挥中心的联络，提出救援建议，临时负责现场救援工作的协调指挥。同时，当上级领导到达后，运行指挥中心领导应向其简要报告航空器失事情况及已开展的救援工作，请示决定重要事项。运行指挥中心还担负向空管提供影响机场正常运行的《颁发航行情报资料通知书》的职责。

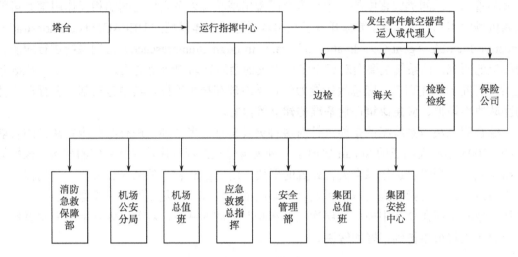

图 9-1　航空器失事救援程序图

空中交通管制部门在应急救援中同样起着至关重要的作用，空中管制部门担负做好其他航班的调配指挥工作，在通报运行指挥中心的同时还应向上级有关部门及有关航空公司通报。

总指挥全面负责应急救援指挥中心的工作，当接到运行指挥中心的报告后，应立即赶往运行指挥中心，决定现场指挥部的组成人员，明确指挥职责，提出救援要求，并组织检查《应急救援项目检查单》落实情况。当上级领导到达后，负责汇报救援情况，并在其领导下实施救援指挥，对协作单位和政府相关部门提出要求，督导他们服从统一指挥，积极提供救援帮助。

消防急救保障部在航空器失事救援中发挥着重要的作用，是应急救援的直接参与者，第一时间直接深入现场进行救护。当消防接到运行指挥中心通知后，机场区域内消防车应在 3 分钟内赶到事故现场，实施消防灭火，解救被困遇险人员。消防同样担负着迅速指挥医务人员实施现场救护，随时向现场指挥部或运行指挥中心报告伤亡、救治情况的任务。参加现场救护的医务人员，将受伤的旅客分类挂牌（伤情分类及标志颜色：绿色标签—轻伤；黄色标签—重伤；红色标签—危重；黑色标签—死亡），指导担架队将伤员分类抬到救治区。同时，消防还应协助机场检验检疫局对事故现场进行消毒处理负责本部门应急救援总结。

公安分局接到运行指挥中心通知后，应立即派出警力、警车赶到失事现场，并向市 110 应急联动中心报告，到达现场后，设置安全警戒线，维护现场治安工作，担负照相、摄像、保护现场的物资和遗物等工作，并布置通往失事现场道路的交通指挥，保证救援道路畅通，协助航空公司或代理公司核对死亡人数和死亡人员身份。

场务保障部和助航灯光保障部接到运行指挥中心通知后，立即组织人员赶赴失事现场，对损坏的场道进行抢修，必要时修筑临时通道，对大型铲车、钢板、枕木等设备和材料进行专人监管，随时准备投入救援工作，负责场道灯光的修复工作，提供夜间照明设备。

3. 航空器失事后善后处理工作

航空器失事救援完成后，总指挥和运行指挥中心召集有关单位负责人会议，布置善后处理工作，成立各种善后处理工作小组，提出明确分工和要求；检查和掌握应急救援和善后处理进程，发布解除应急救援状态，恢复机场正常运行的指令；组织上情下达，下情上报，协调内外关系，解决善后处理的各种问题。

公安分局办理遗体交接手续。交接后，由其联系殡仪馆工作人员到场对尸体做进一步处理；为了保护现场，便于调查，在事故调查组到场前，无特殊情况，不得搬动机上和机下散落的行李物品，现场保护由公安部门负责。同时注意保护现场，不准随意翻、搬航空器残骸，使其处于失事时的原始状态，以便事故原因的调查。查明证人在事故调查组未到达现场前，现场指挥部应指派专人尽可能查明所有的目击者、生存的当事人和可能为航空器失事提供证据的其他人员，建立名册和联络方式，此事由公安分局负责。

航空器残骸搬移结束后，运行指挥中心场务保障部及协作部门负责对事故发生点进行清理。清理结束后由检验检疫局对地表浅层或机坪的污物进行消毒防疫，防止污染环境。

9.3.2 航空器空中故障救援程序

空管部门当获悉航空器空中故障信息后，立即了解故障的应急程度，通知机场运行指挥中心，通知内容包括航班号、机型或机号、机组和乘客人数、有无机载危险品、故障的性质和种类、机载燃油、预定到达时间、降落方向、特殊要求等。机场运行指挥中心立即报告运行指挥中心负责人和机场值班领导，请示并视情况决定机场进入相应状态，同时，通知安全管理部、集团总值班、安控中心和发生事件运营人。

当航空器空中发生故障时，必须依据故障性质和危及安全的严重程度，分别进入"原地待命"或"集结待命"或"紧急出动"状态，按相应程序进行处置。

空管部门密切注意和掌握航空器故障的发展与变化，并指挥其他航空器避让，维护机场运行秩序。

运行指挥中心严密掌握故障发展变化和飞行动态。如航空器安全落地，并在指定位置停下后即通知紧急情况解除；如航空器失事，则立即转入"紧急出动"状态，按"航空器失事救援程序"开展救援工作；当获悉航空器发生故障，但该故障不至于导致严重事故，然而可能影响正常着陆，各救援单位必须进入"原地待命"状态，做好救援工作；根据应急救援指挥中心领导的意见向空管提供《颁发航行情报资料通知书》。

9.3.3 航空器爆炸物威胁救援程序

空管部门在接到航空器受到爆炸物威胁的告警后，立即通知机场运行指挥中心，通知内容包括航班号、机型、机号、航空器所处位置、所属航空公司、劫机者的要求。运行指挥中心接到空管通知后，报告机场总值班、应急救援指挥中心总指挥（副总指挥）、安全管理部、集团总值班、集团安控中心和发生事件营运人；通知机场公安分局、消防急救保障部、安检护卫保障部等做好"紧急出动"救援的准备工作。

当航空器受到爆炸物威胁时，机场有关单位必须立即进入"紧急出动"状态，妥善进行救援处置。

空管部门和运行指挥中心视对机场运行影响程度，共同商定机场使用有关事项。

机场公安分局接到通知，立即组织警力，赶赴现场，设置警戒，并向市 110 应急联动中心报告；组织现场处置组，会同有关专业人员，根据预案确定排除爆炸物方案；根据现场实际情况报告市公安局，请求排除爆炸物专业人员增援；疏导场区交通，阻止无关人员及车辆进入。

消防急救保障部接到通知后，按运行指挥中心要求立即赶到指定位置待命；严密注意事态变化及异常情况，随时准备救援。

航空公司（承运人）接到通知后，应立即赶到现场，协助进行救援处置，并向应急救援指挥中心通报旅客人数、有无 VIP 旅客等相关信息。

9.3.4 航空器地面事故救援程序

当发生航空器地面事故时，在机坪工作的任何单位和人员，应立即报告机场运行指挥中心，通知内容包括发生事故的时间、地点、航班号、机型、注册号、事故概况及飞机损伤情况。运行指挥中心接到通知后，运行指挥中心与空管部门当获悉地面事故的信息时应互相通报。指挥中心报告机场总值班、应急救援指挥中心总指挥（副总指挥）、安全管理部、集团总值班、集团安控中心；通知机场公安分局、安检护卫保障部等做好"紧急出动"救援的准备工作。航空器地面事故救援程序见图 9-2。

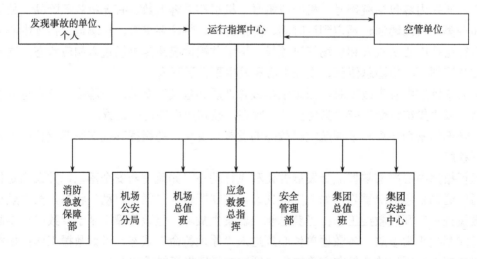

图 9-2　航空器地面事故救援程序图

当发生航空器地面事故，包括航空器与航空器相撞、航空器与地面障碍物相撞、航空器与车辆相撞时，机场有关部门应紧急出动，按规定程序进行救援处置。

获知消息后，空管部门针对事故发生情况，正确指挥其他航空器滑行。

运行指挥中心立即通知公安分局赶赴现场警戒；立即通知消防急救保障部人员、车辆赶赴现场救援或待命；立即通知安检护卫保障部加强隔离区的管理和其他停场航空器的监护工作。

航空公司及其代理公司立即组织专业人员赶赴现场进行救援；准备好有关救援设备和

车辆，组织下客、卸货减载（必要时请油料公司抽油减载）；根据应急救援指挥中心指令及航空器损伤程度，分别进行妥善处理。

公安分局立即赶赴现场警戒，保护现场；对现场进行照相、摄像和事故调查。消防急救保障部立即赶赴现场，视情况按照应急救援预案实施消防灭火、医疗救护。安检护卫保障部组织人员加强隔离区的管理和停场飞机的监护工作。

航空器地面事故现场救援处理完毕，运行指挥中心通知各单位恢复正常工作，值班指挥员将事故处置情况记入值班台账，及时进行航空器地面事故处置情况总结，并根据需要修改航空器地面事故救援程序。

9.3.5　航站区紧急事件预案

航站区紧急事件信息流程如图 9-3 所示。

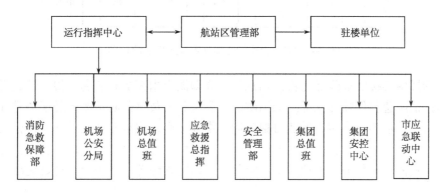

图 9-3　航站区紧急事件信息流程图

航站区紧急事件是指发生火灾、受爆炸（易燃）物严重威胁、其他危及航站区安全的紧急事件等。为了有效处置航站区内发生的紧急事件，迅速将旅客及工作人员疏散至安全区域，尽量避免和减少人员伤亡及财产损失，在短时间内恢复机场正常运行秩序。

当楼内某区域发生紧急事件时，该区域主要责任单位立即向运行指挥中心报告，并通报航站区管理部与区域配合单位。主要责任单位按预案立即组织人员疏散到安全区域，并向运行指挥中心通报该区域的情况。

当航站区某区域发生紧急事件时，该区域主要责任单位立即组织人员疏散，在最短时间内使人员疏散到安全区域。疏散以事发地点为中心，以远离事发中心为原则，自上而下，从里向外疏散撤离，引导旅客按现场应急疏散指示标志快速疏散至安全区。航站区管理部与区域配合单位接报后，及时到达现场，协助救援部门开展工作。

9.3.6　危险品污染/泄漏处置程序

机场内任何单位和个人得到危险品污染的信息后，必须立即报告运行指挥中心、消防急救保障部、检验检疫部门；运行指挥中心、消防急救保障部、检验检疫部门无论哪一方得到危险品污染的信息，均应互相通报。危险品污染/泄漏处置程序信息流程见图 9-4。

当机场发生危险品污染即机场内人员、航空器、货物、建筑物和部分区域发生放射性物质或化学物质污染时，将会对人员生命造成重大伤害，对机场及附近区域带来重大威胁和伤害，机场有关部门应进入"紧急出动"状态，按程序进行救援处置。

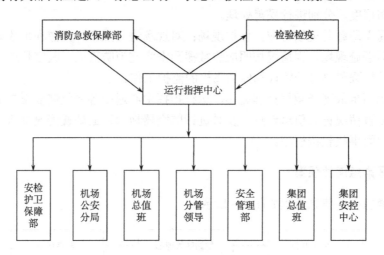

图 9-4　危险品污染/泄漏处置程序信息流程图

运行指挥中心接到危险品污染的信息后，立即派出指挥员和应急救援车赶赴现场进行协调指挥；消防急救保障部立即组织消防队员和医务人员穿戴防护服赶赴现场进行处置，组织现场医疗救治和伤员转送并随时报告运行指挥中心，请求专业人员处置；公安分局立即派出警力赶赴现场，布置警戒，疏散无关人员；商业经营分公司组织司机车辆待命，完成人员、物资的输送任务；安检护卫保障部、航站区管理部、航服分公司迅速组织旅客疏散至安全区。

9.3.7　自然灾害救援程序

自然灾害包括地震、台风、雷击、强降水、强降温、强降雪及持续浓雾等灾害性天气，是随时都可能发生的，在短时间内袭击机场将严重影响机场正常运行，甚至造成重大损失。因此，只有加强对自然灾害的预测预报，一旦遭到袭击，机场立即采取救援行动，才能减少损失，尽快使机场恢复正常运行。自然灾害救援程序如图 9-5 所示。

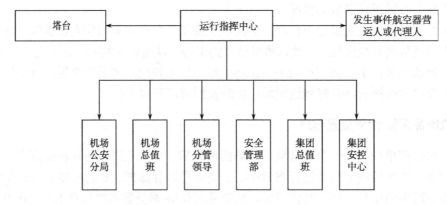

图 9-5　自然灾害救援程序信息流程图

空管部门（气象预报室）得到自然灾害的预报后，应立即通报运行指挥中心；运行指挥中心得到预报后，立即报告机场总值班、机场分管领导、安全管理部、集团总值班、集团安控中心，并立即通知所有驻场单位和部门做好防灾准备；公司领导接到报告后，立即召开驻场各单位负责人会议，布置防灾、抗灾具体任务，尽量减少自然灾害所造成的损失。

公司领导（或其授权人）接到报告后，立即下达任务，召集防灾紧急会议，布置任务，提出要求，全面负责机场防灾救灾指挥协调工作。

运行指挥中心接到预报后，根据会议和公司领导的指令立即通报各单位进行防灾救灾准备，视情况向空管提供有关跑道关闭或开放的《颁发航行情报资料通知书》，按公司领导指示召集防灾救灾紧急会议，布置具体工作，协助公司领导进行指挥协调，启动不正常航班保障程序。

空管部门接到预报后，立即协商运行指挥中心，如机场保障设备受损则发布跑道关闭或控制使用的航行通告，向正在飞来机场的航空器发布警报，通知其改航到备降机场。若危及地面航空器安全，则应通报机组，在可能的条件下指挥其疏散到其他机场。

公安分局组织安全警戒，交通指挥，治安管理；消防急救保障部接灾情通知后人员、车辆立即出动赶赴现场，组织救灾突击队，听令参加救灾行动，负责防灾救灾期间伤病员的医疗急救工作；能源保障部和运行指挥中心助航灯光保障部负责场区设备设施尤其是供电、供水、助航灯光设施的防护，供电一旦中断，迅速启动应急供电设备（如油机发电等），保持不间断供电；航站区管理部协助做好候机楼内滞留旅客的休息和安置工作，及时了解旅客的需求，协助有关部门解决旅客的困难。所有驻场单位、人员、车辆都必须服从运行指挥中心的统一调度指挥，并完成各自的职责。

救援工作结束后，由总指挥召集会议进行总结讲评，然后由运行指挥中心通知各单位恢复正常工作。

9.4　机场应急救援系统

9.4.1　概述

机场应急救援指挥系统利用先进的计算机管理技术、信息技术、通信技术，管理机场应急事件相关联的人员、各类车辆、资源；当突发事件发生时，该系统为救援指挥人员提供及时、详细的事故现场信息，协调指挥各救援部门迅速采取有效的救援行动，合理地调配各类应急救援资源，更加灵活地组织人员的培训和演练，增强应急指挥的决策质量和应变能力，确保机场的应急救援工作能够严格落实国家和行业标准的要求。

9.4.2　系统基本功能

民航机场应急救援管理系统应当能够涵盖事故信息接入，应急状态下启动预案，应急事件处理并分发信息，对应急力量进行合理有效地配置并达到应急联动，事故结束后可以对历史事件跟踪管理、报告归档等。主要功能如下。

1. 事故信息接入

事故信息接入模块负责接收和识别各专业监控系统的监控信息，包括移动目标的实时位置信息、视频监控信息、门禁监控信息等，并将其统一接入运营指挥信息资源库中，同时将信息进行汇总和转发，并根据信息统计结果比照预先设定的不同报警级别在系统中显示。

预警系统发现异常现象时，会将相关信息和定位数据发送到民航机场应急救援管理系统中，通过接口调用可以方便地展现。使用者也可以查看到事故点周边基本地理情况，如基础地形，市政、建筑物等分布情况和数量，埋设地下的各类管线的分布情况和相应的埋深、长度、管径等数据，交通路线分布，可调配抢险资源信息，周边社会信息等，以便指挥人员迅速了解现场状况，提供解决方案。

对于更加常见的大面积航班延误，可设置系统阈值，当来自 AODB 的实时旅客滞留人数、航班延误架次等数据超过预设的阈值后，系统会将接口中获得的数据呈现给应急部门，以便其采取相应措施。

2. 预案管理

该模块主要包括预案编制、预案审验入库、预案查询功能，使使用者能够结合地图制作、演练，完善各种应急处置预案。

（1）预案编制。提取预案中的要素信息进行管理，用于结构化的预案信息、响应事件、应急资源配置、处置程序等信息要素的存储和更新，其内容可以包括以 varchar 方式的作战指令和 blob 方式的文本、文档、图片、多媒体应急资料等，使用者可以舍弃常规纸制文档方式采用响应更快的电子预案。用户在编制预案时，可以选择预案模板，可以按照向导提示编制，也可以参照某项预案进行修改编制。

（2）预案审验入库。用户在完成预案编制后，系统会自动按模板来检验预案编写的完备性。用户可选择审验者、编写审验要求后提交，系统将通知审验者，并附上审验要求。用户可查看审验清单和历史记录。

（3）预案查询。通过授权，使用者可以以时间、编号、关键字等条件检索权限下的应急联动预案和专业处置预案并查看。

3. 态势推演

使用者在需要对应急救援的方式、路径进行说明或推演时，可以使用态势推演功能动态模拟应急救援过程。加载态势推演后，系统对相关应急预案执行的生命周期进行全程跟踪监控，动态演示预案执行过程，可实现警力标注、重点部位标注、线路标注、岗位标注、视频加载、周边分析等功能，为指挥调度决策提供各类参考信息，实现以动画方式动态地模拟行动和作战进展过程，生动形象地反映情况发展的过程。

4. 应急事件处置

应急事件发生后，需要应急指挥人员迅速确定处置方案，由公安消防队、医疗卫生队、机场安保人员等组织负责，按照相应的救援处置方案，尽快地控制并消除事故影响。该模块即追踪应急事件处理过程并协助决策，按照应急事件时间轴，实现预案启动、预案调阅、应急力量调用功能。

1）预案启动

应急事件发生后，通过了解事故类型、程度与特点等状况，应急指挥人员需启动相对应的预案并召集有关技术专家研究制定适应实际情况的应急处置方案。

在此过程中，通过选择应急事件的类型，系统可根据以往类似事故处置的经验帮助指挥人员选调该类事故预案供指挥人员选择以节省反应时间。

2）预案调阅

本功能将已有的各类预案和丰富的突发事件的信息，如解决方案、事件规律等信息科学地组织汇集到数据库中，面对突如其来的突发事件，决策层可以从该数据库中提取相应的预案，进行应急指挥。

考虑到突发事件对于处理和响应速度的要求，本功能结合预案的具体思路，根据突发事件的性质、等级，通过"视频系统""语音电话""无线系统""短信"等多种已有的、实时的通信和处理方式，帮助指挥人员调度各相关部门，达到应急联动。

3）应急力量调用

（1）应急力量查询。该模块首先提供信息查询功能，以方便指挥人员了解周边范围内消防、公安、医疗卫生等各类救援队伍的数量、配置并调用方案。

（2）应急力量调用。利用通信手段根据预案制定的通信结构和联系方式向各级应急队伍下达处置命令。

（3）应急队伍调度监控。利用视频监控或者移动手机监控方式将应急队伍当前行进位置和行进路径在可视化指挥地图上进行直观和实时展现以便指挥人员及时掌握救援进度。

5. 辅助决策分析

辅助决策分析主要根据事故发生的情况及周边环境，在地理信息系统（GIS）的支持下，依据典型的模型如爆炸模型、火灾扩散模型、人员车辆疏散模型等，来评估或者模拟事故可能造成的损失以及影响的范围、扩散的行为模式，以进一步评估响应预案的实施效果。辅助决策分析包括救援路线分析、资源调配分析两个功能。

（1）救援路线分析功能。由于 GIS 具有精确定位的功能，可获取事故实际发生地的准确地理位置数据，由此系统可以事故发生点为中心，通过空间分析及计算，获取到达事故现场的最短及最优路径。当接到事故警报后，计算实际相关救援部门距事故发生点的距离并按由近到远排序，生成出动方案、最佳路径，并在地图上显示。

（2）资源调配分析功能。提供救援物资与各种生命保障以及营救力量是应急指挥和救援不可推卸的责任。系统基于 GIS 可以在电子地图上显示救援物资的位置和辅助调配，并在大范围内监测险情的发展情况。通过选择紧急救援资源并为其制定路由，可以实现快速调配重要的设备和供给。

通过该功能可查询物资储备及分布情况、抢险队伍、消防人员及救护队伍的分布情况，并利用 GIS 的网络分析功能确定救灾物资及人员调配的最佳路径，对抢险物资、抢险人员调配、人员疏散等与路径相关的问题进行网络分析并确定出最佳路径。

6. 历史事件管理

历史事件与应急事件处置的联系是，将应急事件处置设置"结束"后便转为历史事件存档。系统对历史事件提供查询、分类，以便使用者根据已发生的应急事件进行总结、回顾，并以此为依据进一步完善救援措施，修正灾害模型，为预案的制定提供合理的依据。系统也提供对历史事件的统计功能，帮助应急工作人员确定应急事件高发时期，以做好防范计划。

7. 应急指挥综合监控

应急指挥综合监控是向公共显示大屏投影的综合显示窗体，系统提供配置要显示的内容，它以多文档界面（Multiple Document Interface，MDI）风格向指挥调度人员提供一个与应急指挥相关的全景式动态信息窗口，内容包括标绘后反映态势推演的电子地图，对于移动目标的跟踪显示以及方案文本、现场视频图像等其他加载的多媒体信息。

9.4.3　指挥流程

应急指挥是一种复杂的思维与行为活动，包括的具体内容很多，具有阶段性、有序性等特点。从指挥过程角度看，应急指挥包括信息获取与处理、决策形成、计划组织和协调控制。

以紧急事件处理为中心，应急救援指挥流程总体上可以分为准备阶段、实施阶段、取证善后阶段，具体可进一步细分为五个阶段：接警处警、奔赴集结地、现场施救、现场取证、善后处理。一个普通的机场应急救援实施框架如图9-6所示。

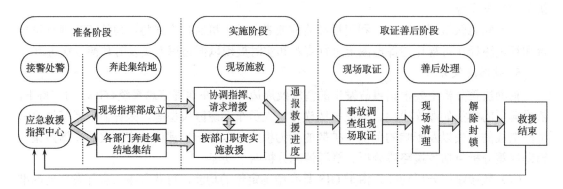

图 9-6　机场应急救援实施框架

接警处警：应急救援指挥中心值班人员接收紧急事件报警信息后，记录事故信息，对事故信息做出初步的综合分析和判断确认，并对事故进行定位。同时，上报应急救援领导小组成员，接受领导小组的指挥控制命令。根据不同的救援需求和各职能部门的分工，向各有关部门通报事故及救援需求信息，启动应急预案，并要求相关人员及单位于指定地点集结到位。

奔赴集结地：应急救援指挥车及相关救援单位接到指挥中心指令后奔赴指定地域集结。

现场施救：各单位在现场指挥部的指挥下按照规定的职责进行现场施救，并及时将相关救援情况上报现场指挥部；现场指挥部进行有力协调，并根据现场救援力量情况和事件发展态势适时申请联动单位增援，同时将相关救援进度信息及时反馈机场应急救援指挥中心。

现场取证：现场施救结束后，事故调查组报现场指挥部批准及时展开现场取证，并作好相关记录。

善后处理：事故调查组完成现场取证后，场务、运输等相关部门报现场指挥部批准进行现场清理，如涉及航空器搬移，须由航空器搬移组进行。在善后处理结束后，公安警戒组解除现场封锁或路网警戒，并向现场指挥部总指挥报告救援结束。现场指挥部在接到救援结束信息后，将该信息上报应急救援指挥中心。

9.4.4　搜救点布局模型

搜救点的布局思路是在充分考虑布局原则的基础上，首先根据人口数量和灾害事故发生的频率等将某个城市或者一个较大的领域划分成各个区域，将空中航路和地面主要干道相应地分布到各区域中，赋予各个分区各自的管辖权，且保证各个分区的管辖能力要大体相当；然后采用多个应急服务设施点的优化选址模型中的 p-中值模型，同时，运用因素分析法使对此布局有影响的经济、土地、人口、灾害事故频率等因素以权重的形式计算到该模型中，再利用运筹学中的图论法求解出该模型的最优解，即规划出既符合布局原则又实际可行的搜救点网络。

1. 方法一（p-中心模型）

在一个一定的领域内，根据地理位可将其划分为若干个小区域，就大范围而言，可将这些小区域看成一个个受灾点，这些受灾点在空中有相连的航路，在地面之间都存在相互衔接的主要干道。救援行动最讲求实效性，因此在满足通用航空救援机航程可达的条件下，可在这些区域之间的连线上或者在某个受灾点布设一定数量的搜救点，使其到各个受灾点的加权距离最小。

实际中每个区域都有一定的面积，所以在选取搜救点 X_p 时，在这些节点或节点间的连线上选取。因此考虑在满足通航救援机可达（即小于最大航程）的前提下，把 X_p 中离各个受灾点 v_i 距离最近的 k 个搜救点（为了满足受灾点 v_i 的资源要求）到各个搜救点 v_i 的距离之和（附权重）最小作为系统的优化目标。

2. 方法二（p-中值模型）

在一定的区域内，可以采用方法一在受灾点之间选择新的位置来设立搜救点，那是在考虑到没有确切的位置可选的情况下，而在很多现实情况下，规划人员会在现有的建筑基础上，先选出一定数量的候选位置，在从这些候选位置中选出必要数量的搜救点。有时为了更精确起见，可先用方法一选出候选点，再采用方法二选出最佳的区域。借鉴物流学中配送点的一种选址方法即 p-中值模型，在已经给定的候选点中选出一定数量的搜救点位置，使得这些搜救点不仅可以完全覆盖各个受灾点，且能使得到达这些受灾点的距离最小。模型需要解决两方面的问题：①选择合适的搜救点位置；②指派受灾点的群众到相应的搜救点去。

9.4.5　应急指挥岗位

（1）紧急事件发生时，负责向有关单位（部门）通报信息，按规定程序启动应急救援程序；

（2）在应急救援行动的准备和实施阶段，负责对各单位应答、驰救的全面协调、指挥，并发出行动指令；

（3）与航空器所属企业建立并保持联系，索取有关资料数据，并向领导小组报告有关情况；

（4）负责组织、协调物资保障组及有关单位，为救援行动提供必需的支援服务；

（5）收集有关应急救援信息，提出具体处置方案供领导小组决策；

（6）根据领导小组的决策，下达具体的指令，实施救援指挥；

（7）负责机场应急救援工作的组织、协调；

（8）负责与相关单位签订应急救援互助协议；

（9）负责策划、组织实施应急救援演练，并总结、评估；

（10）负责检查各单位（部门）的应急救援工作的落实情况；

（11）负责完善《机场应急救援手册》的内容，确保能够迅速、有效地实施救援工作。

习　题

1. 应急指挥要素包括哪些内容？

2. 应急指挥方式有哪几种？

3. 请画出应急指挥流程。

4. 请给出应急救援方法中案例推理方法的步骤。

5. 接到塔台电话："KA908 进港航班起落架放不下来，预计 15 分钟后 01 跑道落地，机组要求救援服务"后，机场运控中心应开展的主要工作。

6. 收到塔台"217 机位的廊桥正在着火，现场浓烟很大"的信息后，机场运控中心应开展的主要应急救援工作。

7. 2008 年 11 月 20 日 09：40，机场运控中心接到管制协调报：国航收到公安分局通知 CA1595 因受到疑似爆炸物威胁已经返航。

收到该信息时，机场运控中心在第一时间内应如何处置？

第 10 章 协同决策管理系统

10.1 概 述

10.1.1 协同决策

协同决策（Collaborative Decision Making，CDM）的概念最早出现在美国联邦航空管理局的一次实验中，1993 年 9 月，美国联邦航空管理局通过航空数据交换协议（FAA/Airline Data Exchange，FADE）实验，考证航空公司给空中交通流量管理（Air Taffic Flow Management，ATFM）部门提供的航班时刻表信息是否能提高空中流量管理效率。实验表明，协同决策的应用能够大幅度减少航班总体延误。在空中交通运输系统中，空管、机场、航空公司等组织之间，以及各组织内部，在进行相应的工作过程中，往往需要多个组织同时参与一个工作流程，实现同一目标。但目前缺少一种标准化的协同机制，导致无论是在各组织之间还是组织内部都缺乏对工作流程所需信息的实时掌握，对资源的使用灵活性差、利用率低，造成了不必要的资源浪费。

10.1.2 机场协同决策

机场协同决策（Airport Collaborative Decision Making，A-CDM）是一种理念，它的目标是通过减少延误，提高事件的可预见性，以及优化资源利用率来改善机场的空中交通流量和容量管理。

CDM 的实现可以使每个 A-CDM 合作单位知晓其他合作单位的优先选项和制约条件，以及实际的和预测的情形，从而协同合作，优化自身决策。

利用精确、及时的信息共享以及合适的流程、机制和工具，将会促进 A-CDM 合作单位形成共同决策。

通过信息的充分共享，支持各相关方更加科学地进行决策，从而改善现有工作流程，促进参与方运行品质的提高。同时，信息的高度透明将使各参与方在本职工作以及协作流程中存在的某些不足暴露出来，有利于各参与方改进工作，更好履行职责。

10.1.3 机场协同决策概念要素

机场协同决策共有五个概念要素，分别是信息共享、里程碑事件、可变滑行时间、不利条件下的运行、航班更新协同管理。

信息共享是 A-CDM 概念要素的基础。信息共享要素界定了 A-CDM 参与方为了实现共同的情景意识，提高交通事件可预测性，应该共享哪些准确、及时的信息。

里程碑事件（Milestone Approach）是飞行计划或航班运行期间发生的重要事件。通过对飞行计划以及航班动态数个关键事件节点的跟踪，掌握飞行动态的多个关键事件。一个里程碑事件完成后，将触发下一个事件的决策流程，并影响飞机后续的进展以及对后续进展进行预测的准确性。只有在机场实施信息共享概念要素之后，才能成功实施里程碑事件。

可变滑行时间（Variable Taxi Time）是指预计航空器从停机位滑行至跑道或从跑道滑行至停机位所用的时间，用以计算 TTOT 或 TSAT，包括 EXIT 和 EXOT。EXIT 包括跑道占用时间与地面滑行时间。EXOT 包括推出开车时间、地面活动时间、定点除冰或机位除冰时间以及跑道外等待时间。在实施可变滑行时间之前，必须首先实施信息共享与里程碑事件等概念要素。

不利条件下的运行（Adverse Conditions Concept Element）包括在预测到的或未预测到的容量降低期间，对机场容量的协同管理。其目标是在机场协同决策参与方之间形成共同情景意识，为旅客提供更好的信息，提前预测干扰事件，并在干扰事件之后迅速恢复。只有当机场已经实施信息共享、里程碑事件、可变滑行时间以及离场排序等概念要素之后，才能顺利实施不利条件下的运行要素。

航班更新协同管理（Collaborative Management of Flight Updates Concept Element）在流量管理系统同 ACDM 系统之间传递航班更新电报（FUM）和离场计划信息（DPI）电报，以加强进离场信息交换的质量。FUM 用来向 A-CDM 提供高质量的预计机场航班信息，DPI 用来向流量管理系统提供高质量的目标动态信息。在与中央流量管理单元合作实施航班更新协同管理概念要素之前，首先要实施信息共享、里程碑事件、可变滑行时间、不利于条件下的运行等概念要素。

10.2　机场协同决策的要求

机场协同决策概念要素很好地描述了几个基本要素之间的关系以及实施次序。由于每个机场实际情况不同，生产系统也不同，可获得的信息渠道、信息种类、信息质量和信息标准也不同。为了更好地实施机场协同决策，更好地完成机场协同决策共同目标，一般按照下述流程要求开始实施机场协同决策。

（1）确保各参与方理解机场协同决策。

（2）明确目标，组建组织机构，明确项目方式。

（3）当前信息源分析，如可获得的信息渠道、信息种类、信息质量和信息标准等。

（4）针对当前信息源进行信息需求分析，确定信息需求，并对参与方对信息需求的必要性和合法性分析。

信息需求不仅包括信息的种类还应该包括信息的质量，如信息的可靠性、完整性以及信息的改变会造成不可接受的影响时产生的告警信息。

（5）信息前瞻性需求分析。相关方为了更好完成职责需要，计划在未来可能提供的信息，如某些空管单位可能需要建设电子进程单系统等。

（6）各方根据上述步骤确定的信息需求，完善各自的工作流程，填写备忘录。工作流程应包括本场正常容量条件下、本场容量大幅下降条件下、本场大面积延误条件下、特殊事件发生等机场运行环境、周边环境、相关环境发生较大改变时的协同工作流程。

（7）制定机场协同决策项目计划。

应按照机场协同决策要素的实施步骤，依次实现以下条件。

①搭建信息共享平台（中心数据库）向各参与方提供需要的信息。

②通过执行可变滑行时间和过站流程向流量管理系统与空中交通管制单位提供必要的信息，同时把流量管理系统和空中交通管制单位的处理结果输入机场协同决策系统。

③为了更好地执行机场协同决策要素高级阶段，需要建设地区级流量管理系统来实现机场协同决策要素：不利天气条件下的运行以及流量管理信息更新后的容量和流量协同。

④上述步骤①、②是机场称为协同决策机场的基本要素。

（8）项目启动后，应先搭建系统的"原型系统"以验证项目计划的可行性以及满足各方对功能、流程和人机界面等的需求。

（9）各参与方对"原型系统"认可并经过安全评估后，可进行商业软件开发。

（10）各参与方对员工进行差异性培训使员工熟悉新的工作工具、工作方法和工作流程等。

（11）各参与方可以通过信息共享平台提供的数据和告警信息，改进自身系统功能。

（12）回到步骤（3），进一步完善机场协同决策。

10.3　实施机场协同决策

根据实施机场协同决策的一般流程，信息基础是首先要做的，而且根据各单位实际有差别，准备实施机场协同决策的单位应根据上述流程认真进行信息需求分析，各参与方相关的信息项较多时，列举重要的信息内容。

10.3.1　各参与方提供的信息

1. 航空公司运行控制部门或地服公司提供的信息

（1）飞行动态固定电报（FPL、CHG、CNL、DAL 等）。用以获取航班号、机型、航路、预计撤轮档时间、预计飞行时间等信息，用于过站流程里程碑事件计算。

（2）SITA 电报。用于过站流程里程碑事件计算。

（3）ACARS 数据。用于获取精确的开关舱门，起飞、落地等时刻以利于过站流程里程碑事件计算。

（4）过站时间（含快速过站时间）。用于过站流程里程碑事件计算。

（5）地面服务起止时刻。用于过站流程里程碑事件计算。

（6）上客时刻。用于过站流程里程碑事件计算。

（7）除冰雪持续时间。用于安排和开始除冰雪。

（8）地面资源分配情况（拖车、气源车、电源车等）。用于对航班地面保障动态的共同情景意识。

（9）飞机不正常情况（APU 不工作，设备故障不能进入 RVSM）。用于对航班的动态产生共同的情景意识。

（10）飞机性能信息。用于空中交通管制单位了解航空器的飞行性能，合理安排次序。

（11）机场内运行信息（拖拽、慢车申请）等。用于增加航空器地面活动的共同情景意识。

（12）航班不能按计划执行的原因、紧急情况等。用于调整时隙分配，增加动态态势感知。

2. 机场运行管理中心提供的信息

（1）停机位（廊桥）等资源信息（机位分配情况，机型、国内国际等限制）。用于评估机场容量和限制，形成共同情景意识，利于地面服务和机务准备。

（2）停机位或廊桥系统信息。用于获取航空器是否已经推出的信息执行过站流程计算。

（3）助航设施（灯光、盲降）工作状态信息。用于评估机场的跑道和机场容量，形成共同情景意识，利于流量管理的容量和需求平衡并提供确切原因。

（4）机场道面状况信息（干湿、摩擦系数、道面破损、外来物等）。用于评估机场的跑道和机场容量，形成共同情景意识，利于流量管理的容量和需求平衡并提供确切原因。

（5）机场维护信息（施工、检修）等。用于评估机场的跑道和机场容量，形成共同情景意识，利于流量管理的容量和需求平衡并提供确切原因。

3. 空管部门提供的信息

（1）飞行动态固定电报（DEP、ARR、CPL 等）。用于航班过站里程碑事件计算。

（2）本场气象信息（METAR、SPECI 等）。用于形成对本场天气的共同情景意识。

（3）DATIS 信息。用于形成对本场天气、本场运行模式、运行方向、进近方式、运行标准等的共同情景意识。

（4）电子进程单信息。用于获取地面标准滑行路线和预计时间（可变滑行时间）、跑道使用策略、离场程序、本场临时航线使用情况、本场有关的流量控制信息、slot 分配等，增加对本场运行的共同情景意识。用于获取实际准备好时刻、开车时刻、滑出时刻、起飞时刻等信息，用以过站流程里程碑事件计算。

（5）跑道容量信息。由管制部门根据气象部门预报、施工情报等预测的未来跑道容量，用于实现流量管理的容量和需求平衡。

（6）航行情报信息（航行通告、机场起飞落地标准等）。用于增加对机场运行环境的共同情景意识。

（7）雷达（含气象信息）、场面监视雷达等涉及本场运行，经过滤后的航班监视信息。用于对本场附近空中活动量、机场活动量等产生共同的情景意识。

（8）航空器空中特情信息、应急救援信息等。用于在机场范围形成应急救援的共同情景意识，利于相关方做好保障和准备工作。

4. 其他参与方的信息

除冰公司、航服、消防、警察、边防、海关、安检、油料、FBO、空域管理等可能对系统运行有影响的单位或部门。

10.3.2 机场协同决策系统和流量管理系统的电报交互

1. 机场协同决策系统向流量管理系统发送的电报

（1）E-DPI 电报（早期-离场计划信息报）：在预计撤轮档前 1.5～2.5 小时，航空公司通过电报通知飞行计划。E-DPI 电报的主要目的是证实航班将要出现，从而消除幻影和重复航班。

（2）T-DPI 电报：在空管离场前排序到预计撤轮档前 1.5 小时之间发送，提供精确的目标起飞时间（TTOT）。采用可变滑行时间可计算出精确的目标起飞时间，从而使得流量管理系统优化计算起飞时间（CTOT）的重新计算，可能时发出改善的计算起飞时间。

T-DPT-t 包含基于已被航空器运营人或地勤证实目标撤轮档时间的数据。重要的是确保 T-DPT-t 电报仅在得到航空器运营人批准后才发送。

T-DPT-t 提供临时的目标撤轮档时间，由系统计算得出，还未得到航空器运营人的认可。

（3）A-DPI 电报：在预计撤轮档和起飞时间之间发送。基于空管确立的稳定的离场次序，该电报向中央流量管理单元提供非常准确的目标起飞时间 TTOT。将使离场得到更好的监视，并有助于识别需要特别注意的最后时刻的更新。

（4）C-DPI 电报：向流量管理系统取消之前发送的预计起飞时间或目标起飞时间，该时间已经失效且新的数据还不可知。典型的例子是在空管发放许可后航空器出现技术故障。C-DPI 电报暂停增强型战术流量管理系统（ETFMS）中的航班。

2. 流量管理系统向机场协同决策系统发送的电报

流量管理系统向有机场协同决策系统的机场发送航班更新电报（FUM），提供预计着陆时间（ELDT）。除预计着陆时间之外，航班更新电报还包括飞行计划航路上最后一个点及其相应的预计飞跃时间（ETO）和航班状态。

航班更新电报在预计着陆时间前 3 小时第一次发送。以后，航班每次在 ETFMS 中出现重大更新时发送航班更新电报，其中包括流量管理系统基于自身飞行剖面计算、航班数据和来自空管的雷达位置更新以及有关未离地航空器 DPI 电报所掌握的最近信息。航班更新电报优势如下：

（1）机场各方通过机场协同决策平台获得航班更新电报。

（2）它由流量管理系统自动发送。

（3）首次发送在预计着陆时间前 2.5 小时，从而拓展可用时间范围。

（4）预计着陆时间变化超过 5 分钟即发送。

10.3.3 不利条件下的系统运行

信息共享、可变滑行时间、过站流程、起飞排序等都是在正常运行条件下对于协同过程的描述，机场范围的运营会受到本场以及外围运行环境的变化而发生重大变化。在不利条件下的系统运行包括以下几个方面。

1. 机场或跑道容量大幅下降的信息处理

1）本场进场容量大幅下降

通常流量管理单位应根据天气实况和预报以及军事活动情况等，预测机场进场容量的下降，从而合理地进行平衡，使容量和流量相匹配。在不利条件下，不可预知的因素会导致 ELDT 的频繁变化，从而影响促发 A-CDM 系统的大量运算。

这种情况通常发生在本场出现低能见度（甚至是Ⅱ类天气）、雷雨等恶劣天气导致落地间隔增加，以至于进场容量大幅减少。对于进场容量大幅度减少条件下的协同工作流程，以低能见度天气为例。举例如图 10-1 所示。

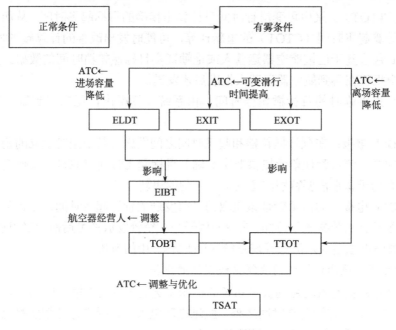

图 10-1 雾天进场容量

2）本场离场容量大幅下降

当本场起飞区域被恶劣天气覆盖或者多跑道机场起飞跑道数量减少时，本场起飞容量将大幅下降。

空中交通流量管理单位通常根据目的地机场进场容量或者航路受限元容量来把起飞航班限制在地面，以平衡容量和流量。但因为跑道混合运行的复杂性，通常不把起飞容量作为流量管理的受限元而进行容量和流量的平衡。可通过高级 ATC 工具 AMAN/DMAN 来进行高效分配，对于没有 AMAN/DMAN 工具的，这时塔台的起飞排序功能将扮演重要的流量管理角色。

TOBT 不考虑流量问题，因此此时受到影响的因素是 EXOT 和 TSAT。此时对于无AMAN/DMAN 的塔台需要放行席管制员根据限制优先级以及先来先服务的原则，人工处理并发布 TSAT 以满足机场的正常运行需要。

2. 大量延误发生时的协同工作流程

由于外围天气、军事活动、容量等原因可能造成某些机场某一方向或者某些方向航班大面积延误，这种外围的变化对于本场过站流程的执行以及参数没有重大影响。但随着相关方的干预和协调，外围的情况会发生变化，如限制减少。

此时最大的变化是，流量管理系统会根据新的容量预测值重新分配起飞时隙，将影响CTOT 从而影响 TSAT（COBT）。A-CDM 会对这类情况进行告警，航空公司和机场等应该关注这些告警信息，及时采取相关保障工作。

本流程类似于流量控制发生重大变化时的协同工作流程。

3. 多跑道机场运行模式和策略变更时协同工作流程

多跑道机场运行模式和策略的变更，一方面会影响跑道的容量，另一方面会影响

EXOT/EXIT 和 SID 的变化。

　　管制单位应该提前对变化运行模式和运行策略进行决策，并合理预测未来容量以及修改 EXOT/EXIT 和 SID 等参数变量。

　　无论是跑道容量变化还是 EXOT/EXIT 和 SID 等参数变化，都将影响到最终的 TSAT（COBT），航空公司和机场等单位应根据系统告警和 TSAT 变化采取不同的措施。

　　4. 流量控制发生重大变化时的协同工作流程

　　通常情况下，流量管理单位应该预测某受限元未来一段时间的容量，预测会有一定的准确性，而且随着时间的推进预测的准确率会提高。此时，航班可能发生提前或者延误的可能，流量管理系统会根据此变化同 A-CDM 系统之间进行协同。工作流程如下。

　　流量管理单位：应该认真研究天气变化、军事活动和施工等情况以提高容量预测能力，防止预测的容量急剧变化以至于发生不可预测性。当存在较大不可预测的情况下，流量管理单位应慎重发布 CTOT，而管制单位应慎重发布 TSAT（COBT）。如确实不可预知，经单位领导同意后，原则上可不发布或者晚发布 TSAT（COBT）。

　　航空公司和机场等单位：应当关注 A-CDM 系统的告警提示，根据 TSTA（COBT）的变化进行决策，并及时调整资源配置。

10.4　协同起飞前排序

10.4.1　任务和主要功能

　　空中交通管理的大多数情况都适用"先到先服务"的原则，起飞前排序也是同样。结果是在给定的 ATC 情况下，航班经常不是按照最优序列推出并且忽略了飞机运营商的优先选项。

　　协同的起飞前排序允许 ATC 对从过站程序获得的 TOBT 进行调整，从而使得航班能够按照最优的顺序从机位推出。协同起飞排序的主要目标包括：提高灵活性；提高准时性；改进航班时刻符合度；提高透明度；提高地面服务效率；改进机位和廊桥管理。

　　在应用协同起飞前排序的情况下，航空公司/地服能够向 ATC 通报其优先选项。ATC 将参考这些优先选项以及其他的运行约束条件（如 CTOT）、其他交通因素以及起飞序列要求等。最终，合作单位将能够和 ATC 一起优化起动顺序，提高准时性。

　　优化后的起飞前顺序能够促进生成更精确的 TTOT。超出航班时刻容忍窗口的 TTOT 都将引起报警，冲突就能得到及时解决。

　　所有合作单位都将从提高运行环境的透明度中获益。例如，在明确获知起飞顺序和起飞时刻的情况下，地服能够更有效地配置资源（如牵引车等）。

　　机位和廊桥管理部门将能够更精确地计划机位分配。航空公司能够按照他们的优先选项管理航班并且获得更好的飞机全局动态信息。协同起飞前排序需要使用其他 A-CDM 理念元素的信息。因此，在其实施前，应该确保信息共享、过站程序和可变滑行时间计算三个 A-CDM 元素已经完成实施。

10.4.2 使用流程

从 A-CDM 的角度考虑，航班的出港阶段主要包括两个格外重要的事件：离开机位和从跑道上起飞。起飞前排序过程只影响航班离开机位的顺序。

显然，起飞前序列将影响航班起飞的顺序。可是，航班未必会按照起飞前序列起飞。可能的影响因素包括不同的滑行时间以及机场管理人员出于最大化跑道吞吐量的目的所采取的调节措施。但是，这些并不能否定或减弱协同建立的起飞前序列的作用。

1. 建立初始序列

实际上，在 A-CDM 环境下，已经为 ATC 以及其他恰当的合作单位提供了一个 TOBT 清单。

结合运行状况，ATC 将通过发送 TSAT（大于等于 TOBT）的方式确认每个相应航班的 TOBT。这些 TSAT 就表明了航班从机位推出的顺序。

起飞前排序的优化需要充分考虑已知的约束条件，包括规章约束、最大化跑道吞吐量的需求、地面运动的相互影响（如临近机位同时推出航班）等。

2. 处理优先选项

ATC 在收到已被确认的 TOBT 后，将结合前述的约束条件进行调整，之后生成初始化序列。

在 A-CDM 信息共享功能正常运行时，飞机运营商和机场运营商可能会提交一些优先选项，之后 ATC 将尽可能地考虑这些倾向，适当修改初始序列。

关于飞机运营商的一个典型例子就是，同一个飞机运营商管理的多架航班将在同一时刻就绪（这些航班具有相同的 TOBT）。起飞前排序过程只影响飞机离开机位前的出港阶段。相应的，也只有在航班收到推出/起动批准前，ATC 才会考虑飞机运营商提供的优先选项。航班推出后，优先选项将对航班运行失去影响。

由不同飞机运营商管理的具有相同 TOBT 的航班，将按照本地协议设定优先级，并结合航班已经分配到的延误确定推出顺序。

地服以及其他的服务提供商按照"起飞前序列"对飞机进行保障，例如，通过监控 ATC 分配的 TSAT，地服能够在合适的时间将牵引车分配给合适的航班。

协同起飞前排序的本质就是合作单位与 ATC 沟通其优先选项的能力。合作单位通过 A-CDM 信息共享功能向 ATC 发送其优先选项信息。

ATC 获得这些信息的方法将由本地的 A-CDM 实施情况决定。

10.4.3 人机接口

对于大多数系统来说，优先选项的可能表达方法包括免费文字消息或者电话通知。可是，无论采用什么方法，都要使用 A-CDM 记录设备来做好记录从而确保信息的可追溯性。

A-CDM 的一项重要内置特性就是数据保护并且防止未授权接入。在协同起飞前排序情况下，更要确保只有授权的并且合理的请求才能传送给 ATC。任何错误的或者不合适的请求都将导致这个特性的可信度快速下降。

需要确保可能使用此 A-CDM 元素的合作单位对此元素的可用性充分了解，并促使他们在任何合适的时间积极地使用。要记住，实际发送优先选项的合作单位（或其某个部门）可能并不在机场所在区域。

10.5　机场里程碑事件

通过信息共享，各参与方可以获得更多、更及时、更有效的信息以做出科学决策，这种决策的依据、过程、方法和结果将明显改变。因此在更好的信息基础条件下，完善现有工作流程，是实现机场协同决策的关键。

实现信息共享后，在没有其他特殊重大事件的前提下（如除冰），采用 16 个具有代表性的事件来执行过站流程要素，如表 10-1 所示。

表 10-1　里程碑事件

序号	里程碑	时间基准	必需的/理想的
1	航班计划激活	EOBT 前 3 小时	理想的
2	CTOT 分配	EOBT 前 2 小时	必需的
3	从外场起飞	外场的 ATOT	必需的
4	进入 FIR/本地 ATC	取决于机场	理想的
5	最后进近	取决于机场	必需的
6	降落	ALDT	必需的
7	入轮档	AIBT	必需的
8	地面服务开始	AGHT	理想的
9	TOBT 最后更新	取决于机场	必需的
10	ATC 发布 TSAT	取决于机场	必需的
11	开始登机	取决于机场	必需的
12	飞机就绪	ARDT	必需的
13	起动请求	ASRT	必需的
14	请求批准	ASAT	必需的
15	撤轮档	AOBT	必需的
16	起飞	ATOT	必需的

1. EOBT 前 2.5 小时

规定在此事件前需要拍发电报。事件描述为：检查飞机计划与时刻表以及局方批复的一致性是否一致。当检查一致时，及时向流量管理系统发送第一份 E-DPI 电报，如不一致则不发送。

（1）对航空公司的工作要求：航空公司应按照《民用航空飞行动态规定格式电报管理规定》，预先飞行计划批复，以及当日航班动态和运行决策，拍发飞行电报。根据 A-CDM 信息，提供正确的飞行计划。一般要求在 EOBT 前 3～4 小时拍发电报，如距航班 EOBT 前 2.5 小时仍然未收到电报，航班 CDM 流程在收到电报后触发。触发事件为在取消或更改 EOBT 后，提交新的飞行计划或晚提交飞行计划。

（2）空管部门的工作要求：判断 FPL 是否符合时刻表，是否符合预先飞行计划批复。如不符合，通过 A-CDM 向航空公司发送告警电报。按照《民用航空飞行动态固定格式电报管理规定》处理并分发 FPL 等飞行电报，FPL 发送至相关机场 A-CDM 系统。

机场终端流量管理部门通过电子进程单将起飞跑道分配策略以及离港程序（或预测信息）同步至 A-CDM 系统。

（3）机场的工作要求：根据收到的 FPL 信息进行机位和地面服务资源的预先分配。

（4）A-CDM 系统：根据 FPL 中的注册号查找执行航空器是否在本机场。如果在本机场的停机位上，则根据 EOBT+EXOT 计算出 TTOT，并通过 E-DPT 电报提供给空管流量管理系统。如不在本机场，则判断前站是否已经起飞。如前站已经起飞，则执行 MST3。如前站未起飞，则用当前时间和前站航班 FPL 的 EOBT+延误值进行比较，如当前时间晚于后者，则本航班前站起飞延误。建议向空管流量管理系统发送不带 TTOT 的 E-DPI 电报。

（5）其他部门的要求：根据 FPL 信息及前站航班信息为航班运行保障进行准备。

整个过程的主要信息流程包括两方面内容。

（1）航空公司提交电报→ 空管 → 审核并分发相关单位。

（2）A-CDM 系统接收电报后→ 根据共享的信息数据计算 TTOT→ 向空管流量管理系统发送 E-DPI 电报。

2. EOBT 前 1.5 小时

规定用以检查飞行计划中 EOBT 的可行性。通过 ELDT+EXIT+MTTT 或 TOBT 与 EOBT 的比较，判断飞行计划 EOBT 的可行性。

（1）对航空公司的工作要求：航班公司应根据预计着陆时间，按照《民用航空飞行动态固定格式电报管理规定》拍发相关的飞行动态电报；或者通过 A-CDM 系统人工输入 TOBT。

（2）对空管部门的要求：按照《民用航空飞行动态固定格式电报管理规定》处理并分发 DAL、CHG 等飞行电报。

（3）对机场的要求：当 FUM 有预计落地时间更新时，根据 A-CDM 计算的 EIBT 与在该机位的飞机的 COBT（COTT−EXOT）进行比较并做出是否调整停机位的决策。如需要调整停机位，且目标机位有航空器，需要判断：机位航班的 COBT−落地航班的 ELDT 应大于 EXOT。同时应按原程序通知空管和机场，机场需要优化原有机位资源分配。

（4）A-CDM 系统：根据 FPL 中的注册号查找执行航空器是否在本场，是否在停机位上。如不在，查找相关的动态电报和 FUM 信息，根据航班 ELDT+ELXT 计算航班 EIBT。判断 EIBT+MTTT 或者航空公司/地服人工输入的 TOBT 是否在 EOBT+15 分钟内。如是，发送 T-DPT-t 电报。如不是，则向航空公司/地服发送警告电报，航空公司应拍发飞行动态电报，如图 10-2 所示。

（5）其他单位：按照 CTOT 信息为航班运行保障做准备。

整个过程的主要信息流程包括两方面内容。

（1）流量管理系统航班更新电报（FUM）→ A-CDM → 判断 EOBT 是否可行→ A-CDM 根据结果发送电报。

（2）如有告警电报，航空公司根据告警电报→ 拍发飞行电报→ 回到（1）。

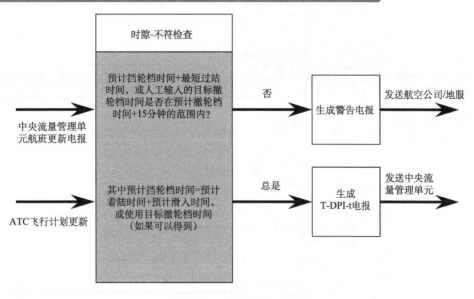

图 10-2　EOBT 前 1.5 小时

3. 航班的前站航班已起飞

规定当航班前站航班已起飞时，用以检查飞行计划的可行性。TTOT 容差为 5 分钟，当超过容差时应通知流量管理系统。

（1）对航空公司的工作要求：航空公司应根据告警信息，按照《民用航空飞机动态固定格式电报管理规定》拍发相应的飞行动态电报；或者通过 A-CDM 系统人工输入 TOBT。

（2）对空管部门要求：按照《民用航空飞机动态固定格式电报管理规定》处理并分发 DEP、DAL、CHG 等飞行电报。

（3）对机场要求：当 FUM 有预计落地时间更新时，根据 A-CDM 计算的 EIBT 与在该机位的飞机的 COBT（CTOT–EXOT）进行比较并做出是否调整停机位的决策。如需要调整机位，且目标机位有航空器，需要增加判断：机位航班的 COBT–落地航班的 ELDT 应大于 EXOT。同时应按原程序通知空管和机场，机场需优化原有机位资源分配程序。

（4）A-CDM 系统：根据航班 ELDT+EIXT 计算航班 EIBT。判断 EIBT+MTTT 或者航空公司/地服人工输入的 TOBT 是否在 EOBT+15 分钟内。如是，则判断 TTOT 是否在容差范围内，TTOT 不在容差范围内发送 T-DPT-t 电报。如否，则向航空公司/地服发送告警电报，航空公司应拍发飞行动态电报，如图 10-3 所示。

（5）其他单位：根据前站航班动态信息和预达信息为航班运行保障进行准备。

整个过程的主要信息流程包括两方面内容。

（1）飞机计划集中处理系统 DEP 和流量管理系统 FUM → A-CDM → 判断是否容差范围 → 超出则发送 T-DPT-t 电报。

（2）如 A-CDM 有告警电报，航空公司根据告警电报 → 拍发飞行电报 → 回到（1）。

4. 里程碑事件 4,5（雷达探测到/最后进近）

规定通过最新动态，用以检查飞行计划的可行性。TTOT 容差为 5 分钟，当超过容差时应通知流量管理系统。

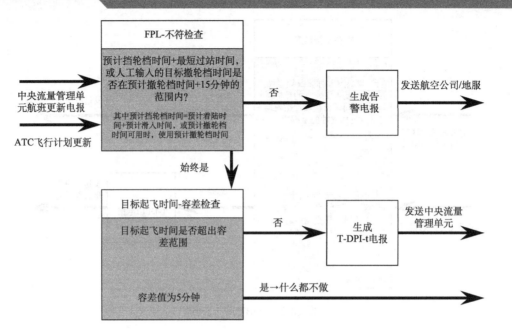

图 10-3　航班的前站航班已起飞

（1）对航空公司的工作要求：航空公司应根据告警信息，按照《民用航空飞行动态固定格式电报管理规定》拍发相关的飞行动态电报；或者通过 A-CDM 系统人工输入 TOBT。

（2）对空管部门的工作要求：按照《民用航空飞行动态固定格式电报管理规定》处理并分发 DEP、DAL、CHG 等电报。

（3）对机场的工作要求：当航班 EIBT 更新时，根据 EIBT 与在该机位的飞机的 COBT（CTOT–EXOT）进行比较并做出是否调整停机位的决策。如需要调整停机位，且目标机位有航空器，需要增加判断：机位航班的 COBT–落地航班的 ELDT 应大于 EXOT。同时应按原程序通知空管和公司，机场需优化原有机位资源分配程序。

（4）A-CDM 系统：判断航空公司/地服输入的 TOBT 是否在 EOBT±15 分钟内。如是，则判断 TTOT 是否在容差范围内，如不是，则发送 T-DPT-t 电报。如不在±15 分钟范围内，则向航空公司/地服发送告警电报，航空公司应拍发飞行动态电报，如图10-4 所示。

（5）其他单位：根据前站航班动态信息和预计到达信息为航班运行保障进行准备。

整个过程的主要信息流程包括两方面内容。

（1）雷达信息→流量管理系统 FUM→A-CDM→发送 T-DPT-t 电报或告警电报。

（2）如 A-CDM 有告警电报，航空公司根据告警电报→拍发飞行电报 CHG、DAL 或人工输入 TOBT→回到（1）。

5. 里程碑时间 6,7,8（着陆、上轮档、地面服务开始）

规定通过最新动态，用以检查飞行计划的可行性。TTOT 容差为 5 分钟，当超过容差时应通知流量管理系统。

（1）对航空公司的工作要求：按照《民用航空飞机动态固定格式电报管理规定》拍发相关的飞行动态电报；或者通过 A-CDM 系统人工输入 TOBT。

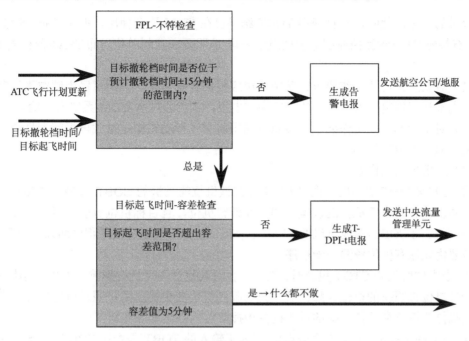

图 10-4　雷达探测到/最后进近

（2）对空管部门的工作要求：按照《民用航空飞机动态固定格式电报管理规定》处理并分发 ARR、DAL、CHG 等飞行电报。

（3）对机场的工作要求：

① 当航班 EIBT 更新时，根据 EIBT 与在该机位的飞机 COBT（CTOT–EXOT）进行比较并做出是否调整停机位的决策。如需要调整停机位，且目标机位有航空器，需要增加判断：机位航班的 COBT–落地航班的 ELDT 应大于 EXOT。同时，应按照原程序通知空管和机场，机场需要优化原有机位资源的分配程序。

② 当机位航班的 CTOT 更新时，判断是否对其他进位飞机有影响，做出正确决策并通知机场各单位按照新的机位保障。航空公司收到机位变更信息后按照新机位保障，空管部门收到机位变更信息后按照新的目的机位指挥。

（4）A-CDM 系统：判断航空公司/地服人工输入的 TOBT 是否在 EOBT±15 分钟内。如是，则判断 TTOT 是否在容差范围内，如不是，发送 T-DPT-t 电报。如不在±15 分钟范围内，则向航空公司/地服发送告警电报，航空公司应拍发飞行动态电报。

（5）其他单位：根据航班动态进行保障，不能按照规定时限完成保障任务应报告机场。

整个过程的主要信息流程包括两方面内容。

（1）FIPS 或 ACARS→A-CDM→发送 T-DPI-t 电报或告警电报。

（2）如 A-CDM 有告警电报，航空公司根据告警电报→拍发飞行电报 CHG、DAL 或人工输入 TOBT→回到（1）。

6. 里程碑事件 9（在 EOBT 前（建议 45 分钟），在 TSAT 前确认 TOBT）

规定在预定时间实施本检查，在发布 TSAT 前确认 TOBT，并根据更新的 TOBT，核实 ATC 飞行计划内各预计时间的可行性。在向流量管理系统提交 TTOT 前，允许 TTOT

有5分钟的容差。此时，一旦获得 TOBT 结果已在 CDM 平台使用，但在发布 TSAT 前的 TOBT 有特殊性（不含流控原因），因此航空公司/地服要在管制单位发布 TSAT 前检查 TOBT 质量。

（1）对航空公司的工作要求：航空公司应根据告警信息，按照《民用航空飞行动态固定格式电报管理规定》拍发相关的飞行动态电报；或者通过 A-CDM 系统人工输入 TOBT。

（2）对空管部门的工作要求：按照《民用航空飞行动态固定格式电报管理规定》处理并分发 DAL、CHG 等飞行电报。

（3）对机场的工作要求：

① 当航班 EIBT 更新时，根据 EIBT 与在该机位的飞机的 COBT（CTOT-EXOT）进行比较并做出是否调整停机位的决策。如需要调整机位，且目标机位有航空器，需要增加判断：机位航班的 COBT-落地航班的 ELDT 应大于 EXOT。同时应按原程序通知空管和公司，机场需要优化原有机位资源分配程序。

② 当机位航班的 CTOT 更新时，判断是否对其他进位飞机有影响，做出正确决策并通知机场各单位按照新的机位保障。航空公司收到机位变更信息后按照新机位保障，空管部门收到机位变更信息后按照新的目的机位指挥。

（4）A-CDM 系统：判断航空公司/地服人工输入的 TOBT 是否在 EOBT ±15 分钟内？如是，则判断 TTOT 是否在容差范围内，如不是，发送 T-DPT-t 电报。如不是在 ±15 分钟内，则向航空公司/地服发送告警电报，航空公司应拍发飞行动态电报。

（5）其他单位：根据航班动态进行保障，不能按照规定时限完成保障任务应报告公司。

整个过程的主要信息流程包括两方面内容。

（1）FIPS 或人工输入 TOBT → A-CDM → 发送 T-DPT-t 电报或告警电报。

（2）如 A-CDM 有告警电报，航空公司根据告警电报 → 拍发飞行电报 CHG、DAL 或人工输入 TOBT → 回到（1）。

7. 里程碑事件 10（发布 TSAT）

该事件要求：①TSAT 将向参与方表明预期的开车时间。对于非受限航班，强烈建议通过 T-DPI-s 电报告知流量管理系统，不进行后续检查。②建议在 TSAT 发布后进行一次检查，合适 TOBT 更新次数。如果更新次数超过最大值，建议根据本场规定对 TOBT 输入的数据进行处理。

（1）对航空公司的工作要求：航空公司应处理 TOBT 输入次数超最大值的告警信息；如果取消应按规定重新发送电报。

航空公司应该根据发布的 TSAT（或 COBT）按照一定余度组织上客；应当按照 TSAT（或 COBT）先后次序配置拖车、气源、电源等设备。

（2）对空管部门的要求：在 TOBT 前规定的时间，计算 TSAT。建议将 TSAT 发布给 CDM 参与方。

（3）对机场的要求：

①机场应根据发布的 TSAT（或 COBT）检查机位分配是否存在冲突，并通知未参与 ACDM 的相关保障单位。

②机场应根据发布的 TSAT（或 COBT）配置其他资源，并通知未参与 A-CDM 的相关

保障单位。

（4）A-CDM 系统：空管部门计算的 TSAT 发送至 A-CDM。对于非受限的航班，A-CDM 系统通过 T-DPI-s 电报通知流量管理系统。

A-CDM 系统判断 TOBT 更新次数是否超过最大值（如 3 分钟），如是，生成 C-DPI 电报并发送至流量管理系统，通知生成告警电报通知航空公司。如否，检查 TTOT 或 DPI 状态是否超过状态范围，如超过范围，生成 T-DPI-t 电报发送至流量管理系统。

（5）其他单位：根据航班动态进行保障，不能按照规定时限完成保障任务应报告公司。

整个过程的主要信息流程包括两方面内容。

（1）空管发布 TSAT → A-CDM → 生成并发送 T-DPI-t 电报、C-DPI 电报或告警电报。

（2）如 A-CDM 有告警电报，航空公司根据告警电报 → 人工更新 TOBT → 回到（1）。

8. 里程碑事件 11（实际开始登机）

规定各参与方实际开始登机时间或状态。在 TOBT 前的某个时间（由机场公司决定），建议实施一次检查核实登机状态。

（1）对航空公司的工作要求：航空公司/地服应向 A-CDM 系统提供登机状态信息或者实际开始登机时刻或预计登机时刻。当收到告警电报且有必要时，更新 TOBT。

（2）A-CDM 系统：一旦开始登机，在 A-CDM 系统记录下实际开始登机时间。如果在 TOBT 前规定的时间内，尚未开始登机，可能不能遵守 TOBT，因此应向航空公司/地服发送告警信息。

不影响告警的后果为航班可能违反 TOBT 在 TSAT 前仍然未就绪。

（3）其他单位：根据航班动态进行保障，不能按照规定时限完成保障任务应向机场报告。

整个过程的主要信息流程包括两方面内容。

（1）A-CDM 在 TOBT 前规定时间进行登机检查或 ASBT → A-CDM → 生成告警电报。

（2）如 A-CDM 有告警电报，航空公司根据告警电报 → 如必要时更新 TOBT。

9. 里程碑事件 12（航空器准备就绪）

规定要发布 ARDT 或准备就绪状态，确认航班能够遵守 TOBT。在 TOBT+容差值时，将通知航空公司/地服，TOBT 已过，但还未收到就绪状态电报。

规定 ARDT 或准备就绪状态，确认航班能够遵守 TOBT。在 TOBT+容差值时，将通知航空公司/地服，TOBT 已过，但还未收到准备就绪状态电报。

（1）对航空公司的工作要求：航空公司/地服或机场向 A-CDM 系统提供航班 ARDT 信息并发送给 A-CDM 各参与方。

（2）A-CDM 系统：一旦开始登机，在 A-CDM 系统记录下实际开始登机时间。如果在 TOBT 前规定的时间内，尚未开始登机，可能不能遵守 TOBT，因此应向航空公司/地服发送告警信息。不影响告警的后果为航班可能违反 TOBT 在 TSAT 前仍然未就绪。

（3）其他单位：根据航班动态进行保障，不能按照规定时限完成保障任务应报告公司。

整个过程的信息流程如下。

（1）A-CDM 在 TOBT 前规定时间进行登机检查或 ASBT → A-CDM → 生成报警电报。

（2）如 A-CDM 有告警电报，航空公司根据告警电报 → 如必要时更新 TOBT。

10. 里程碑事件 13（申请开车）

规定实际申请开车发生后，通知相关方。如果在 TSAT 容差范围内（±2～5 分钟）未提出开车申请，则应通知航空公司/地服，并建议更新 TOBT。

对 A-CDM 系统的要求：将实际申请开车时间发布在 A-CDM 平台。在 TSAT+容差对应的时刻，检查是否收到开车申请。如未收到开车申请，向航空公司发送一份告警电报。

实际申请开车时间是否在 TSAT 的容差范围（±2～5 分钟），如否，则声称告警信息发送给航空公司和机场。

航空公司和机场对告警电报做出回应：更新 TOBT，检查机位分配。

该过程的信息流程如下。

（1）A-CDM 在 TOBT 前规定时间进行登机检查或 ASBT → A-CDM → 生成告警电报。

（2）如 A-CDM 有告警电报，航空公司根据告警电报 → 如有必要时更新 TOBT。

11. 里程碑事件 14（同意开车）

规定实际同意开车发生后，通知相关方。如果在 TSAT 容差范围内（±2～5 分钟）未获得塔台批准，则 A-CDM 应通知航空公司/地服。航班重新排班。

对 A-CDM 系统的要求：将塔台电子进程单记录的实际许可开车时刻发布在 A-CDM 平台。在 TSAT+容差对应的时刻，检查是否已经同意开车。

（1）空管单位：建议提供开车许可，如不可行则对航班重新排序分配新的 TSAT（COBT），对于 TSAT 变化超过规定值（如 1 小时）的需要谨慎审核后发布；对于 TSAT 超过变化最大值的管制部门应慎重决策，必要时取消 TSAT。

（2）航空公司：对于在 TSAT 变化规定值以上的情况，航空公司应当根据已知的延误状况决策是否下客等待或在飞机上继续等待。

（3）机场：对于在 TSAT 变化规定值以上的情况，机场需要检查机位资源分配的冲突情况。

（4）其他：各相关单位应当根据发布的 TSAT 变化做相关保障。

该过程的信息流程如下。

（1）塔台电子进程单记录实际许可开车时刻 → A-CDM 系统。

（2）A-CDM 收到 TSAT 变化 → 通知相关方。

12. 里程碑事件 15（撤轮档或开车）

规定实际撤轮档或开车后，通知相关方。实际撤轮档或开车时刻触发向流量管理系统发送 A-DPI 电报。在发送第一份 A-DPI 电报后，强烈建议首先将 TTOT 与 TTOT 容差范围进行对比检查，然后通过新的 A-DPI 电报通知流量管理系统。

对 A-CDM 系统的要求：获取航空器是否已经撤轮档或者开车的信息，向流量管理系统发送 A-DPI 电报。此后只有 TTOT 超出容差时，才再次发送 A-DPI 电报。对于空管单位，要求流量管理系统收到 A-DPI 电报后冻结 CTOT。

该过程的信息流程为：撤轮档或开车信息 → A-CDM 系统 → 向流量管理系统输出 A-DPI 电报。

13. 里程碑事件 16（起飞）

规定通知 A-CDM 所有相关方航空器已经起飞离场。

对 A-CDM 系统的要求：获取起飞报或者电子进程单离场地信息。

（1）空管单位：按照规定拍发起飞报；建议流量管理系统生成一份首次系统启动电报 FSA（First System Active）。

（2）航空公司：运控部门根据飞行动态按照规定及时拍发下站航班的领航计划报、延误报或变更报。

该过程的信息流程为：空管电报系统 → A-CDM 系统。

10.6 协同决策关系

CDM 机制下要求空管、机场和航空公司将实时运行信息和数据及时共享并且共同参与到流量管理决策过程。在信息需求方面，要求航空公司提供动态航班计划信息、航班时隙交换信息、实时飞行监视信息，机场提供机场容量信息、保障资源分配信息，空中交通管制部门提供航路和机场气象信息、航路容量信息等。CDM 系统将各相关部门发布的运行信息及时共享，并对航班离港进行预排序，然后根据飞机实际保障情况和空域使用信息实时调整飞机预计推出时间，其任务关系框架如图 10-5 所示。

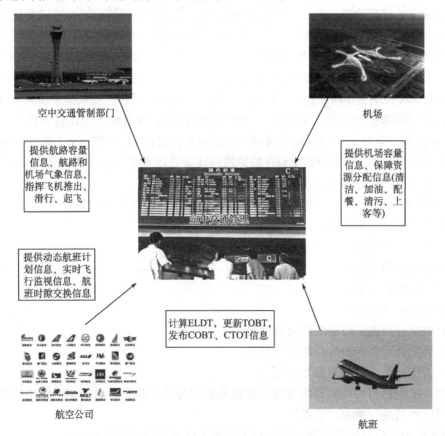

图 10-5 CDM 系统任务关系框架

分析图 10-5 可见：CDM 系统工作流程共涉及空中交通管制部门、机场、航空公司、CDM 系统平台四个组织和部门；参与到 CDM 系统中的每个组织和部门都有各自的任务集合，任务都具有一些各自的属性，每个任务都包含任务名称、任务执行部门、执行时间、耗用资源等要素。例如，空中交通管制部门的任务有"空管动态监控""指挥飞机起飞"等，以任务"指挥飞机起飞"为例，其执行部门是空管部门，需要耗用流量资源，执行时间是 10～20 分钟。

执行任务需要占用一些资源。例如，机场地面保障单位执行"配餐"任务时需要占用保障车辆、人员和客舱空间等资源，任务之间可能存在顺序依赖关系，即一个任务完成，另一个任务方可进行。例如，机场"机位分配"、空管部门"动态监视"任务需要先"接收航班计划"，因此"机位分配""动态监视"与"接收航班计划"之间存在顺序依赖关系。

任务之间可能存在并发关系，即两个任务彼此互不干扰，可以同时独立进行。例如，"清洁""配餐"等工作可以同时进行，相互间没有顺序依赖关系，而是并发执行关系。组织部门间的任务可能存在信息传递关系。例如，机场要及时将机位分配和保障工作完成时间输入 CDM 系统，航空公司要事先将航班计划、实时飞行监视信息报告空管部门。

协同决策是一种政府与行业之间的联合行动，首先由管制部门定出约束条件，然后航空公司在这些约束条件下优化自己的运作，最后在决策问题上达成一致。协同决策将空管、航空公司和机场联系起来，通过信息交流、数据共享和改善决策支持工具，努力提高控制交通管理效率，确保空管、航空公司和机场获得用于计划运作的实时、准确的信息，帮助决策过程，旨在利用协作技术和程序改进空中交通流量管理，为各方提供最大利益。CDM 运用于流量管理领域的各个角落，包括机场终端区流量管理、航路流量管理和机场场面管理。不管哪一种流量管理方案，在传统的管理模式下，空管部门均采用中心决策模式。在这种模式下，由于航空公司和机场被排除在决策过程之外，他们缺乏向空管部门提供信息和更新信息的动力，空管部门很难获取航班动态信息，因此空管部门的决策有时显得比较盲目。

CDM 机制下航空公司和机场具有提供最新航班信息的动力，航空公司能更多地参与流量管理的决策过程中，信任的增加和理解的增强将导致改善的数据和用户意向信息的输入。相应地，空管部门可以做出更加有效的决策。

CDM 机制下空管子系统在决策过程中要求各航空公司提供的信息如下：

（1）动态航班计划信息；

（2）航班延误信息；

（3）航班取消信息；

（4）航班合并信息；

（5）新增航班信息；

（6）航空公司内部航班时隙交换信息；

（7）航空公司之间航班时隙交换信息；

（8）航空公司内部航班重要性信息。

其中，航空公司内部航班重要性信息是指航空公司对其航班的重要性排序信息，排序的根据可以是油量、乘客、机型等。

CDM 机制下空管子系统在决策过程中要求各机场提供的信息如下：

（1）停机位分配信息；

（2）场面交通工具信息，主要为各种特种车辆。

CDM 创建了一个空管子系统、航空公司子系统和机场子系统共享信息的公共视图。

　　航空公司除了共享信息，还被允许参与流量管理决策的制定过程，这为航空公司提供了通过自身行为来解决问题的机会。在 CDM 机制实施以前，各航空公司虽然也制定了不正常航班恢复的相关策略，但是这些策略参考的往往是空管子系统过时的、充满遗漏的数据，导致不正常航班恢复策略的可执行度很差。

　　CDM 机制下航空公司子系统在决策过程中要求其他子系统提供的信息如下：

（1）机场容量信息；

（2）气象信息；

（3）航路容量信息；

（4）流量管理方案信息，特别是本航空公司的航班时隙分配信息；

（5）机场航班保障资源调配信息，包括行李转盘、安检通道、登机门等。

　　航空公司指挥中心使用系统完成以下工作：

（1）监视机场，观察实时的机场需求的限制；

（2）分析由空管子系统提出的 GDP 方案对本公司自身的影响；

（3）模拟航班取消和延误；

（4）给空管子系统发送时隙确认、时隙交换信息等。

　　机场是地面交通与空中交通的衔接点，负责为其他两个子系统提供相关航班保障资源。不正常航班发生时需要对机场航班保障资源重新合理分配。在 CDM 机制实施以前，机场无法及时获得航班计划动态信息，所以机场资源的动态调配经常滞后。

　　机场子系统在决策过程中要求其他子系统提供的信息如下：

（1）动态航班计划信息；

（2）航班延误信息；

（3）航班取消信息；

（4）新增航班信息。

　　在 CDM 机制下机场管理当局需要做好两方面的工作：机场资源的快速调配和飞机推出协同管理。有关机场资源的快速调配技术已有的研究工作比较丰富，主要涉及的资源包括机场值机柜台、安检通道、登机门、停机位、行李转盘等。飞机推出属于机场场面管理的内容，机场场面管理主要对机场场面资源及航空器运行状况进行实时监控和协同管理，以保障机场场面安全，提高场面资源的利用率。机场场面管理按飞机在场面不同运行阶段可划分为滑行阶段（跑道、快速脱离道和滑行道）、飞机滑入停机位及飞机推出阶段（停机坪内）。为了提高场面管理的效率，减轻管制员工作负荷，机场场面管理呈现出新的发展趋势：滑行阶段的机场场面管理由空管负责，飞机滑入停机位和飞机推出阶段的机场场面管理由机场负责，这种趋势体现了 CDM 的思想。

习　题

1. 机场协同决策包括哪些概念要素？

2. 请画出实施机场协同决策的一般流程。

3. 请给出实施机场协同决策的信息基础。

4. 简述机场协同决策在 CDM 中的地位和作用。

第 11 章　机场管理信息系统的发展

11.1　云　计　算

云计算（Cloud Computing）是一种新兴的商业计算模型。它将计算任务分布在大量计算机构成的资源池上，使各种应用系统能够根据需要获取计算力、存储空间和各种软件服务。"云"是一些可以自我维护和管理的虚拟计算资源，通常为一些大型服务器集群，包括计算服务器、存储服务器、宽带资源等。云计算将所有的计算资源集中起来，并由软件实现自动管理，无须人为参与。这使得应用提供者无须为烦琐的细节而烦恼，能够更加专注于自己的业务，有利于创新和降低成本。云计算是并行计算（Parallel Computing）、分布式计算（Distributed Computing）和网格计算（Grid Computing）的发展，或者说是这些计算机科学概念的商业实现。云计算是虚拟化（Virtualization）、效用计算（Utility Computing）、基础设施即服务（IaaS）、平台即服务（PaaS）、软件即服务（SaaS）等概念混合演进并跃升的结果。

机场云计算具有以下特点。

（1）超大规模。"云"具有相当的规模。机场企业私有云一般拥有很多台服务器。通过"云"能赋予用户前所未有的计算能力，满足机场运行的要求。

（2）虚拟化。机场云计算支持用户在任意位置、使用各种终端获取应用服务。旅客只需要一台笔记本或者一部手机，就可以通过机场云平台来实现用户需要的应用服务。

（3）高可靠性。机场"云"使用了数据多副本容错、计算节点同构可互换等措施来保障服务的高可靠性，使用云计算比使用本地计算机可靠。

（4）通用性。机场云计算不针对特定的应用，在"云"的支撑下可以构造出千变万化的应用，同一个"云"可以同时支撑不同的应用运行。

（5）高可扩展性。机场"云"的规模可以动态伸缩，满足应用和用户规模增长的需要。

（6）按需服务。机场"云"是一个庞大的资源池，用户可以按需购买。

云计算技术为机场信息系统建设提供了极大便利，主要体现在：①提高了信息在机场运营中系统的资源利用率；②提高了信息系统的易维护性；③提高了信息系统的稳定性；④提高了信息系统的可扩展性；⑤提高了信息系统的故障恢复能力。

11.2　物　联　网

物联网概念最早由美国 MIT Auto-ID Center 于 1999 年提出。当时，Auto-ID Center 的研究人员只是想通过条码、智能卡、射频识别（Radio Frequency Identification，RFID）等实现物体的识别与管理，提高工业自动化系统的自动化程度，降低故障率。后来，IoT 概念被人们迅速接受，演化成"物物相联的互联网"。2005 年，国际电信联盟（ITU）发布

《ITU Internet Report 2005: The Internet Of Things》，正式提出了物联网这一术语。

目前，物联网在国际上尚无统一定义，几个代表性定义如下。

（1）ITU 定义：从时-空-物三维视角看，物联网是一个能够在任何时间（Anytime）、地点（Anyplace），实现任何物体（Anything）互联的动态网络，它包括了人机之间、人与人之间、物与人之间、物与物之间的互联。

（2）欧盟委员会的定义：物联网是计算机网络的扩展，是一个实现物物互联的网络。这些物体可以有 IP 地址，嵌入复杂系统中，通过传感器从周围环境获取信息，并对获取的信息进行响应和处理。

（3）IERC 定义：作为未来 Internet 的重要组成部分，物联网以一系列标准和可互操作的通信协议为基础，构成了一个具有自配置能力的全球化、动态网络基础设施。同时，它也是一个信息网络，在该网络中物理的、虚拟的物体都具有可标识性，其物理属性、虚拟特征均可被读取，并能通过智能接口无缝集成。

（4）《中国物联网产业年度发展蓝皮书》定义：物联网是一个通过信息技术将各种物体与网络相连，以帮助人们获取所需物体相关信息的巨大网络。物联网通过使用射频识别、传感器、红外感应器、视频监控、全球定位系统、激光扫描器等信息采集设备，通过无线传感网、无线通信网络（如 Wi-Fi、WLAN 等）把物体与互联网连接起来，实现物与物、人与物之间实时的信息交换和通信，以达到智能化识别、定位、跟踪、监控和管理的目的。

目前机场场面交通态势感知的手段如场面监视雷达（Surface Monitoring Radar，SMR）、自动相关监视（Automatic Dependent Surveillance，ADS-B）、多点定位（Multilateration，MLAT）价格高，对于正在使用的机场来说二次安装困难，其应用受到了极大限制，最为重要的是这三种典型的场面交通态势感知方式本身存在固有的缺陷。

基于分布式非协作感知与控制的新型跑道入侵防御系统（Runway Incursion Preventing System，RIPS）可以从根本上解决上述手段的固有缺陷，有助于在有限的软硬件条件下充分利用机场容量，使机场平面在何密度、能见度和复杂条件下，支持飞机和车辆安全、有序、迅速地移动，这对于保证机场安全具有重要应用意义。同时，机场跑道入侵防御系统是一类典型的混杂系统（Hybrid System），其宏观层面上表现为由传感器感知事件驱动的状态转移过程，微观层面上表现为航空器/车辆速度、轨迹连续变化的过程，研究此类混杂系统的多层次建模方法、基于事件融合的瞬时态势感知方法、事件驱动的目标连续跟踪方法以及包含不可控事件的状态监控方法等无论是对于拓展混杂系统的研究内容，还是解决复杂交通系统中感知与控制的相关理论问题都具有重要的理论意义。

除了将物联网技术应用于跑道入侵防御系统中，还可以应用在航站楼的管理中。将物联网采集到的定位数据通过机场自己的平台利用时空分析技术与机场业务数据进行交叉分析，可以得出区域时间内重点区域的人流密度分布、旅客出行习惯等数据，机场可以根据分析结果调整旅客流程或商铺及安检的位置，有助于进一步提升旅客满意度。同时旅客利用自身的设备结合定位数据还能实现在航站楼内的导航与商铺信息提醒，既满足了旅客的需求，又能提升机场服务水平。通过物联网系统实现了环境、资源、状态等信息的可视化和流程化，有助于机场更快地对旅客服务进行调整，开发出更多的商业价值。

11.3　CDM 系统

协同决策为流量指挥中心与航空公司提供了一个数据和信息交换与共享的环境,在此环境下,指挥中心可以实现由以前的单纯指挥者向服务者转换,为用户提供更好的服务。由以前的指挥中心下达命令,航空公司被动接受,到航空公司具有更大的主动权,使航空公司等更多地参与到决策过程中,极大提高了它们的主动性和运作的灵活性。

一个完整的协同决策协调机制需要在流量管理中心处建立一个协同决策中心协调席位,在全国范围内协调各区之间的流量时隙分配规划,又分别在区级流量管理单元和终端区流量管理单元上建立各自的协同决策席位。中心协调主要负责区域级的流量时隙分配规划,当需要跨区级协调时隙分配时则负责上报上一级协同决策协调单位,最后在终端区、塔台、机场和航空公司端设立相应的协同决策席位,负责时隙调整反馈、飞行计划更正、航路修正计划提交等工作。

11.3.1　美国的发展情况

协同决策是美国实施“自由飞行”项目第一阶段的五个核心成果之一,是流量管理的一个子系统,致力于流量的优化控制。它利用先进的计算机技术、通信技术、开放式数据库管理技术和网络技术将各个航空子系统的信息进行融合、提炼,以一定的专家知识为背景进行模拟与预测,从而实现一定的辅助性决策,进而提高各个空中交通管理部门和航空公司的应变与自动决策能力,通过协同工作以达到宏观规模效益的目的性手段。协同决策的最初目标是通过增强信息交换和协同来改善空中交通管理,快捷的信息和顺畅的协调有助于管制者与国家空域系统(National Airspace System,NAS)用户做出更佳的决策,优化空域资源,降低延误,同时满足国家空域系统的业务需求。随着空中交通流量的持续增加、空中拥塞的不断出现,传统的流量管理方法已愈加显得无力,需要更先进的空中流量管理方法。空中运输业中互联网技术的广泛应用,促进了协同决策的产生,包含网络互连访问协议(Internet Protocol,IP)、互联网和电子商务的最新信息技术(Information Technology,IT)的采用,最新的航空公司和机场运行系统的不断开发。协同决策的产生,是传统体系和新技术的结合体。

在协同决策制定之前,美国民航基于航班数据(Ofifcial Airline Guide,OAG)发布航班信息,而实际运行时往往和发布的时刻表相差较大,航空数据交换协议经常对已取消的航班并不知情,航空公司也很少知道航班延误信息,因此,不能有效、充分地使用降落资源。航空公司被排除在决策过程之外,导致了在地面延误程序中,航空数据交换协议和航空公司之间不能进行有效的通信和协作。而协同决策使航空公司具有了提供最新航班数据的动力,航空公司能够更多地参与到空中流量管理的决策过程中,通过数据交换,可以得到更好的航班信息,基于此信息的决策,获得更加有效的运行,从而降低延误。

11.3.2　欧洲的发展情况

欧洲 CDM 系统的战略目标是通过航空用户、机场和空中交通管理部门之间的紧密合作来防止民航交通运输的超负荷运行。欧洲的新技术有以下特征:①平衡流量和容量。流量管理将从当前的单纯调整航班流量转变为流量与容量协同调整。②协同决策。空中交通管理流量管理员、航空公司签派员和机场运行指挥中心将密切合作，相互配合，共同完成流量管理任务。③分析决策辅助工具。采用多种分析、预测、决策支持工具，辅助流量管理员、航空公司和机场运行控制中心的工作，避免民航交通运行过程的交通拥堵，实现 CDM 系统的有效利用。

11.3.3　日本的发展情况

近年来，日本追踪欧美技术也开展了新一代的 CDM 系统技术的研究。新技术以协同决策、空域动态规划和洋区流量控制为主要特征，计划通过 10～15 年的研发，达到或接近欧美技术水平，能够更好地管理日本的民航交通运输系统。

11.4　智慧机场和大数据

智慧机场涵盖人员、车辆、安防系统、停车场管理、候机楼的服务等。能够实现机场的无死角监控、人脸识别、感兴趣区域行为及事件分析、停车场的快速停车找车等；能够根据机场环境自动调节灯光亮度，应急指挥联动时自动开启照明设备等既能起到节能作用，又能保证良好的照明效果；采用不停车电子收费系统（ETC），提高机场高速通行效率等。

真正实现智慧机场需要在大规模运用"云"的前提下，在云技术普及后通过接到机场云后端以服务的方式去解决问题。

大数据是从英语"Big Data"一词翻译而来的，过去常说的信息爆炸和海量数据等已经不足以描述这个新出现的现象。对于大数据时代，目前通常认为有下述四大特征，称为"4V"特征：①数据量大（Volume Big）；②多样化（Variable Type），数据类型繁多；③处理快速化（Velocity Fast）；④价值高和密度低（High Value and Low Density）。

大数据蕴含着巨大的价值，对社会、经济、科学研究等各个方面都具有重要的战略意义，为人们更深入地感知、认识和控制物理世界提供了前所未有的丰富信息。

由于大数据的迅速涌现及其巨大价值，已经引起国内外学术界、工业界和政府部门的广泛关注。美国等世界发达国家都制定和启动了大数据研究计划，投入大量资金支持大数据研究计划。我国对建设大数据管理基础设施的需求已经提出了指导性的方针。《国家中长期科学和技术发展规划纲要（2006～2020 年）》指出"信息领域要重点研究开发……海量存储和安全存储等关键技术"。《中华人民共和国国民经济和社会发展第十二个五年规划纲要》提出"重点研究……海量信息处理及知识挖掘的理论与方法……"。

虽然目前大数据研究已经蓬勃兴起，但是工作主要集中在大数据的存储、管理、挖掘分析等方面，大数据在智慧机场中的应用没有广泛地开展。

全面质量管理是研究质量的产生、形成和实现以及与其相关因素运动规律的科学。经过几十年的努力和实践，全面质量管理也日趋成熟，形成了一套较为完整的理论、管理手段和方法。它包括质量方针、质量控制、质量体系等一系列内容。属于服务业的航空公司，推行全面质量管理则是重点研究航空运输服务质量的形成和实现的一门科学，是全面质量管理的一个重要领域。随着科技的不断进步和生产力的发展与质量管理活动的不断深入，航空公司建立航空运输服务质量体系就成为实现质量管理目标的有力手段，这也是构成包括服务业在内的全面质量管理的重要内容。

建立中国的航空运输服务质量管理体系（Service Quality System，SQS）系列标准，使之成为正式的、自上而下的、有条理的服务质量管理的系统做法，包括质量管理的系统的程序、措施和政策；为企业组织建立一个基于过程改进的全面质量管理体系。

机场各种保障装备发展中依旧存在"多代产品共存在，多代融合式数据共享，装备数据动态变化"等现实问题。Informatica 成功地推出了创新的 Informatics 9.1 for Big Data，这是全球第一个专门为大数据而构建的统一数据集成平台，提供了大数据集成、权威可信的数据自助服务和自适应数据服务。B2B Data Exchange、应用程序信息生命周期管理 、复杂事件处理 、超级消息和云数据集成等。

当前，美国洛杉矶机场和 IBM 公司合作，通过大数据技术从人员、设备保障、环境和管理四个方面找出对设备保障安全存在关键影响的主导因素，进一步构建机场场务保障安全风险预警模型。

英国希思罗机场和剑桥大学、Informatica 公司合作，从自动行李分拣、航空公司保障、应急救援管理、车辆场面场务保障等方面开展合作研究。

德国法兰克福机场联合柏林大学正在研究大数据时代下的移动商业智能保障，主要内容包括航班离港到港、机场场务保障、应急救援管理、安检、延误原因等数据的收集和分析。

新加坡樟宜机场也采用大数据技术支撑机场快速发展。"社交树"智慧营销计划的推出，是樟宜机场营销的具体体现。借助"社交树"、Twitter、Facebook、微博等平台搭建的数字社区，与旅客形成亲密友好的互动关系，收集了海量旅客行为数据。继而可以基于对微观乘客行为数据的深层过滤分析和处理，达成有的放矢的机场个性化营销。

国内开展机场综合保障的单位主要是中国民航局第二研究所，主要内容包括机场（III级）综合交通监视与引导系统、雷达数据、飞行计划数据与 ADS 数据融合关键技术研究"和信息分公司研制的"多维动态运营场景中民航枢纽机场异构信息智能集成平台的关键技术研究"等。中国民航局第二研究所目前也正在筹划如何用大数据技术进行机场综合保障的研究。

习 题

1. 什么是云计算？
2. 物联网如何应用到智慧机场？
3. CDM 系统在国外的发展情况如何？
4. 我国 CDM 系统现在的发展情况如何？

参 考 文 献

范贵生, 刘冬梅, 陈丽琼,等. 2008. 可靠服务组合的协调策略与分析[J]. 计算机学报, 31(8): 1445-1457.

郭建胜. 2007. 航空装备信息管理系统[M]. 北京: 国防工业出版社.

何炎详, 沈华. 2013. 一种基于随机 Petri 网的 Web 服务组合性能瓶颈定位策略[J]. 计算机学报, 36(10): 1953-1965.

何炎详, 沈华. 2014. 随机 Petri 网模型到马尔科夫链的转换算法的证明[J]. 小型微型计算机系统, 35(2): 339-341.

贾国柱. 2007. 基于 Petri 网建模与仿真的制造企业生产系统流程再造方法[J]. 系统工程, 25(3): 46-55.

拉尔曼. 2002. UML 和模式应用: 面向对象分析与设计导论[M]. 姚淑珍, 等, 译. 北京: 机械工业出版社.

李迁, 刘亚敏. 2013. 基于广义随机 Petri 网的工程突发事故应急处理流程建模及效能分析[J]. 系统管理学报, 22(2): 162-167.

林闯, 胡杰, 孔详震. 2012. 用户体验质量(QoE)的模型与评价方法综述[J]. 计算机学报, 35(1): 1-15.

林闯, 李雅娟, 单志广. 2003. 基于随机 Petri 网的系统性能评价[J]. 清华大学学报(自然科学版), 43(4): 475-479.

林闯. 2005. 随机 Petri 网和系统性能评价[M]. 2 版. 北京: 清华大学出版社.

刘成. 2008. 民航运输系统运行解码[M]. 上海: 上海交通大学出版社.

刘勇, 徐廷学, 周洪庆. 2013. 基于扩展广义随 Petri 网的舰炮维修过程模型[J]. 舰船科学技术, 35(8): 138-142.

马炳先, 相东明, 张正明. 2013. Web 服务组合的 Petri 网自动生成方法[J]. 小型微型计算机系统, 34(2): 332-337.

马国忠, 米文勇, 刘晓东. 2007. 民航系统安全的多层次模糊评估方法[J]. 西南交通大学学报, 42(1): 104-109.

唐晓波. 2005. 管理信息系统[M]. 北京: 科学出版社.

王浩锋. 2010. 基于 BP 神经网络的民用航空航段安全风险评估[J]. 信息与电子工程, 8(5): 612-615.

王华伟, 左洪福. 2006. 航空公司安全评估研究[J]. 系统工程, (2): 46-51.

吴洁明, 袁山龙. 2003. 软件工程应用实践教程[M]. 北京: 清华大学出版社.

许家武. 2004. 海运公司安全管理的 FSA(综合安全评估)研究[D]. 上海: 上海海事大学: 40-43,48-53.

杨琰, 廖伟志, 李文敬, 等. 2013. 基于 Petri 网的顾及转向延误的最优路径算法[J]. 计算机工程与设计, 34(10): 3643-3648.

袁崇义. 2003. Petri 网原理与应用[M]. 北京: 电子工业出版社.

张军. 2005. 现代空中交通管理[M]. 北京: 北京航空航天大学出版社.

张佩云, 黄波, 孙亚民. 2007. 基于 Petri 网的 Web 服务组合模型描述和验证[J]. 系统仿真学报, 19(12): 2872-2876.

赵丽艳, 顾基发. 2000. 概率风险评估(PRA)方法在我国某型号运载火箭安全性分析中的应用[J]. 系统工程理论与实践, 6: 91-97.

中国民用航空总局. 1995. 中国民航新航行系统(CNS/ATM)实施策略[J]. 国际航空, (7): 27-29.

周忠宝. 2006. 基于贝叶斯网络的概率安全评估方法及应用研究[D]. 长沙: 国防科技大学: 22-23.

Babic O, Teodorovic D, Tosic V. 1984. Aircraft stand assignment to minimize walking[J]. J Transp. Eng. 110: 55-66.

Berry D A. 1997. Teaching elementary Bayesian statistics with real applications in science[J]. The American Statistician, 51(3): 241-246.

Bouch A, Kuchinsky A, Bhatti N. 2000. Quality is the eye of the beholder: Meeting user's requirements for Internet quality of service[C]//Proceedings of ACM Conference on Human Factors in Computing Systems, 4.

Charniak E. 1991. Bayesian networks without tears[J]. AI Magazine,12(4): 50-63.

CIAO. 2007. Digital Data Communication Systems. ICAO Annex 10 Aeronautical Telecommunications, Vol. 3, Part I.

Dey A K, Abowd G D. 1999. Toward a better understanding of context and context-awareness: GIT-GVU-99-22[R]. Atlanta City: Georgia Institute of Technology.

Drexl A, Nikulin Y. 2008. Multi-criteria airport gate assignment and Pareto simulated annealing[J]. IIE Transactions ; 40(4): 385-397.

Fang T, Pattipati K R. 2003. Rollout strategies for sequential fault diagnosis[J]. Systems,Man and Cybernetics, IEEE Transactions on, 33(1): 86-99.

Gao Q, Yan J, Zhu J F. 2010. Airlines' optimization decision of slot allocation in CDM[J]. Journal of Transportation Systems Engineering and Information Technology; 11(5): 94-98.

Gerardi D, Myerson R B. 2007. Sequential equilibria in Bayesian games with communication[J]. Games and Economic Behavior, 60: 104-134.

Greenberg R, Cook S C, Harris D. 2005. A civil aviation safety assessment model using a Bayesian belief network(BBN)[J]. The Aeronautical Journal, 109(1101): 557-568.

Hamzawi S G. 1986. Management and planning of airport gate capacity: A microcomputer-based gate assignment simulation model[J]. Transp. Plann. Technol. 11: 189-202.

Huangfu G S, Zhang L F. 2010. The application analysis of transport method in multi-terminal systems[J]. Traffic & Transportation; 12: 123-126.

Jensen K. 1997. Coloured Petri nets: basic concepts,analysis methods and practical use. Volume 1,Basic Concepts. Monographs in Theoretical Computer Science[M]. Berlin, Herdelberg, New York: Springer-Verlag.

Jin Z, Liu L. 2006. Web Service Retrieval: An Approach based on Context Ontology[C] //Proceedings of the 30th Annual International Computer Software and Applications Conference (COMPSAC'06). Chicago: 513-520.

Khakzad N, Khan F, Amyotte P. 2011. Safety analysis in process facilities: Comparison of fault tree and Bayesian network approaches[J]. Reliability Engineering and System Safety, 96(8): 925-932.

Lee C, Helal S. 2003. Context Attributes: An Approach to Enable Context-awareness for Service Discovery[C]// Proceedings of the 2003 Symposium on Applications and the Internet (SAINT'03). Orlando: 22-30.

Lee K M, Kim H J, Choi K H, et al. 2006. An Intelligent Middleware Architecture for Context-Aware Service Discovery[M] //International Conference on Computational Science 2006 (ICCS 2006). Reading: 899-902.

Li W. 2010. A Method to construct flight bank for hub airports[D]. Nanjing: Nanjing University.

Li W. 2011. Optimized assignment of civil airport gate[J]. 2010 International Conference on Intelligent System Design and Engineering Application ; 2: 33-38.

Li Z J, Chang C T, Huang F X, et al. 2006. A sequential game-based resource allocation strategy in grid environment[J]. Journal of Software; 17(11): 2373-2383.

Maama Z, Mostefaoui S K, Yahyaoui H, et al. 2005. Toward an agent-based and context-oriented approach for web services composition[J]. IEEE Transactions on Knowledge and Data Engineering, 17(5): 686-697.

Mangoubi R S, Mathaisel D F X. 1985. Optimizing gate assignment at airport terminals[J]. Transp. Sci. 19: 173-188.

McFadden K L , Towell E R. 1999. Aviation human factors: A framework for the new millennium [J]. Journal of

Air Transport Management, (5): 177-184.

Mou D Y, Zhang Z X. 2010. Robust fleet scheduling problem based on probability of flight delay[J]. Journal of Civil Aviation University of China; 28(6): 35-39.

Ramoni M , Sebastiani P. 1997. Learning Bayesian networks from incomplete data [R]. KMi-TR-43 , Knowledge Median Institute ,The Open University.

Spanoudakis G, Mahbub K, Zisman A. 2007. A Platform for Context Aware Runtime Web Service Discovery[C]//IEEE International Conference on Web Services (ICWS2007). Salt Lake City: 233-240.

Stephen J H, Zhang Y J, Chen I Y L. 2008 . A Jess-enabled context elicitation system for providing context-aware Web services[J]. Expert Systems with Applications, 34(4): 2254-2266.

Sun H, Zhang P W, Wang Y. 2010. Fleet planning approach based on optimized fleet capacity allocation in airline networks[J]. Journal of Southwest Jiaotong University; 45(1): 111-115.

Tang C H, Ya S Y, Yu Z H. 2011. A dynamic algorithm for gate assignments under varied flight delay information[C]. 2010 3rd IEEE International Conference on Computer Science and Information Technology (ICCSIT): 5: 209-213.

Tang C H. 2009. Real-time gate assignments under temporary gate shortages and stochastic flight delays[C]//IEEE International Conference on Service Operations, Logistics and Informatics: 267-271.

Ulrich D, Florian J, Chen L, et al. 2007. Disruption management in flight gate scheduling[J]. Statistica Neerlandica; 61(1): 92-114.

Vidal L A, Marle F, Bocquet J C. 2011. Using a Delphi process and the Analytic Hierarchy Process (AHP)to evaluate the complexity of projects[J]. Expert Systems with Applications, 38(5): 5388-5405.

Wang X H, Zhang D Q, Gu T, et al. 2004. Ontology Based Context Modeling and Reasoning using OWL[C] //Proceedings of the Second IEEE Annual Conference on Pervasive Computing and Communications Workshops (PERCOMW'04), Washington, DC: 18-22.

Wang Y, Sun H. 2013. Heuristic algorithm to incorporating robustness into airline fleet planning[J]. Systems Engineering – Theory & Practice, 33(4): 963-970.

Yan S Y, Huo C M. 2001. Optimization of multiple objective gate assignments[J]. Transportation Research-A, 35(5): 413-432.

Yan S Y, Shieh C Y, Chen M J. 2002. A simulation framework for evaluating airport gate assignments[J]. Transportation Research Part A; 36(10): 885-898.

Yan S Y, Tang C H. 2007. A heuristic approach for airport gate assignments for stochastic flight delays[J]. European Journal of Operational Research; 180(2): 547-567.

You J J, Ji CM, Fu X. 2003. New method for solving multi-objective problem based on genetic algorithm[J]. Journal of Hydraulic Engineering; 7: 64-69.

Yu C. 1997. A Knowledge-based airport gate assignment system integrated with mathematical programming[J]. Computers and Industrial Engineering ; 32(4): 837-852.

Yu C. 1998. A rule-based reactive model for the simulation of aircraft on airport gates[J]. Knowledge-Based Systems ; 10: 225-236.

Yu C. 1998. Network-based simulation of aircraft at gates in airport terminals[J]. Journal of Transportation Engineering; 124(2): 188-196.

Yu G, Christopher A, Chung C A. 2000. Genetic algorithm approach to aircraft gate reassignment problem[J]. Journal of transportation engineering; 125(5): 384-389.

Yury N, Andreas D. 2009. Theoretical aspects of multi-criteria flight gate scheduling: Deterministic and fuzzy models. Journal Schedule ; 112(9): 26-45.

Zhang J C. 2003. A network-flow model for assignment flight to gates at airport. Canada: Dalhousie University.

Zhou J Y. 2000. Introduction to the constraint language NCL[J]. The Journal of Logic Programming; 45(1/2/3): 71-103.

Zhou J Y. 2008. A note on mixed set programming. IEEE, the 7th International Symposium on Operations Research and Its Applications 2008: 131-140.

Zhu B, Zhu J F, Gao Q. 2013. Constraint programming model of integrated recovery for aircraft and crew[J]. Journal of Traffic and Transportation Engineering; 13(1): 77-83.

Zhu X H, Zhu J F, Gao Q. 2011. The research on robust fleet assignment problem based on flight purity[J]. Forecasting; 30(1): 71-74.

Zimmermann H J. 2009. Fuzzy Sets and Operations Research for Decision Support[M]. Beijing: Beijing Normal University Press.

附录 A 　机场管理信息系统专业词汇

（1）航班：是指空运企业按规定的航线、日期、时刻经营的定期飞行活动。

（2）航季：根据国际惯例，航班计划分为夏秋航季和冬春航季，夏秋航季是指当年三月最后一个星期日至十月最后一个星期六；冬春航季是指当年十月最后一个星期日至翌年三月最后一个星期六。

（3）航行通告：是指飞行人员和与飞行有关的人员必须及时了解的，有关航行的设施、服务、程序的建立、情况或者变化，以及对航行有危险情况的出现和变化的通知。

（4）国内航线：是指运输的始发地、经停地和目的地均在中华人民共和国境内的航线。

（5）区际航线：是指运输的始发地、经停地和目的地在两个或两个以上的民航地区管理局管辖区域之间的航线。

（6）区内航线：是指运输的始发地、经停地和目的地在一个民航地区管理局管辖区域内的航线。

（7）专机：特指中国共产党中央委员会总书记、中央军委主席、国家主席、国务院总理、全国人大常委会委员长、全国政协主席、中央特别批准的几位老同志、中央政治局常委、国家副主席、军委副主席等乘坐的专用飞机，以及外国国家元首、政府首脑、执政党最高领导人乘坐的专用飞机。

（8）要客航班：指中国领导人中的四副两高及外国副总理、王储乘坐的航班。

（9）机组：指受指派在航空器上执行飞行任务的团队，包括飞行员、空乘及安全员。

（10）空中交通管理（Air Traffic Management，ATM）：有效地维护和促进空中交通安全，维护空中交通秩序，保障空中交通畅通。空中交通管理包括空中交通服务，空中交通流量管理和空城管理三大部分。

（11）备降：当飞机不能或不宜飞往预定着陆机场或在该机场着陆时，而降落在其他机场，就称为备降。发生备降的原因很多，主要有航路交通管制、天气状况不佳、预定着陆机场不接收、天气状况差、飞机发生故障等。

（12）复飞：是指由于机场障碍或飞机本身发生故障（常见的是起落架放不下来），以及其他不宜降落的条件存在时，飞机中止着陆重新拉起转入爬升的过程。

（13）盲降：是仪表着陆系统 （Instrument Landing System，ILS）的俗称。因为仪表着陆系统能在低天气标准或飞行员看不到任何目视参考的天气下，引导飞机进近着陆，所以人们就把仪表着陆系统称为盲降。

（14）值机：即办理登机手续，是指旅客向公共航空运输企业报到，办理乘坐某一具体航班的过程。

（15）APM：Automated People Mover，旅客捷运系统。

（16）CATS：Capital Airport Terminal System，地面信息系统。

（17）AODB：Airport Operational Database，机场运营数据库。

（18）FIDS：Flight Information Display System，航班信息显示系统。

（19）VDGS：Visual Docking Guiding System，目视泊位引导系统。

（20）BHS：Baggage Handling System，行李分拣系统。

（21）CCTV：Closed-Circuit Television[System]，闭路电视系统。

（22）FIMS：Flight Information Management System，航班信息管理系统。

（23）Call Center：呼叫中心。

（24）CATV：Community Antenna Television [System]，共用天线电视系统，又称有线电视系统。

（25）RFID：Radio Frequency Identification[System]，射频识别系统。

（26）ITS：Intelligent Transportation System，智能交通系统。

（27）AMOSS：Airport Management and Operations Support System，机场管理运营支持系统。

（28）LCD：Liquid Crystal Display，液晶显示屏。

（29）LED：Light Emitting Diode，发光二极管。

（30）能见度：是反映大气透明度的一个指标，航空界定义为具有正常视力的人在当时的天气条件下还能够看清楚目标轮廓的最大距离。

（31）两舱：头等舱、商务舱休息室的简称。

（32）ATC：Air Traffic Control，空中交通管制。

（33）Slots：是指协调者可以分配给一个航班在特定时间内使用机场设施进行起飞或降落的权限。换句话说，SLOTS 实质上是机场可分配给一个航班进行起飞或降落的时间块。

（34）ATA：Actual Time of Arrival，实际到达时间。

（35）ETA：Estimated Time of Arrival，预计到达时间。

（36）STA：Scheduled Time of Arrival，计划到达时间。

（37）ATD：Actual Time of Departure，实际出发时间。

（38）ETD：Estimated Time of Departure，预计出发时间。

（39）STD：Scheduled Time of Departure，计划出发时间。

（40）协同决策（Collaborative Decision Making，CDM）是一种基于资源共享和信息交互的多主体（空管、机场、航空公司等）联合协作运行理念。

（41）协同流量管理（Collaborative Traffic Flow Management，CTFM）系统决策理念应用于流量管理。

（42）机场协同决策（Airport Collaborative Decision Making，A-CDM）即协同决策理念应用于机场运行。

（43）系统流量管理系统（Collaborative Traffic Flow Management System，CTFMS）是基于协同流量管理的计算机软件系统。

（44）机场协同决策系统（Airport Collaborative Decision Making System，A-CDMS）是基于机场协同决策的计算机软件系统。

（45）信息共享（Information Sharing）是其他 A-CDM 概念要素的基础，必须首先实施。信息共享要素界定了 A-CDM 参与方为了实现共同的情景意识，提高交通事件可预测性，应该共享哪些准确、及时的信息。

（46）里程碑事件（Millstone Approach）是飞行计划或航班运行期间发生的重要事件。

通过对飞行计划以及航班动态数个关键事件节点的跟踪，掌握飞机动态的多个关键事件。一个里程碑事件完成后，将触发下一个事件决策流程，并影响飞机后续的进展以及对后续进展进行预测的准确性。只有在机场实时信息共享概念要素之后，才能成功实施里程碑事件。

（47）可变滑行时间（Variable Taxi Time）指预计航空器从停机位滑行至跑道或从跑道滑行至停机位所用的时间，用以计算 TTOT 或 TSAT，包括 EXIT 和 EXOT。EXIT 包括跑道占用时间与地面滑行时间；EXOT 包括推出开车时间、地面活动时间、定点除冰或机位除冰时间以及跑道外等待时间。在实施可变滑行时间之前，必须首先实施信息共享与里程碑事件等概念要素。

（48）离场前排序概念要素（Pre-departure Sequencing Concept Element）。离场前排序是安排航空器离开停机位（撤轮档和推出）的顺序。不能把这个概念与 ATC 跑道等待点的航空器安排的起飞排序混淆。在实施离场前排序之前，必须实施信息共享、里程碑事件与可变滑行时间等概念要素。

（49）起飞排序（Departure Sequencing）是在考虑了流量管理限制以及本场运行动态的情况下，由机场空中交通管制单位根据限制的优先级排定的起飞顺序或者空中交通管制单位根据 AMAN/DMAN 系统在考虑了流量管制限制优先级的情况下，对起飞顺序的更加精确的安排。

（50）不利条件下的运行（Adverse Conditions Concept Element）。不利条件要素包括在预测到的或未预测到的容量降低期间，对机场容量的协同管理。其目标是在机场协同决策参与方之间形成共同情景意识，为旅客提供更好的信息，提前预测干扰时间，并在干扰时间之后迅速恢复。只有当机场已经实施信息共享、里程碑事件、可变滑行时间以及离场前排序等概念要素之后，才能顺利实施不利条件下的运行要素。

（51）航班更新协同管理（Collaborative Management of Flight Updates Concept Element）在流量管理系统与 A-CDM 系统之间传递航班更新电报（FUM）和离场计划信息（DPI）电报，以加强进离场信息交换的质量。FUM 用来向 A-CDM 提供高质量的预计进场航班信息，DPI 用来向流量管理系统提供高质量的目标动态信息。在与中央流量管理单元合作实施航班更新协同管理概念要素之前，首先要实施信息共享、里程碑事件、可变滑行时间、离场前排序与不利条件下的运行等概念要素。

（52）机场信息共享平台（Airport Information Sharing Platform）可以包括系统、数据库及用户界面。机场信息共享平台是机场运行各参与方共享信息所用的各种手段的总称。

（53）地面服务实际开始的时刻（Actual Commence of Ground Handling Time，ACGT）。

（54）航班的地面服务开始时刻，可以等于 AIBT（实际进机位时刻）。

（55）实际开始除冰时刻（Actual Commencement of De-icing Time，ACZT）。

（56）实际除冰结束时刻（Actual End of De-icing Time，AEZT）。

（57）地面服务结束时刻（Actual End of Ground Handling Time，AEGT）。

（58）航班地面服务结束的时刻，可以等于 ARDT（实际准备好时刻）。

（59）实际地面服务持续时间（Actual Ground Handling Time，AGHT）。

（60）实际上轮档时刻（Actual In-Block Time，AIBT）。

（61）航空器到机位上好轮档的时刻（等于航空公司的 ATA，ACARS=IN）。

（62）实际着陆时刻（Actual Landing Time，ALDT）。

（63）航空器着陆在跑道上的时刻（等于空管部门的 ATA，ACARS=ON）。

（64）机场管理（Arrive Manager，AMAN）利用航班数据，包括飞机类型、位置、飞行速度和上段航路，计算出航班的预计降落时间，并规划出进港次序，通过速度控制来消除低空等待耗油并改进进场航班流的方法和系统。

（65）实际撤轮档时刻（Actual Off-Block Time，AOBT），即航空器从机位推出的时刻（等于航空公司的 ATD，ACARS=OUT）。

（66）实际准备好（推开）时刻（Actual Ready Time，ARDT），即航空器准备好推出开车或在获取放行许可后立刻可以滑出的时刻，满足所有舱门关闭、撤廊桥完成、推车就位、收到许可后可立刻推出/开车的时刻。

（67）实际许可开车时刻（Actual Start Up Approval Time，ASAT），即航空器收到开车许可的时刻。

（68）实际开始登机时刻（Actual Start Boarding Time，ASBT），即旅客登上廊桥或摆渡车的时刻。

（69）实际请求开车时刻（Actual Start Up Request Time，ASRT），即飞行员请求开车的时刻。

（70）实际起飞时刻（Actual Take Off Time，ATOT），即航空器从跑道起飞的时刻（等于空管的 ATD，ACARS=OFF）。

（71）实际过站时间（Actual Turn-Round Time，ATRT）。

（72）实际滑入时间（Actual Taxi-In Time，AXIT）。

（73）实际滑出时间（Actual Taxi-Out Time，AXOT）。

（74）计算起飞时间（Calculated Take Off Time，CTOT），即由相关空管部门根据运行情况，计算并发布的航空器离地时刻。

（75）计算撤轮档时间（Calculated Off-Block Time，COBT）。

（76）离场管理（Departure Manager，DMAN），是一个规划系统。通过考虑多种限制和参数，对每个航班计算 TTOT 和 TSAT 用以改进机场离场流。

（77）预计上轮档时刻（Estimated In-Block Time，EIBT），即航空器预计上轮档时刻（等于航空公司的 ETA）。

（78）预计着陆时刻（Estimated Landing Time，ELDT），即航空器预计接地的时刻（等于空管的 ETA）。

（79）预计撤轮档时刻（Estimated Off-Block Time，EOBT）。

（80）预计起飞时刻（Estimated Take Off Time，ETOT）。

（81）预计过站时间（Estimated Turn-Round Time，ETRT）。

（82）预计进港滑行时间（Estimated Taxi-In Time，EXIT），即预计从着陆到上轮档的时间。

（83）预计出港滑行时间（Estimated Taxi-Out Time，EXOT），即预计从撤轮档到起飞的滑行时间。

（84）最小过站时间（Minimum Turn-round Time，MTRT），即由航空承运人及地面服务单位认可并提供的特定航班或机型的最小过站时间。

（85）计划上轮档时刻（Scheduled In-Block Time，SIBT），即航空器计划进入（首次分配的）机位的时刻。

（86）计划撤轮档时刻（Scheduled Off-Block Time，SOBT）。

（87）目标撤轮档时刻（Target Off-Block Time，TOBT），即航空承运人或地面服务单位预计的航空器将要准备好，所有舱门关闭、撤廊桥完成、推车就位、收到许可后可立刻推出/开车的时刻。

（88）目标许可开车时刻（Target Start Up Approval Time，TSAT），即管制员根据交通状况，考虑了 TOBT、CTOT 后给出的航空器预计许可开车时刻。

（89）目标着陆时刻（Target Landing Time，TLDT），即由进场管理程序根据跑道序列及约束条件生成的过跑道入口目标时刻。该时刻并不是一个硬性要求，而是经过优化的着陆时刻，用以完成起降航班的协同。

（90）目标起飞时刻（Target Take Off Time，TTOT）。

（91）协同起飞时间（Coordination Departure Time，CODT）。

附录 B 机场指挥员

一、四级机场运行指挥员

1.1 航班信息处置

1.1.1 航班动态信息处置

（1）能力要求

①能接收并通过航班发布系统向各保障部门发布已知的出港航班机号变更、上客、起飞等信息。

②能依照航班信息修改流程处理进港航班机号变更、起飞、落地信息。

③能按照程序传递和发布当日航班延误信息。

④能处理当日要客信息。

⑤能使用地面专用通信设备进行规范通话。

（2）相关知识

①与本场相关的各航线飞行时间。

②进出港航班信息分类。

③各类机型的基本参数。

④机场要客保障工作的基本要求。

⑤地面专用通信设备的使用方法。

⑥代码共享航班、内部代号共享航班的知识。

1.1.2 航班计划制定

（1）能力要求

①能依照临时航班调整程序，调整当日临时飞行计划。

②能处理要客计划。

③能处理航空公司通知的次日飞机号变更信息。

（2）相关知识

当日临时变更飞行计划的工作程序。

1.2 航班运行保障管理

1.2.1 航班保障管理

（1）能力要求

①能填写航班作业进程图表。

②能依据航班作业进程图表安排航班生产的保障工作。

③能操作视频监控设备并监控航班运行秩序。

④能巡查航班保障现场。

（2）相关知识

①机场、航班及机号代码。

②航班作业进程图表设计原理。

③航空器地面作业流程。

④机坪地面设备功能。

⑤视频监控设备使用要求。

⑥机场内安全车辆驾驶规定。

1.2.2　运行信息处置

（1）能力要求

①能按照运行信息处置的程序，接收联检部门、机组、航空公司运控部门及机场保障部门的信息。

②能识别外部信息是否为不安全事件信息。

（2）相关知识

①驻场单位工作范围的划分方法。

②候机楼及飞行区设施、设备的布局及功能。

③不安全事件种类。

1.2.3　航班正常性统计

（1）能力要求

①能记录每日航班生产数据。

②能汇总航班生产数据。

③能根据航班进程图表分析航班延误原因。

（2）相关知识

①航空器地面作业时间要求。

②航班生产数据录入的规范要求。

1.3　运行资源管理

1.3.1　机位分配

（1）能力要求

①能识别机型代码。

②能辨识航班类型及性质。

③能按既定分配规则安排机位。

（2）相关知识

①机型代码。

②航班分类方法。

③机场机位分配规则。

④航空器对机位的要求。

1.3.2　行李转盘分配

（1）能力要求

①能分配行李转盘。

②能根据机位变化、流程变化和设备状况调整行李转盘的分配方案。

（2）相关知识

①行李转盘的类型及功能。

②行李转盘与机位的对应关系。

③到达旅客流程。

1.3.3 候机区、登机口分配

（1）能力要求

①能安排候机区、登机口。

②能根据机位的变化调整候机区、登机口。

③能根据航班保障要求分配和调整候机区、登机口。

（2）相关知识

①候机区、登机口的作用。

②候机区、登机口与机位的对应关系。

③出发旅客流程。

④航班保障流程。

1.4 机坪运行管理

1.4.1 机坪交通管理

（1）能力要求

①能目测车辆运行速度。

②能使用测速装置测量车辆行驶速度。

③能使用呼出气体酒精含量测量仪，对航空器活动区机动车驾驶员进行酒精含量的测量。

④能辨识机坪内各种交通标识和标志。

⑤能识别各类人员、车辆飞行区通行证的真伪、有效期限、准入区域。

⑥能填写机坪交通管理的安全及违章报告表格或记录。

⑦能判别车辆是否违章行驶。

⑧能对机坪堵塞进行疏导。

（2）相关知识

①《民用机场航空器活动区道路交通安全管理规则》中关于机坪交通管理的要求。

②手持式雷达测速仪操作规程。

③呼出气体酒精含量测量仪操作规程。

④机坪道路交通标识和标志的规定。

1.4.2 机坪设施设备监控

（1）能力要求

①能辨识机坪专用设备。

②能根据机坪设施设备的技术性能判断其是否可安全使用。

③能检查机坪设备的违章摆放情况，根据规定通报设备主管部门进行整改。

④能辨识机坪设备摆放区标识线。

⑤能填写机坪监控检查设备报告表格或记录。

⑥能操作视频监控设备监控机坪设施设备。

（2）相关知识

①机坪设施设备的结构及使用性能。

②《民用机场航空器活动区道路交通安全管理规则》中关于机坪设备管理的要求。

③机坪设备摆放区标识线标准。

④视频监控设备的使用知识。

1.4.3　航空器地面运行监控

（1）能力要求

①能判断航空器试车类型。

②能识别航空器试车现场安全措施的完整性。

③能填写安全报告表格或记录。

（2）相关知识

航空器试车规定。

1.4.4　不停航施工

（1）能力要求

①能按照规定的联络程序与施工单位建立联系。

②能对进入不停航施工区域的车辆进行引导。

③能安排施工单位进出施工现场的时间。

（2）相关知识

①航空器活动区不停航施工区域通信管理规定。

②机场施工车辆要求。

③本场不停航施工组织方案。

1.4.5　环境管理

（1）能力要求

①能辨识机坪外来物。

②能判断机坪污渍类型，并组织机坪清洁人员按处置规范进行清理。

③能填写机坪外来物侵入的情况报告、表格或记录。

④能辨识机坪作业人员作业时所具备的安全设施是否有效。

（2）相关知识

①机坪外来物管理知识。

②机坪污渍清理方法及要求。

③机坪清洁人员安全工作流程。

1.4.6　航空器引导

（1）能力要求

①能收集需引导航班预达时刻和机位信息。

②能使用通信工具和规定用语与塔台和机场运行指挥中心进行联系。

③能检查航空器引导车、对讲机、警示灯等工作状况是否正常。

④能按规定路线、速度进行引导服务。

⑤能填写引导单（表）。

⑥能对引导过程中航空器偏离正常滑行路线、其他非法侵入航空器滑行路线等异常情

况进行处置。

（2）相关知识

①供航空器使用的标志牌和标识。

②机坪机位设置的要求。

③手持对讲机和车载通信设备的使用规程。

④航空器引导车安全检查方法。

1.5 应急救援管理

1.5.1 应急救援信息处置

（1）能力要求

①能记录、报告紧急情况信息。

②能收集航空器紧急事件中该航空器中旅客、机组及航空器状况等信息。

③能按规定填写救援记录表。

④能根据救援等级在规定时间内向各救援保障部门下达救援指令，并向上级报告。

（2）相关知识

①航空器紧急事件的报告程序。

②航空器紧急事件的信息收集方法。

③紧急事件记录表格填写要求。

1.5.2 应急救援现场处置

（1）能力要求

①能对救援现场进行摄录。

②能通报和记录救援工作进展情况。

（2）相关知识

①现场指挥所设备操作要求。

②救援现场摄录技术要求。

③救援工作通报方法。

二、三级机场运行指挥员

2.1 航班信息处置

2.1.1 航班动态信息处置

（1）能力要求

①能处理国内航班备降、返航、取消信息。

②能处理国际航班备降、返航、取消信息。

③能在大面积航班延误情况下处理航班信息。

④能识读民用航空飞行动态固定电报格式（AFTN）。

⑤能通过专用通信设备分辨空中交通管制中陆空中文通话内容的正确性。

⑥能识读二次雷达信息。

（2）相关知识

①航班备降、返航和取消的工作流程。

②航班延误原因的分析方法。

③机场最低起降标准。

④机场的空中走廊分布。

⑤民用航空飞行动态固定电报格式（AFTN）。

⑥空中交通管制中陆空中文通话用语。

⑦二次雷达工作原理。

2.1.2　航班计划编制

（1）能力要求

①能编制次日定期航班计划。

②能编制次日代码共享航班计划。

③能编制次日不定期航班计划。

④能编制次日补班计划。

（2）相关知识

①机场次日定期航班计划的编制方法。

②机场次日不定期航班计划的编制方法。

③机场次日补班计划的编制方法。

2.2　航班运行保障管理

2.2.1　航班保障管理

（1）能力要求

①能根据航班实际作业情况，发布登机指令。

②能通过规定处理程序，解决航班延误问题。

③能在规定的时段内完成不正常航班和备降航班的协调及保障工作。

（2）相关知识

①机场地面服务英语。

②民航国际、国内客运及货运规定。

③海关、边检、检验检疫等部门关于旅客、机组和货物的相关规定。

2.2.2　特殊航班保障

（1）能力要求

①能识别并安排要客航班的保障。

②能根据备降航班、大面积不正常航班信息，启动相应的保障程序或预案。

③能按照临时飞行的组织程序，为急救、救灾、公务飞行等临时航班飞行提供保障服务，并发布地面放行指令。

（2）相关知识

①中国民用航空局要客规定。

②要客保障流程。

③面积不正常航班保障办法。

④临时包机保障流程。

⑤备降航班保障流程。

2.2.3　运行信息处置

（1）能力要求

①能处理旅客、设施、设备等不构成不安全事件的异常信息。

②能处理机组及航空公司运控部门协议外的非例行服务需求。

（2）相关知识

①候机楼及飞行区设施、设备操作规程。

②航空器特殊情况下的清舱、排污等非例行服务办法。

2.2.4 航班正常性统计

（1）能力要求

①能提交本场航班正常性统计报告。

②分析航班进程图表，并确定航班不正常延误原因和责任部门。

③能对航班延误数据进行分类统计，计算本场航班保障正常率、航班放行正常率。

（2）相关知识

①航班数据统计和分析方法。

②航班正常性统计规定。

③计算机统计工具使用方法及图表制作方法。

2.3 运行资源管理

2.3.1 机位分配

（1）能力要求

①能根据保障要求分配和调整机位。

②能根据如医疗急救、特殊救援设备的运输的特殊航班处理要求，确定相应机位。

③能在机位分配系统出现故障的情况下，人工分配机位。

④能在机位分配系统及航班信息系统出现故障的情况下，使用电话等通信方式发布机位分配信息。

（2）相关知识

①普通航班与特殊航班的保障规程。

②机位使用优先原则。

③划定特殊机位的方法。

④机场的机位分配应急预案。

⑤机场特殊情况下的信息流程。

⑥应急通信方法。

⑦甘特图原理。

2.3.2 数据维护

（1）能力要求

①能采集运行资源数据。

②能录入、更新、校验机位、行李转盘等运行资源的数据。

（2）相关知识

①机场日常运行的资源。

②机位分配基础数据的维护规程。

2.3.3 机位安全管理

（1）能力要求

①能根据机位设计图确定适用机型。

②能辨识机位的安全性。

（2）相关知识

①航空器停放的最小净距。

②航空器地面作业保障设备使用安全管理规定。

③航空器混停机位的安全规定。

2.4　机坪运行管理

2.4.1　机坪交通管理

（1）能力要求

①能拟定机坪交通管理巡视工作计划。

②能处理机坪车辆及人员的违章行为。

（2）相关知识

①机坪车辆违章的类型及处理方法。

②进入机场跑道、滑行道的通报和管理办法。

2.4.2　航空器地面运行监控

（1）能力要求

①能处理航空器在地面作业中出现的差错。

②能识别航空器在地面拖拽时的安全性。

（2）相关知识

①航空器地面运行中各类问题的处置规定。

②航空器地面拖拽安全操作规程。

2.4.3　不停航施工

（1）能力要求

①能检查施工围栏设置、车辆标识等施工组织方案的执行情况。

②能编写有关不停航施工的航行通告。

（2）相关知识

①民用航空情报工作规则相关知识。

②机场控制区证件管理有关知识。

③不停航施工开工和停工恢复现场的有关安全要求。

2.4.4　航空器引导

（1）能力要求

①能编写航空器引导服务程序。

②能对被引导航空器的数量及种类进行统计分析。

（2）相关知识

①机场航空器引导知识。

②民用航空器维修地面安全（MH/T 3011—2006）。

③民用航空器维修管理规范（MH/T 3010—2006）。

2.5　应急救援管理

2.5.1　应急救援信息处置

（1）能力要求

①能确定发生紧急情况时航空器的停放位置。

②能判断航空器紧急事件的类型及危险程度，并确定救援等级。

③能判断非航空器紧急事件的严重程度，并根据规定程序启动相应预案。

④能评估紧急事件对机场运行的影响。

⑤能整理机场限制运行或关闭的航行通告。

（2）相关知识

①航空器紧急事件的等级及工作程序。

②航空器故障分类及其影响。

③航空器事件与非航空器事件的分类方法。

④航行通告的原始资料提供方法。

2.5.2　应急救援现场处置

（1）能力要求

①能在规定时间内建立现场指挥所。

②能规定各救援部门在现场集结的位置。

③能对集结待命等级救援事件进行现场的组织实施。

④能确定外部救援力量进入救援现场的路线和集结位置。

（2）相关知识

①现场指挥所设立的要求。

②各救援部门现场集结位置的安排方法。

③集结待命等级救援事件的处置程序。

④外援力量的职责。

2.5.3　应急救援演练

（1）能力要求

①能指挥本部门进行应急救援桌面演练和单项演练。

②能对本部门应急救援桌面演练、单项演练工作进行评估。

（2）相关知识

应急救援桌面演练、单项演练工作方法。

2.5.4　应急救援日常管理

（1）能力要求

①能更新应急救援各保障部门和驻场单位的通信联络表。

②能修订互援协议。

（2）相关知识

机场外部救援单位及人员基本情况档案和保障协议的编制方法。

三、二级机场运行指挥员

3.1　航班信息处置

3.1.1　航班动态信息处置

（1）能力要求

①能根据应急程序处置航班信息系统故障。

②能对机场当日航班情况进行汇总。

③能对航班信息系统出现故障后的应急处置工作进行分析、总结并提出改进意见。

④能编写、修订机场信息系统故障应急处置预案。

（2）相关知识

①航班信息系统故障应急处置预案。

②空中交通管制人员与飞行员之间的英语对话。

③机场信息系统知识。

3.1.2　航班计划编制

（1）能力要求

①能编制机场航班季度计划。

②能编制非定期、临时航班计划。

（2）相关知识

①航季定期航班计划编制原则。

②非定期、加班、包机等航班计划编制原则。

3.1.3　信息维护

（1）能力要求

①能维护机场三字、四字代码数据。

②能维护航空公司二字、三字代码数据。

③能维护飞机号、机型数据以及航班属性数据。

（2）相关知识

机场、航空公司代码及飞机代号的维护方法。

3.2　航班运行保障管理

3.2.1　航班保障管理

（1）能力要求

①能编制航班作业进程图表。

②能编制航班保障监管程序。

（2）相关知识

①航空器地面作业知识。

②航班过站时间规定。

③民用航空器地面保障程序。

3.2.2　特殊航班保障

（1）能力要求

①能根据专机保障的要求编制预案，运用专机保障程序，组织并实施。

②能根据重大航空运输保障预案，运用重大航空运输任务保障程序，组织并实施。

③能根据实际情况调整临时包机保障计划。

④能按照包机协议和临时包机程序安排保障单位工作。

（2）相关知识

①中国民用航空专机工作细则。

②专机和重大航空运输任务保障流程。

③专机机坪位置设置要求。

④签订临时协议的要点。

3.2.3　运行信息处置

（1）能力要求

①能分析处理旅客、设施、设备等异常所构成不安全事件或事故的信息。

②能处理航空器地面作业不正常情况信息。

（2）相关知识

①民用航空安全信息管理规定。

②设施、设备、车辆应急处置办法。

3.2.4　航班正常性统计

（1）能力要求

①能拟定本场航班正常性统计实施细则。

②能制定改进本场航班正常性的措施建议。

（2）相关知识

①国际民航组织、中国民用航空局有关的运行统计方法。

②航班正常性统计评价方法及相关知识。

3.3　运行资源管理

3.3.1　统计分析

（1）能力要求

①能计算机位利用率、桥位利用率。

②能分析机位安排的合理性。

③能提出机位、桥位安排的优化建议。

（2）相关知识

机位利用率、桥位利用率计算方法。

3.3.2　规则制定

（1）能力要求

能拟定机场资源分配优先原则及细则。

（2）相关知识

机场资源使用的基本要求。

3.4　机坪运行管理

3.4.1　机坪交通管理

（1）能力要求

①能编制机坪交通管理检查单及相关表格。

②能处理航空器活动区内车辆与车辆、车辆与人员等一般交通事故。

③能编制机坪内特殊活动的现场保障方案。

（2）相关知识

①机坪交通事故等级标准。

②机坪内特殊活动的组织和处理要求。

3.4.2　不停航施工

（1）能力要求

①能拟定机场管理机构与工程建设施工单位、空中交通管理部门签订的安全保证责任书。

②能拟定不停航施工项目实施时对机场管理机构保证飞行安全和航班正常的安全措施。

③能编制关于调整航空器起降架次和航班运行时间的申请文件。

（2）相关知识

安全保证责任书的要素。

3.4.3　航空器地面运行监控

（1）能力要求

①能拟定机场低能见度运行方案。

②能拟定本场航空器地面运行规则。

（2）相关知识

①机场低能见度运行规定。

②空中交通管理规则。

3.4.4　环境管理

（1）能力要求

①能拟定航空器除冰、除雪、除霜作业程序。

②能拟定机坪除冰、除雪的作业程序。

（2）相关知识

①航空器除冰、除雪、除霜作业知识。

②场道除冰、除雪相关知识。

3.5　应急救援管理

3.5.1　应急救援信息处置

（1）能力要求

①能拟定紧急情况下受到影响的其他航班临时运行保障方案。

②能提出是否需要外援力量以及外援救援方案的建议。

③能提出本场限制运行或关闭的建议。

④能按程序恢复机场运行。

（2）相关知识

①航班的临时运行保障方案制定方法。

②机场关闭与限制运行。

③恢复机场运行的程序。

3.5.2 应急救援现场处置

（1）能力要求

①能根据应急救援现场情况调整救援方案。

②能根据航空器残损情况，确定残损航空器的搬移方案。

③能编写应急救援工作情况报告。

（2）相关知识

①紧急启动等级应急救援事件处置程序。

②残损航空器搬移知识。

③候机楼应急疏散工作程序。

3.5.3 应急救援演练

（1）能力要求

①能拟定应急救援桌面演练和单项演练方案。

②能指挥实施应急救援综合演练。

（2）相关知识

①应急救援桌面演练和单项演练方案编写方法。

②各单位工作职责及救援工作程序。

3.5.4 应急救援日常管理

（1）能力要求

①能撰写应急救援工作总结报告。

②能编写救援指挥中心应急救援实施细则。

③能对救援保障设备进行日常检查。

④能组织修订机场应急救援方格网图、机场平面图、应急救援信息传递图。

（2）相关知识

①救援设备配备标准。

②救援保障设备维护、操作规程。

③机场应急救援方格网图、机场平面图、应急救援信息传递图的绘制要求。

3.6 业务培训

3.6.1 操作指导

（1）能力要求

能对四级、三级机场运行指挥员的技能操作进行指导。

（2）相关知识

①培训教案编写要求。

②案例教学方法。

③专项培训计划编制方法。

3.6.2 理论培训

（1）能力要求

①能编写培训教案。

②能对四级、三级机场运行指挥员进行理论知识培训。

（2）相关知识

①培训教案编写要求。

②案例教学方法。

③专项培训计划编制方法。

四、一级机场运行指挥员

4.1 航班运行保障管理

4.1.1 特殊航班保障

（1）能力要求

①能拟定本场专机保障预案。

②能拟定本场重大航空运输任务保障预案。

③能编写本场专机保障和重大航空运输任务保障总结。

④能拟定本场临时包机保障程序。

⑤能拟定本场备降航班、大面积不正常航班保障程序或预案。

（2）相关知识

①重要航班保障规定。

②专机相关保障单位工作流程。

4.1.2 运行信息处置

（1）能力要求

①能编制航班运行信息报告程序。

②能拟定航班运行信息处置规则。

（2）相关知识

①中国民用航空局机场运行的规章。

②不安全事件处置及调查程序。

4.2 运行资源管理

4.2.1 资源预测

（1）能力要求

①能根据本场运行的实际统计数据，预测航空运输对本场运行资源需求。

②能根据本场运行资源的使用率，提出改进运行资源使用的方案。

（2）相关知识

①航空市场分析与预测知识。

②运行资源需求分析与预测知识。

③撰写调查报告的方法。

4.2.2 机位设计

（1）能力要求

①能设计隔离机位。

②能在机场现有布局上设计临时机位。

（2）相关知识

①隔离机位技术要求。

②航空器滑行、停放要求。

4.3　机坪运行管理

4.3.1　机坪交通管理

（1）能力要求

①能编制本场的机坪交通管理规定。

②能分析评价机坪交通管理状况，制定改进方案。

（2）相关知识

机坪道路规划相关知识。

4.3.2　机坪设施设备监控

（1）能力要求

①能分析评价机坪设施设备放置存在的问题。

②能拟定机坪设施设备放置的优化方案。

（2）相关知识

①机坪设施设备放置要求。

②机坪设施设备使用性能。

4.3.3　不停航施工

（1）能力要求

能根据《民用机场不停航施工管理规定》制定本场不停航施工的施工组织方案。

（2）相关知识

《民用机场不停航施工管理规定》。

4.4　应急救援管理

4.4.1　应急救援演练

（1）能力要求

①能对应急救援综合演练进行讲评。

②能拟定应急救援综合演练方案。

（2）相关知识

应急救援综合演练方案编写方法。

4.4.2　应急救援日常管理

（1）能力要求

①能编写机场应急救援总体计划。

②能审核本场各救援保障部门的应急救援实施预案。

③能对本场的应急救援保障工作进行评估并提出改进建议。

（2）相关知识

中国民用航空局应急救援规则。

4.5　业务培训

4.5.1　操作指南

（1）能力要求

能对二级机场运行指挥员进行操作指导。

（2）相关知识

①培训大纲编写要求。

②培训讲义编写方法。

③机场运行指挥理论与实践发展的前沿知识。

④培训的组织实施程序。

4.5.2　理论培训

①能编写教学培训大纲。

②能对二级机场运行指挥员进行理论培训。

③能制定培训计划和培训管理制度。

附录 C 机场运行的主要数据表

表一：航班长期计划表（DT_LONGPLAN）

主要属性有：航班号、下行航班号、机号、机型代码、进出港、地域、起飞机场、经停机场、目的机场、起飞时间、抵达时间、周一飞否、周二飞否、周三飞否、周四飞否、周五飞否、周六飞否、周日飞否、有效开始时间、有效结束时间、航空公司代码、任务性质。

表二： 次日计划（DT_NXTDYPLN）

主要属性有：航班标识号、航班号、下行航班号、机号、机型、进出港、地域、起飞机场、目的机场、起飞时间、抵达时间、航空公司、任务性质、执行日期。

表三： 航班动态（DT_PLTINFOR）

主要属性有：航班标识号、航班号、下行航班号、机号、机型、进出港、地域、起飞机场、目的机场、起飞时间、抵达时间、贵宾级别、航空公司、任务性质、航班状态、原因。

表四： 贵宾计划（DT_VIPINFOR）

主要属性有：航班标识号、贵宾级别、贵宾列表、计划日期。

表五：航空报文（DT_TELEGRAM）

主要属性有：报文流水号、报文类型、报文日期、报文时间段、计划序号、航班性质、航班号、第二个航班号、实际架数、飞机型号、起飞机场、目的机场、第二目的机场、起飞时间、第二个航班起飞时间、航班降落时间、飞机注册号、是否有贵宾。

表六：机位分配结果（DT_BTHASSGN）

主要属性有：航班标识号、机位号、开始占用时间、结束占用时间。

表七：值机柜台分配结果（DT_CHKASSGN）

主要属性有：航班标识号、柜台 1 代号、柜台 2 代号、柜台 3 代号、柜台 4 代号、开始占用时间、结束占用时间。

表八： 登机门分配结果（DT_GTEASSGN）

主要属性有：航班标识号、登机门 1 代号、登机门 2 代号、开始占用时间、结束占用时间。

表九：行李带分配结果（DT_BLTASSGN）

主要属性有：航班标识号、行李带带号、开始占用时间、结束占用时间。

表十：贵宾室分配时间（DT_VIPRMASSGN）

主要属性有：航班标识号、贵宾代号、贵宾室代号、开始占用时间、结束占用时间。

表十一：运营调度计划（DT_OSS_PLN）

主要属性有：航班 ID、命令 ID、预计开始时间、预计结束时间、负责部门 ID、占用资源、执行人员、对讲机号、备注。

表十二：运营调度动态（DT_OSS_DYNA）

主要属性有：航班 ID、命令 ID、命令状态、预计开始时间、预计结束时间、实际开始时间、实际结束时间、负责部门 ID、占用资源、执行人员、对讲机号、备注。

表十三：调度人员信息（DT_OSS_WORKER）

主要属性有：航班标识号、人员呼号、人员代码、姓名、电话、所在岗位。

表十四：值班人员信息表（DT_ONDUTY）

主要属性有：部门号、岗位号、值班人员号、办公室电话、个人电话、部门级别、备注。

表十五：天气情况（DT_WTHINFOR）

主要属性有：城市代码、天气状况（阴、雨等）、温度、湿度、风力风向。

表十六：旅客（DT_PASNGERS）

主要属性有：旅客标识号、各舱旅客人数。

表十七：货邮（DT_INVOICES）

主要属性有：航班标识号、总重量、数量。

表十八：调度终端信息（PT_TERMS）

主要属性有：调度终端代码、调度终端描述、终端的 IP、终端的 PORT。

表十九：指令信息表（PT_CMDDES）

主要属性有：命令 ID、命令描述、命令类型、部门号、岗位号、起始时间差、结束时间差、时间参考点。

表二十：指令状态信息表（PT_CMANDSTS）

主要属性有：状态 ID、状态描述、执行动作、后续动作。

表二十一：消息定义（PT_MSGDEF）

主要属性有：消息代码、消息描述。

表二十二：航班性质代码（PT_FLTATTR）

主要属性有：航班性质代码、航班性质描述。

表二十三：航班状态代码（PT_FLTSTTUS）

主要属性有：航班状态代码、航班状态描述。

表二十四：航班原因代码（PT_FLTREASN）

主要属性有：航班原因代码、航班原因描述。

表二十五：航空公司代码（PT_AIRCMPNY）

主要属性有：航空公司两字代码、三字代码、中文描述、英文描述。

表二十六：飞机参数（PT_PLANEINF）

主要属性有：机型代码、机型描述、值机时间、机位停放时间、行李带使用时间、登机门使用时间、值机柜台数量、行李带数量、登机门数量。

表二十七：机位信息表（PT_BTHINFOR）

主要属性有：机位代号、停放机型列表、远近机位、优先级、是否可用。

表二十八：值机柜台（PT_CHKINFOR）

主要属性有：值机柜台代号、租赁公司、租赁开始日期、租赁结束日期、是否可用。

表二十九：登机门（PT_GAEINFOR）

主要属性有：登机门代码、是否可用。

表三十：行李带（PT_BLTINFOR）

主要属性有：行李带代号、是否可用。

表三十一：贵宾室（PT_VIPRMS）

主要属性有：贵宾室代号、是否可用。

表三十二：城市代码（PT_CITYINFOR）

主要属性有：城市代码、城市名称。

表三十三：部门（PT_DETPS）

主要属性有：部门代码、部门名称。

表三十四：工作人员（PT_WORKERS）

主要属性有：代码、口令、姓名、性别、部门代码、是否有效、有效日期。

表三十五：岗位信息（PT_POSITIONS）

主要属性有：岗位代码、描述、类型、调度终端代码。

表三十六：系统信息（PT_SUBSYSS）

主要属性有：系统代码、名称、系统权限标识字。

表三十七：设备信息（PT_DEVINFOR）

主要属性有：设备代码，设备名称、设备状态、设备启动时间、设备关闭时间。

表三十八：设备状态表（PT_DEVSTTS）

主要属性有：设备名称、设备是否可用。

表三十九：报文类型（PT_TELTYPE）

主要属性有：报文类型代码、报文类型描述、报文飞机类型编码。

表四十：报文飞机类型（PT_TELPLANTYP）

主要属性有：报文飞机类型代码、报文飞机类型描述、报文飞机类型编码。

表四十一：报文机场表（PT_TELARPT）

主要属性有：报文机场代码、报文机场描述、报文机场编码。

表四十二：报文航班类型（PT_TELFLTTYP）

主要属性有：报文航班类型代码、报文航班类型描述、报文航班类型编码。

有了上述这些表后，下一步就要给出各个子系统的数据库模型图。

表四十三：基地详细信息表（航空公司）（BASE_V）

主要属性有：基地代码、机型组代码、机组、乘务标识（Y：机组，N：乘务）、生效日期、失效日期、描述、备注。

表四十四：机组人员基本信息表（CREW_V）

主要属性有：员工号、拼音全名、姓名、性别、日期、聘用日期、退休日期、终止聘用日期、飞行员/乘务员标识、获得 EROPS 日期（只适用于飞行员）、EROPS 失效日期、备注、国籍。

表四十五：货运信息表（GOODS）

主要属性有：航班号、货物件数、货物起始地、货物目的地、货物重量、货物价值、货物性质、是否有索赔、索赔原因、索赔金额、备注。

表四十六：旅客信息表（PEOPLE）

主要属性有：航班号、姓名、性别、住址、身份证、行李件数、行李重量、是否是 VIP、备注。

表四十七：机场信息表（AIRPORT）

主要属性有：机场代号、机场名、机场位置、机场登机门描述、机场行李带分配描述、机场值机柜台描述、机场停机位描述、机场跑道描述、机场塔台描述、备注。

表四十八：机场员工基本信息（CREW_AIRPORT）

主要属性有：员工号、机场代码、生效日期、失效日期、性别、住址、身份证、备注。

表四十九：机场员工职别基本信息（CREW_ROLE）

主要属性有：员工号、职别代码、职别任务、任务完成情况记录、奖励、惩罚、备注。

附录 D 练 习 题

练 习 题 一

一、填空

1. 根据现有运行规则，日常情况下（不含大面积延误）航班延误只针对_____港航班进行发布。

2. 根据运行标准，出港航空器从接到空管允许推出指令到航空器实际推出不宜超过_____分钟。

3. 民航局 208 号令规定：在机场运行期间，各参加应急救援的单位在保障_____的同时，应按照相关标准要求保持有足够的应对突发事件的救援人员。

4. 如出港航班发生二次返航，添加返航航班计划时，航班号的发布规则是在原航班号后加字母_____。

5. 机场运控中心应急救援处置重点在于：快速、准确启动预案，并将启动预案指令发布出去；到达现场后，在上风口建立_____，将各单位指挥官组织在一起，提供最新信息，并要求专业指挥做出专业决策，不同阶段组织其他单位配合专业指挥工作。

6. 发生重大事件，国家采取必要措施降低可能的危害程度，从而影响航班正常，导致航班延误。以上情况的延误原因应判定为_____。

7. 民航局 208 号令规定：机场突发事件应急救援预案应当按照本规则的规定经相应_____批准后实施。

二、单项选择

1. 在航班预计到达（   ）分钟内进行机位调整时，运控中心机位分配员需将变更信息通知塔台及相应航空公司或代理。

    A. 15   B. 25   C. 30   D. 60

2. 对于停放在近机位的一般航班，其落地等待机位时间不得超过（   ）分钟，航空公司提出的超出该标准的申请一律不予采纳，航空公司应服从机场安排。

    A. 5   B. 10   C. 15   D. 30

3. 实施地面交通管制，保障救援通道畅通是（   ）的职责。

    A. 机场公安机关   B. 机场保安人员

    C. 驻场武警部队   D. 机场地面保障部门

4. 机场管理机构应当按照（   ）的要求配备机场飞行区消防设施，并应保证其在机场运行期间始终处于适用状态。

    A. 《民用运输机场应急救护设施配备》

    B. 《民用航空运输机场消防站消防装备配备》

    C. 《民用航空运输机场飞行区消防设施》

D. 《民用机场管理条例》

5. E 类机型翼展范围为（　　　）。

A. 24 米≤翼展<36 米　　　　　B. 36 米≤翼展<52 米

C. 52 米≤翼展<65 米　　　　　D. 65 米≤翼展<80 米

6. 按照机位分配优先规则，对下列航班优先顺序从高到低进行排列：①出港航班②过站航班③进港航班（　　　）。

A.①②③　　　　　　B.③①②　　　　　C.②①③

7. 客舱门关闭时间标准：不晚于（　　　）。

A. 航班计划起飞时间前 10 分钟

B. 航班计划起飞时间前 5 分钟

C. 航班计划起飞时间

D. 航班计划起飞时间后 30 分钟

8. 对于机场制定的航班延误信息发布标准，下列说法正确的是（　　　）。

A. 日常只针对出港航班

B. 日常只针对进港航班

C. 日常只针对航空公司电话通知的航班

D. 日常只针对华北空管局发送的延误航班

9. 应急救援处置现场，各指挥部位置应距事故中心现场（　　　）米外；以指挥中心为基准各指挥部间保持 20 米左右距离。

A. 60　　　　　B. 80　　　　　C. 100　　　　　D. 120

10. 下列不属于机场应急救援工作领导小组职责的是（　　　）。

A. 确定机场应急救援工作的总体方针和工作重点

B. 审核机场突发事件应急救援预案及各应急救援成员单位之间的职责

C. 审核确定机场应急救援演练等重要事项

D. 协调地方消防部门的应急支援工作

11. 以下不属于机场消防部门在机场应急救援工作中的主要职责的是（　　　）。

A. 救助被困遇险人员，防止起火，组织实施灭火工作

B. 根据救援需要实施航空器的破拆工作

C. 协调地方消防部门的应急支援工作

D. 负责将罹难者遗体和受伤人员移至安全区域

E. 记录伤亡人员的伤情和后送信息

12. F 类机型翼展范围为（　　　）。

A. 24 米≤翼展<36 米　　　　　B. 36 米≤翼展<52 米

C. 52 米≤翼展<65 米　　　　　D. 65 米≤翼展<80 米

13. 对于停放在近机位但属于机场要客保障级别的航班，接到落地等待通知后，（　　　）分钟内做出更改机位决定。

A. 5　　　　　B. 10　　　　　C. 15　　　　　D. 30

14. 下列（　　　）不符合机场的英文显示要求。

A. NewYork;Shanghai　　　　　B. Hongqiao

C. Beijing   D. QINGDAO

15. 按照机位分配优先规则，（　　）类优先于（　　）类优先于（　　）类机型航班。

A. DCE   B. CDE   C. ECD   D. EDC

16. 航班信息处理时，若执行变更航站楼操作需要（　　）。

A. 删除原航班，重新添加计划

B. 不进行任何操作，直接通知航站楼航显

C. 直接变更航站楼

D. 进行航班取消，重新添加计划

17. 发生应急救援突发事件时，原则上机场运控中心值班经理应根据（　　）进行人员分工。

A. 岗位职责   B. 应急救援预案

C. 操作检查单   D. 领导指示

18. 在应急救援工作中负责货物、邮件和行李的清点和处理工作是（　　）的主要职责之一。

A. 机场公安机关   B. 航空器营运人或其代理人

C. 机场地面保障部门   D. 机场消防部门

19. 民航局 208 号令未依据的法规是（　　）。

A. 中华人民共和国民用航空法

B. 中华人民共和国突发事件应对法

C. 民用机场管理条例

D. 民用机场运行安全管理规定

20. 下列（　　）类任务性质的航班航显系统不自动接收。

A.正班   B.补班   C.调机   D.加班

21. 对于停放在近机位的一般航班，其落地等待机位时间不得超过（　　）分钟，航空公司提出的超出该标准的申请一律不予采纳，航空公司应服从机场安排。

A.5   B.10   C.15   D.30

22. 航空器营运人或其代理人在应急救援工作中的主要职责是（　　）。

① 在航空器起飞机场、发生突发事件的机场和原计划降落的机场设立临时接待机构与场所，并负责接待和查询工作；

② 负责开通应急电话服务中心并负责伤亡人员亲属的通知联络工作；

③ 负责货物、邮件和行李的清点与处理工作；

④ 航空器出入境过程中发生突发事件时，负责将事件的基本情况通报海关、边防和检验检疫部门。

A. ②④   B. ①②④   C. ①②③   D. ①②③④

23. 对于运输医生或护士前往外站进行急救的航班，如果航班有患者则任务性质发布为（　　）。

A. 急救   B. 调机   C. 军用   D. 正班

24. 机组及乘务组到达机位时间不宜晚于航班预计起飞时间前（　　）分钟。

　　　A. 90　　　　　　B. 75　　　　　　C. 60　　　　　　D. 45

25. 机场管理机构应当设立用于应急救援的（　　　），突发事件发生时，机场塔台和参与救援的单位应当使用专用频道与指挥中心保持（　　　）。

　　　A. 无线电备用频道；经常沟通

　　　B. 无线电备用频道；不间断联系

　　　C. 无线电专用频道；不间断联系

　　　D. 无线电专用频道；经常沟通

26. 以下不属于机场应急救援指挥中心职责的有（　　　）。

　　　A. 组织制定、汇总、修订和管理机场突发事件应急救援预案

　　　B. 按照本规则的要求制定年度应急救援演练计划并组织或者参与实施

　　　C. 根据残损航空器搬移协议，组织或者参与残损航空器的搬移工作

　　　D. 定期或不定期总结、汇总机场应急救援管理工作，向机场应急救援工作领导小组汇报

　　　E. 救助被困遇险人员，防止起火，组织实施灭火工作

27. 如出港航班发生二次返航，则新增 1 个航班，同时删除原航班的（　　　）。

　　　A. 计划起飞时间　　　　　　　B. 预计起飞时间

　　　C. 实际起飞时间　　　　　　　D. 航站

28. 对于运输医生或护士前往外站进行急救的航班，如果只有医生、护士而无患者则任务性质发布为（　　　）。

　　　A. 急救　　　　　　B. 调机　　　　　　C. 军用　　　　　　D. 正班

三、多项选择

1. "四副两高"包括（　　　）。

　　　A. 国家副主席　　　　　　　　B. 国务院副总理

　　　C. 全国政协副主席　　　　　　D. 全国人大常委会副委员长

　　　E. 全国最高人民法院院长

　　　F. 全国最高人民检察院检察长

2. 航班延误原因判定关键节点包括（　　　）。

　　　A. 货舱门关闭　　　　　　　　B. 客舱门关闭

　　　C. 登机口关闭　　　　　　　　D. 登机口开放

3. 根据民航局 208 号令，应急救援中属于公安分局的职责有（　　　）。

　　　A. 指挥参与救援的公安民警、机场保安人员的救援行动，协调驻场武警部队及地方支援军警的救援行动

　　　B. 设置事件现场及相关场所安全警戒区，保护现场，维护现场治安秩序

　　　C. 参与核对死亡人数、死亡人员身份工作

　　　D. 制服、缉拿犯罪嫌疑人

　　　E. 组织处置爆炸物、危险品

4. 关于修改机型和机号，下列正确的选项是（　　　）。

　　　A. 变更机号时，若新机号对应的机型与原机型不同，机型将会同时被更新

　　　B. 直接修改机型时，因为系统无法对应新的机号，所以机号会被置空

C. 对于内航航班，应该修改机号，避免直接修改机型

D. 对于外航航班，一般没有机号，可以直接修改机型

5. 登机口关闭时间标准为（　　　）。

A. 近机位不晚于计划起飞时间前 5 分钟

B. 远机位不晚于计划起飞时间前 5 分钟

C. 航班计划起飞时间前 5 分钟

D. 远机位不晚于计划起飞时间前 10 分钟

6. 以下跑道视程，需要机场启用二类运行的有（　　　）。

A. 400 米　　　　B. 600 米　　　　C. 750 米　　　　D. 1100 米

7. 前飞晚到航班在该机型最少过站时间后 15 分钟（北京、浦东、广州以及境外机场 30 分钟，虹桥、深圳机场 25 分钟，成都、昆明机场 20 分钟）内正常起飞的航班，分别属于（　　　）。

A. 正常放行　　　　B. 航班正常　　　　C. 放行延误　　　　D. 航班延误

8. 下列说法正确的是（　　　）。

A. 航空器航后监护交接在机务航后工作完成，航后监护人员到位后进行

B. 货舱门关闭操作必须在客舱门关闭后进行

C. 使用平台车开启货舱门不宜超过 2 分钟

D. 国内航班客舱门关闭操作在旅客登机完毕且确定无须等候未到旅客、单据交接完毕后进行

9. 民航局 155 号令规定：民用航空器飞行事故发生后，根据国务院授权和《国家处置民用航空器飞行事故应急预案》的有关规定，中国民用航空局负责组织、协调、指挥民用航空器飞行事故的应急处置，按照国家有关规定组织事故调查，并且负责对家属援助工作的（　　　）。

A. 督促　　　　B. 协调　　　　C. 实施　　　　D. 协助

10. 因道面、滑行道等道面损坏或灯光故障导致的航班延误分别属于（　　　）。

A. 空管原因　　　　B. 机场原因　　　　C. 公司原因　　　　D. 天气原因

11. 航班返航后，航班信息维护需要进行的操作有（　　　）。

A. 删除原航班

B. 删除原航班的实际起飞时间

C. 添加此返航飞机的进港记录

D. 添加此返航飞机的出港记录

12. 公共航空运输企业在本企业发生民用航空器飞行事故后，应当对涉及事故的（　　　）提供物质的和精神的援助。

A. 罹难者　　　　B. 幸存者　　　　C. 失踪者　　　　D. 家属

13. 以下对机场区域应急救援方格网图描述正确的是（　　　）。

A. 图示范围应当为机场围界以内以及距机场每条跑道中心点 8 公里范围内的区域

B. 方格网图应当根据机场及其邻近区域范围和设施的变化及时更新

C. 机场内所有参加应急救援的救援车辆中应当配备方格网图

D. 方格网图可以是卫星影像图或者示意图，方格网图应当清晰显示所标注的内容

14. 按照现行航显显示规则，维护静态数据时，若为国内机场，且该机场所在城市有两个及以上的机场与首都机场通航，中文显示（　　）。

A. 城市名称　　　　B. 机场名称　　　　C. 国家名称　　　　D. 所在洲名称

练 习 题 二

一、填空

1. 航空器地面除冰分为机位除冰和_____两种方式。

2. 民航局公布的延误原因分类共计_____大项。

3. 当首都机场进入Ⅱ类运行状态时，北京首都国际机场各应急救援保障单位自动进入_____状态，做好应急救援准备工作，直至北京首都国际机场Ⅱ类运行结束。

4. 民航局208号令规定：应急救援演练分为综合演练、单项演练和_____三种类型。

5. 跑道摩擦系数低于_____时，将实施跑道除雪作业。

6. 根据运行标准，出港航空器从接到空管允许推出指令到航空器实际推出不宜超过_____分钟。

7. 民航局208号令规定：在机场运行期间，各参加应急救援的单位在保障_____的同时，应按照相关标准要求保持有足够的应对突发事件的救援人员。

8. 发生重大事件，国家采取必要措施降低可能的危害程度，从而影响航班正常，导致航班延误。以上情况的延误原因应判定为_____。

9. 民航局208号令规定：本规则适用于民用运输机场（包括军民合用机场民用部分）及其邻近区域内突发事件的应急救援处置和相关_____的工作。

10. 若满足危重患者转运条件，机场医院将信息反馈地面代理，填写《_____》（一式三份），并将其中一份交由承运人或地面代理。

11. 民航局208号令规定：机场突发事件包括航空器突发事件和_____。

12. 民航局208号令规定：机场突发事件应急救援预案应当按照本规则的规定经相应_____批准后实施。

13. 未经民航局或地区管理局主管部门批准，航空公司自行改变航班计划时刻，则延误原因为_____。

14. 根据208号令要求，机场应急救援区域指首都机场控制区内，以及距机场区域_____内。

15. 民航局208号令规定：机场管理机构应当设立机场应急救援指挥管理机构，即机场_____。

16. 民航局208号令规定：突发事件的应急救援响应不分等级。

二、单项选择

1. 如果延误航班由多种相互关联原因造成的，则以导致延误的（　　）作为统计延误原因。

A. 第一原因　　　　　　　　B. 最长延误原因
C. 最后一个延误原因　　　　D. 最短延误原因

2. 为能在第一时间了解航空器在空中发生的紧急情况，指挥中心宜设置（　　）监听设备，并在机场运行期间保持守听，（　　）。

    A. 陆空对话的单向；但不得向该系统输入任何信号

    B. 陆空对话的单向；并直接向机组了解情况

    C. 陆空对话的双向；并直接向机组了解情况

    D. 陆空对话的双向；但不得向该系统输入任何信号

3. 航空器在空中发生故障，随时有可能发生航空器坠毁、爆炸、起火、严重损坏，或者航空器受到非法干扰等紧急事件，机场运控中心应发布（　　）指令。

    A. 原地待命　　　　B. 集结待命　　　　C. 紧急出动　　　　D. 集结出动

4. 下列满足过站时间定义的是（　　）。

    A. 从航空器落地到航空器起飞之间的时间

    B. 从航空器滑至停机坪开启机门至航空器准备工作就绪关机门之间的时间

    C. 从航空器入位到离位之间的时间

    D. 从航空器下客结束到上客开始之间的时间

5. 始发航班客舱清洁操作在（　　）后进行。

    A. 客舱门开启后　　　　　　B. 货舱门开启后

    C. 航空器入位　　　　　　　D. 廊桥对接

6. 机组及乘务组到达机位时间不宜晚于航班预计起飞时间前（　　）分钟。

    A. 90　　　　　　　B. 75　　　　　　　C. 60　　　　　　　D. 45

7. 95%的旅客排队等候安检时间不超过（　　）分钟。

    A. 6　　　　　　　　B. 7　　　　　　　C. 8　　　　　　　D. 9

8. 一般情况下，非应急救援情况不得擅自使用应急救援设备、物资；特殊情况下需要使用应急救援设备时，使用单位须向指挥中心通报，由指挥中心向（　　）请示。

    A. 部门值班领导　　　　　　B. 公司值班领导

    C. 机场应急救援　　　　　　D. 值班经理

9. 实施地面交通管制，保障救援通道畅通是（　　）的职责。

    A. 机场公安机关　　　　　　B. 机场保安人员

    C. 驻场武警部队　　　　　　D. 机场地面保障部门

10. 机场突发事件应急救援预案的修改按照（　　）执行。

    A.《民用机场使用许可规定》

    B.《民用机场管理条例》

    C.《中华人民共和国民用航空法》

    D.《民用机场管理暂行规定》

11. 机场管理机构应当依据本规则制定机场突发事件应急救援预案，该预案应当纳入（　　）突发事件应急救援预案体系，并协调统一。

    A. 民航地区管理局或其派出机构　　　B. 空中交通管理部门

    C. 地方人民政府　　　　　　　　　　D. 应急救援总指挥

12. 民航局 208 号令未依据的法规是（　　）。

    A. 中华人民共和国民用航空法

    B. 中华人民共和国突发事件应对法

C. 民用机场管理条例

D. 民用机场运行安全管理规定

13. （　　）负责进行死亡认定。

    A. 公安分局   B. 急救中心

    C. 航空公司   D. 飞行区管理部

14. 发生突发事件后，机场管理机构应当在尽可能短的时间内将突发事件的基本情况报告（　　）和（　　）。

    A. 地方人民政府；公司领导

    B. 地方人民政府；民用航空管理部门

    C. 突发事件处置主体单位；民用航空管理部门

    D. 突发事件处置主体单位；公司领导

15. 按照运行标准，航空器自落地至入位宜在（　　）分钟内完成。

    A.5   B.10   C.15   D.20

16. 应急救援工作结束后，机场应急救援工作领导小组或者其授权单位或者部门应当及时召集所有参与应急救援的单位对该次应急救援工作进行（　　）。

    A. 事故调查   B. 工作总结

    C. 全面总结讲评   D. 下阶段工作细化

17. 清舱程序中，对（　　）的安全检查，可以在征得机长及代理人同意情况下对其进行特别检查。

    A.要客   B.担架旅客

    C.无法撤离航空器旅客   D.以上均可

18. 大风（　　）色保障：平均风力达到 10 级（风速 24.5m/s）以上，或者阵风 11 级（风速 28.5m/s）以上

    A.红   B.橙   C.黄   D.蓝

19. 航油加注应在（　　）后进行。

    A.旅客下机完毕   B.航空公司代表确认

    C.廊桥对接完毕   D.旅客下机完毕且航空公司代表确认

20. 机场协同决策系统的简称是（　　）。

    A.CMD   B.ACDM   C.SMS   D.ICAO

21. 95%的旅客出、入境边防检查排队等候时间不超过（　　）分钟。

    A.5   B.10   C.15   D.20

22. 在（　　）情况下，应急救援车辆进场应免检。

    A.日常演练   B.原地待命   C.集结待命   D.紧急出动

23. 机场管理机构应当每（　　）至少对该协议进行一次复查或者修订，对该协议中列明的联系人及联系电话，应当每（　　）复核一次，对变化情况及时进行更新。

    A.年；季度   B.半年；季度

    C.年；月   D.季度；月

24. 机场突发事件应急救援预案在向民航管理部门报批前，应当征得（　　）的同意。

    A.空中交通管理部门   B.地方人民政府

C.民航地区管理局或其派出机构　　D.应急救援领导小组

25. 当航空器受到劫持或爆炸物威胁时，机场塔台管制人员应当积极配合（　　）采取有效措施，将该航空器引导到（　　）。

    A. 指挥中心；备用机位

    B. 指挥中心；隔离机位

    C. 公安机关；隔离机位

    D. 公安机关；备用机位

26. 航空器营运人或其代理人在应急救援工作中的主要职责不包括（　　）

    A. 提供有关资料

    B. 在航空器起飞机场、发生突发事件的机场和原计划降落的机场设立临时接待机构与场所，并负责接待和查询工作

    C. 负责开通应急电话服务中心 并负责伤亡人员亲属的通知联络工作

    D. 负责货物、邮件和行李的清点与处理工作；记录伤亡人员的伤情和后送信息

27. 旅客猝死事件中，检验检疫负责对死亡旅客进行传染病排查，如确认，则按（　　）进行处理

    A. 群体性治安事件　　　　　　B. 自然灾害

    C. 暴力犯罪　　　　　　　　　D. 突发公共卫生事件

28. 大面积航班延误情况下运管委根据放行能力组织航班放行排序，主要解决（　　）问题。

    A. 避免旅客在飞机上长时间等待

    B. 航班动态信息发布

    C. 处置旅客群体性事件

    D. 提高旅客退改签效率

29. 机场地面保障部门在机场应急救援工作中的主要职责是（　　）。

① 负责在发生突发事件现场及相关地区提供必要的电力和照明、航空燃油处置、救援物资等保障工作

② 负责受到破坏的机场飞行区场道、目视助航设施设备等的紧急恢复工作

③ 负责残损航空器搬移工作

    A.①②　　　　　　B.①　　　　　　C.①②③　　　　　　D.①③

30. 飞行区管理部指挥员向（　　）确认清舱范围，并将上述信息记录在《航空器临时清舱检查单》上。

    A. 机长　　　　B. 安保公司　　　　C. 公安分局　　　　D. 航空器代理人

31. 客舱门关闭时间标准不晚于（　　）。

    A. 航班计划起飞时间前 5 分钟

    B. 航班计划起飞时间后 30 分钟

    C. 航班计划起飞时间

    D. 航班计划起飞时间前 10 分钟

32. 民航局 208 号令规定：救援总指挥为橙色头盔，橙色外衣，外衣前后印有（　　）字样。

A. "总指挥"　　　　　　B. "应急救援指挥官"

C. "指挥官"　　　　　　D. "救援指挥官"

33. 应急救援时，应当在交通方便的事发地点（　　　）及时划定伤亡人员救治区和停放区，并用明显的标志予以标识。上述区域在夜间应当（　　　）。

A. 安全位置；迅速转移

B. 安全位置；有充足的照明

C. 上风安全位置；有充足的照明

D. 上风安全位置；迅速转移

34. 国内航班办理值机手续开始时间不晚于航班计划起飞时间前（　　　）分钟。

A. 120　　　　B. 90　　　　C. 60　　　　D. 150

35. 当航班"关客舱门"和"关货舱门"均未延误时，则延误原因存在于（　　　）环节。

A. 关舱门之后　　　　　B. 登机开始前

C. 关舱门之前　　　　　D. 登机口关闭前

36. 对延误（　　　）小时以上的航班，航空公司可向空管说明，空管视情况安排优先放行。

A. 2　　　　　B. 1　　　　　C. 4　　　　　D. 3

37. 应急救援处置现场，各指挥部位置应距事故中心现场（　　　）米外；以指挥中心为基准各指挥部间保持 20 米左右距离。

A. 120　　　　　　　　　B. 80

C. 100　　　　　　　　　D. 60

38. 航空器营运人或其代理人在应急救援工作中的主要职责不包括（　　　）。

A. 组织各应急救援单位开展救援工作

B. 在航空器起飞机场、发生突发事件的机场和原计划降落的机场设立临时接待机构与场所，并负责接待和查询工作

C. 负责开通应急电话服务中心并负责伤亡人员亲属的通知联络工作

D. 提供有关资料，资料包括发生突发事件航空器的航班号、机型、国籍登记号、机组人员情况、旅客人员名单及身份证号码、联系电话、机上座位号、国籍、性别、行李数量、所载燃油量、所载货物及危险品等情况

39. 下列不属于机场应急救援工作领导小组职责的是（　　　）

A. 审核机场突发事件应急救援预案及各应急救援成员单位之间的职责

B. 组协调地方消防部门的应急支援工作

C. 审核确定机场应急救援演练等重要事项

D. 确定机场应急救援工作的总体方针和工作重点

40. 在机场航站楼工作的所有人员应当每年至少接受（　　　）消防器材使用、人员疏散引导、熟悉建筑物布局等的培训。

A. 4 次　　　　B. 2 次　　　　C. 1 次　　　　D. 3 次

41. 突发事件发生后及在实施应急救援时，如需机场外的支援单位参加救援工作，应当由机场内相应的救援单位提出需求和方案，经（　　　）批准后通知支援单位前来支援，

紧急情况下，也可先通知支援单位到达集结地点，再向（　　）报告，经（　　）同意后参加救援工作。

    A. 现场指挥官；总指挥；总指挥

    B. 现场指挥官；现场指挥官；现场指挥官

    C. 总指挥；现场指挥官；现场指挥官

    D. 总指挥；总指挥；总指挥

42. 对于无同行人员陪伴旅客，应由航空公司或地面代理将行李运送至（　　）监管的无人认领行李房存放。

    A. 边防   B. 航空公司

    C. 海关   D. 检疫

43. （　　）负责航空器客舱、货舱的安全检查。

    A. 安保公司   B. 运控中心   C. 公安分局   D. 飞行区管理部

44. 机场管理机构应当在（　　）统一领导下成立机场应急救援工作领导小组。

    A. 应急救援总指挥   B. 民航地区管理局或其派出机构

    C. 空中交通管理部门   D. 地方人民政府

45. 班期时刻表公布的航班时间是指（　　）。

    A. 起飞落地时间   B. 入离位时间

    C. 开关机门时间   D. 登机开始结束时间

46. 残损航空器搬移工作由（　　）负责。

    A. 机场公安机关   B. 航空器营运人或其代理人

    C. 机场地面保障部门   D. 机场消防部门

47. 人员非法入侵控制区、冲闯安检现场的信息属于（　　）。

    A. 运行保障信息   B. 运行影响事件信息

    C. 安全事件信息   D. 服务事件信息

48. 以下不属于民航局公布的 11 类航班延误原因的是（　　）。

    A. 天气原因   B. 公司原因

    C. 机场原因   D. 地面代理原因

49. 根据民航局 208 号令，残损航空器搬移的职责在（　　）。

    A. 航空公司   B. 消防部门

    C. 应急救援指挥中心   D. 航空器制造商

50. 机场应急救援总指挥由（　　）主要负责人或者其授权人担任，全面负责机场应急救援的指挥工作。

    A. 民航地区管理局或其派出机构   B. 空中交通管理部门

    C. 地方人民政府   D. 机场管理机构

51. 发生突发事件时，第一时间得知事件情况的单位，应当根据机场突发事件应急救援预案的报告程序，立即将突发事件情况报告（　　）。

    A. 塔台   B. 指挥中心   C. 公司领导   D. 公安机关

52. 航空器营运人或其代理人在应急救援工作中的主要职责是（　　）。

①在航空器起飞机场、发生突发事件的机场和原计划降落的机场设立临时接待机构与

场所，并负责接待和查询工作

②负责开通应急电话服务中心并负责伤亡人员亲属的通知联络工作

③负责货物、邮件和行李的清点与处理工作

④航空器出入境过程中发生突发事件时，负责将事件的基本情况通报海关、边防和检疫部门

　　A. ①②④　　　　B. ①②③　　　　C. ①③④　　　　D. ①②③④

53. 以下不属于机场应急救援指挥中心职责的有（　　　　）。

　　A. 组织制定、汇总、修订和管理机场突发事件应急救援预案

　　B. 按照本规则的要求制定年度应急救援演练计划并组织或者参与实施

　　C. 根据残损航空器搬移协议，组织或者参与残损航空器的搬移工作

　　D. 定期或不定期总结、汇总机场应急救援管理工作，向机场应急救援工作领导小组汇报

　　E. 救助被困遇险人员，防止起火，组织实施灭火工作

54. 要客航班需要与同机位航班间隔时间超过（　　　　）分钟。

　　A. 10　　　　　　B. 15　　　　　　C. 30　　　　　　D. 45

55. 北京首都国际机场 01 跑道可提供仪表着陆系统（ILS）Ⅱ类运行服务（以下简称Ⅱ类运行），能够保证航空器在决断高（　　　　）米。

　　A. 100～70　　　B. 90～60　　　C. 60～30　　　D. 80～50

56. 机场管理机构应当建设或指定一个特定的隔离机位，供受到劫持或爆炸物威胁的航空器停放，其位置应能使其距其他航空器集中停放区、建筑物或者公共场所至少（　　　　）米，并尽可能避开地下管网等重要设施。

　　A. 50　　　　　　B. 100　　　　　C. 200　　　　　D. 300

57. 本规则所指的民用运输机场突发事件是指在机场及其邻近区域内，航空器或者机场设施发生或者可能发生的严重损坏以及其他导致或者可能导致（　　　　）的情况。

　　A. 机场停运和财产严重损失

　　B. 机场停运和航空器严重损坏

　　C. 人员伤亡和航空器严重损坏

　　D. 人员伤亡和财产严重损失

58. 重大旅客投诉事件信息属于（　　　　）。

　　A. 运行保障信息　　　　B. 运行影响事件信息

　　C. 安全事件信息　　　　D. 服务事件信息

59. 机场管理机构应当配备用于机场应急救援现场指挥的车辆，该车应当配有的设备不包括（　　　　），并配有应急救援的相关资料库及主要材料的纸质文件。

　　A. 无线通信、传真　　　　　B. 摄像、视频传输

　　C. 计算机、照明　　　　　　D. 顶升气囊、活动道面

60. 民航局 155 号令规定：（　　　　）应当协助发生民用航空器飞行事故的公共航空运输企业的家属援助工作，在交通、住宿等方面提供便利条件。

　　A. 机场管理机构　　　B. 当地政府　　　C. 民航管理机构　　　D. 医疗机构

61. 在应急救援工作中负责货物、邮件和行李的清点与处理工作是（　　　　）的主要职

责之一。

    A. 机场公安机关   B. 航空器营运人或其代理人

    C. 机场地面保障部门   D. 机场消防部门

62. 安检人员在清舱工作中发现的无人认领物品，应当在检查确认安全后移交处理，由（ ）负责保管。

    A.公安分局   B.承运人或代理人

    C.区域部门   D.安保公司

63. 值班电话线路应当至少保持一主一备的双线冗余。所有应急通话内容应当录音，应急通话记录至少应当保存（ ）年。

    A. 1   B. 2   C. 3   D. 4

三、多项选择

1. 北京首都国际机场 01 跑道可提供仪表着陆系统（ILS）Ⅱ类运行服务（以下简称Ⅱ类运），能够保证（ ）航空器跑道视程的起飞。

    A. 50   B. 100   C. 300   D. 400

2. 机场运控中心在专机保障工作中的职责是（ ）。

    A. 负责参加中国民用航空华北地区管理局组织的专机动员会

    B. 负责向管调核实专机任务相关信息

    C. 负责专机执行期间受影响滑行道和车行道控制工作

    D. 负责专机的停机位安排

3. 过站航班 CZ3109/CZ3110，机型 B777-200，航线（广州—北京—广州），广州 STD15：00，北京 STA18：25，北京 STD20：30，广州 STA23：45。CZ3109 实际落地时间 18：30，开舱门时间 18：46，CZ3110 实际起飞时间 21：10，实际落地时间 23：59；请根据航班执行情况判定延误情况为（ ）。

    A. 局方规定的不正常航班（延误航班）

    B. 首都机场出港延误

    C. 首都机场进港延误

    D. 首都机场放行延误

4. 消防支队在应急救援工作中的主要职责为（ ）。

    A. 救助被困遇险人员，防止起火，组织实施灭火工作

    B. 根据救援需要实施航空器的破拆工作

    C. 协调地方消防部门的应急支援工作

    D. 负责将罹难者遗体和受伤人员移至安全区域，并在医疗救护人员尚未到达现场的情况下，本着"自救互救"人道主义原则，实施对伤员的紧急救护工作

5. 关于处置职责，下述表述正确的是（ ）。

    A. 航空器、建筑物灭火和搜救人员的处置主体为消防支队，其他单位应全力配合

    B. 医学紧急事件专业处置主体为急救中心（国内）或检验检疫局（国际），其他单位应全力配合

    C. 非法干扰事件专业处置主体为公安分局，其他单位应全力配合

    D. 核生化等危险品污染事件专业处置主体为公安分局，其他单位应全力配合

6. 以下属于机场空中交通管理部门在机场应急救援工作中的主要职责的是（　　）。

　　A. 将获知的突发事件类型、时间、地点等情况按照突发事件应急救援预案规定的程序通知有关部门

　　B. 及时了解发生突发事件航空器机长意图和事件发展情况，并通报指挥中心

　　C. 负责发布因发生突发事件影响机场正常运行的航行通告

　　D. 负责向指挥中心及其他参与救援的单位提供所需的气象等信息

7. 如进港航空器上出现猝死旅客，机场运控中心须将（　　）通知有关处置单位。

　　A. 旅客信息　　　　　B. 航空器停机位　　　　　C. 预计进港时间

8. 民航局 155 号令规定：民用航空器飞行事故发生后，根据国务院授权和《国家处置民用航空器飞行事故应急预案》的有关规定，中国民用航空局负责组织、协调、指挥民用航空器飞行事故的应急处置，按照国家有关规定组织事故调查，并且负责对家属援助工作的（　　）。

　　A. 督促　　　　　　　B. 协调　　　　　　　C. 实施　　　　　　　D. 协助

9. 飞行区管理部指挥员向（　　）确认清舱范围，并将上述信息记录在《航空器临时清舱检查单》上。

　　A. 机长　　　　　　　B. 安保公司　　　　　　C. 公安分局　　　　D. 航空器代理人

10. 以下归属消防安全事件的是（　　）。

　　A. 飞行区内地面设备货物等失火

　　B. 航站楼内设备起火，冒烟

　　C. 公共区内设备建筑物失火

　　D.航空器空中火警

11. 飞行区内部大风天气防范工作，重点做好（　　）。

　　A. 大风天气下飞行区内施工活动的控制

　　B. 大风天气下鸟害防治

　　C. 大风天气下机坪外来物检查

　　D. 机坪设施设备固定情况的检查

12. 下列说法正确的是（　　）。

　　A. 航空器航后监护交接在机务航后工作完成，航后监护人员到位后进行

　　B. 货舱门关闭操作必须在客舱门关闭后进行

　　C. 使用平台车开启货舱门不宜超过 2 分钟

　　D. 国内航班客舱门关闭操作在旅客登机完毕且确定无须等候未到旅客、单据交接完毕后进行

13. 以下对机场区域应急救援方格网图描述正确的是（　　）

　　A. 图示范围应当为机场围界以内以及距机场每条跑道中心点 8 公里范围内的区域

　　B. 方格网图应当根据机场及其邻近区域范围和设施的变化及时更新

　　C. 机场内所有参加应急救援的救援车辆中应当配备方格网图

　　D. 方格网图可以是卫星影像图或者示意图，方格网图应当清晰显示所标注的内容

14. 正常情况下，登机口开放应在（　　）结束后进行。

　　A.客舱清洁　　　　B.餐食配供　　　　C.航油加注　　D.牵引车到位

15. 航空公司或地面代理负责联系死者家属和旅客国籍所在大使馆，如果家属对正常死亡有异议，由（　　）协助公安分局对家属进行情况说明，办理后续相关事宜。

    A.航空公司   B.飞行区管理部

    C.急救中心   D.公共区管理部

16. 公共航空运输企业在本企业发生民用航空器飞行事故后，应当对涉及事故的（　　）提供物质的和精神的援助。

    A. 家属   B. 幸存者   C. 失踪者   D. 罹难者

17. 下列属于专机工作领导小组办公室职责的是（　　）。

    A. 负责组织相关单位进行专机保障程序修订完善

    B. 负责根据专机工作领导小组要求布置专机任务

    C. 负责检查各部门专机现场保障工作的落实情况

    D. 负责协助处理专机现场保障中的非警务安全类事件

18. 下列属于飞行区运行事件的是（　　）。

    A. 电力供应中断

    B. 跑道上有兔子

    C. 净空问题影响航空器起降

    D. 航空器起飞 50 米遭鸟击

19. 各航空公司根据分配架次比例决定参与放行排序的航班，航班放行顺序应遵循（　　）原则。

    A. 国际航班优先   B. 要客航班优先   C. 按照时刻顺序

20. 快报中，事件描述需要包含的要素有（　　）。

    A. 事件发生时间、地点、相关的人员或部门

    B. 事件过程和事件的影响

    C. 采取的措施

    D. 使用的人力物力统计、事件发生的原因

21. （　　）不在排序范围之内，不占用航班分配名额。

    A. 专机   B. 要客   C. 急救飞行   D. 特情航班

22. 依据民航局 208 号令规定，航空器类紧急事件包括（　　）。

    A. 航空器失事

    B. 航空器空中遇险 ，包括故障、遭遇危险天气、危险品泄漏等

    C. 航空器与航空器地面相撞或与障碍物相撞，导致人员伤亡或燃油泄漏等

    D. 航空器跑道事件，包括跑道外接地、冲出、偏出跑道

23. 航空器空中遇险包括（　　）。

    A. 故障   B. 遭遇危险天气

    C. 非法干扰   D. 危险品泄漏

24. 航班延误原因判定关键节点包括（　　）。

    A.货舱门关闭   B.客舱门关闭

    C.登机口关闭   D.登机口开放

25. 根据民航局 208 号令，应急救援中属于公安分局的职责有（　　）。

  A. 指挥参与救援的公安民警、机场保安人员的救援行动，协调驻场武警部队及地方支援军警的救援行动

  B. 设置事件现场及相关场所安全警戒区，保护现场，维护现场治安秩序

  C. 参与核对死亡人数、死亡人员身份工作

  D. 制服、缉拿犯罪嫌疑人

  E. 组织处置爆炸物、危险品

26. 机场医疗救护部门在机场应急救援工作中的主要职责包括（　　）。

  A. 进行伤亡人员的检伤分类、现场应急医疗救治和伤员后送工作

  B. 记录伤亡人员的伤情和后送信息

  C. 协调地方医疗救护部门的应急支援工作

  D. 通知伤员家属